Divulgación

Biografía

Rodolfo Benavides (Hidalgo, México, 1907-1998), uno de los autores de obras esotéricas y de ocultismo más prestigiados de México, fue ingeniero de profesión pero investigador por naturaleza. Estudió todo tipo de fenómenos paranormales, entre ellos el espiritismo, el cual practicó desde el punto de vista científico, alejado de posibles fanatismos, siempre en busca de encontrar la verdad.

Producto de sus experiencias escribió más de una docena de libros, entre los que destacan *Cuando las piedras hablan, los hombres tiemblan*, *Dramáticas profecías de la Gran Pirámide* y *Diccionario de los sueños*.

Rodolfo Benavides

Cuando las piedras hablan, los hombres tiemblan

DIANA

Bajo el sello editorial BOOKET
Avenida Presidente Masarik núm. 111, 2o. piso
Colonia Chapultepec Morales
C.P. 11570 México, D.F.
www.editorialplaneta.com.mx

Diseño de portada: Ramón Navarro

Edición original: septiembre de 1989
Primera edición en booket: agosto de 2009
ISBN: 978-607-07-0216-7

Impreso en los talleres de Litográfica Ingramex, S.A. de C.V.
Centeno núm. 162, colonia Granjas Esmeralda, México, D.F.
Impreso y hecho en México – *Printed and made in Mexico*

La experiencia confirma que, por cada hombre con anhelos legítimos de progreso y autosuperación, hay miles que desean vivir y vegetar en la ignorancia.

R. Benavides

Nuestra filosofía es totalmente inadaptada a nuestra época porque el intelectual se resiste a penetrar en los conocimientos de la ciencia, no por miedo al esfuerzo, sino porque presiente que traería consigo un cambio en los modelos de pensamiento y de expresión de los valores ya oficialmente admitidos.

Oppenheimer

CONTENIDO

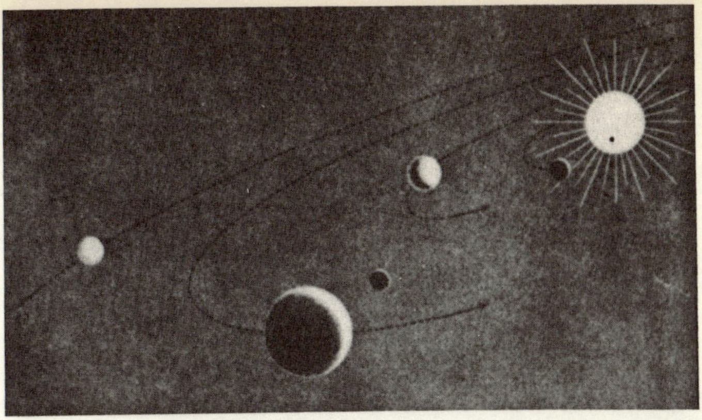

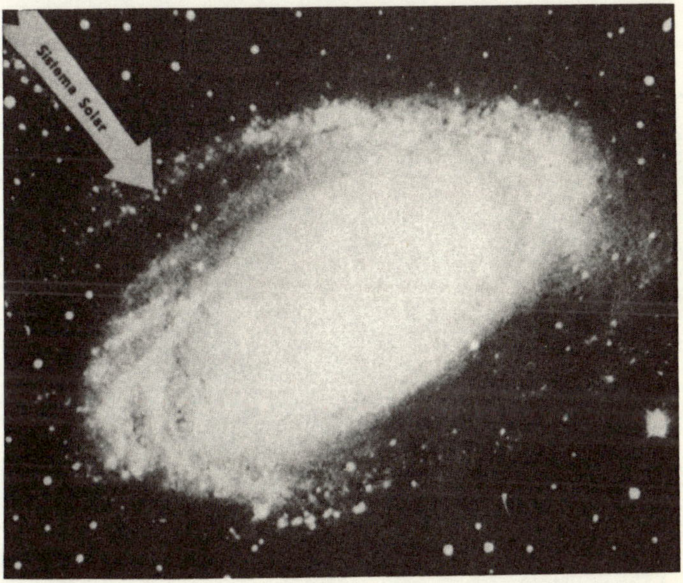

Pensamos que nuestro mundo es grande, que nuestro Sol es gigantesco y que nuestro sistema planetario alcanza distancias enormes… Sin embargo, dentro de la panorámica del Universo, la dimensión de nuestro sistema es insignificante, pequeños granos de arena diseminados en una de las muchas playas cósmicas de la galaxia. Nuestro Sol y nuestra Tierra pasan desapercibidos entre millares y millares de estrellas, muchas de ellas miles de veces más grandes. Y en esa inmensidad sin límites, el hombre con su vanidad, creyéndose el único ser pensante e inteligente que existe en el Universo, atribuyéndose incluso derecho de vida y de muerte sobre todo ser viviente…

Primera parte

Capítulo I

PENSANDO EN VOZ ALTA

Cuando el hombre, tal vez sin darse cuenta, toma por el sendero del pensamiento, ya jamás podrá dejarlo, pues aparecen en su mente innumerables preguntas que exigen respuesta, tales como ¿por qué? ¿quién? ¿cuándo? ¿dónde?

El cansancio quizá lo detenga algunas veces. Sin embargo, en cuanto se recuperan las fuerzas físicas y las energías intelectuales, el anhelo de superación lo impulsará nuevamente a transitar otra vez por esa larga ruta, en una incesante búsqueda de la verdad. A transitar en actitud reflexiva, observándolo todo. Buscar la verdad parece ser la gran meta, la gran causa, la gran tarea del hombre.

Todo eso le ocurre también a quien siendo de espíritu libre, sin tabúes ni cadenas mentales, se asoma al Egipto legendario buscando explicaciones a nuestro verdadero pasado de seres pensantes. Y al ver cada monumento, sucede siempre lo mismo que ha sucedido con la *Gran Esfinge:* cuando estaba casi cubierta por la arena del desierto milenario, aparecieron infinidad de improvisadas interpretaciones que en ese momento parecían explicarlo todo. Pero luego sucedió que a medida que se quitaba la arena, cada estudioso descubría que muy poco o nada se sabía de ella, llegando la soldadesca estulticia en cierta ocasión a usarla como blanco de artillería.

Millones de toneladas de arena acumuladas por los vientos durante milenios, han sido removidas y alejadas varias veces del tan misterioso monumento. Y ahora, cuando ya está casi totalmente descubierta, la *Gran Esfinge* es menos comprendida que nunca, pues su grandiosidad como símbolo de eternidad es muy superior al conocimiento a que ha llegado el hombre actual.

Debido a ese enorme hueco entre lo que hace siglos se creyó que significaba y lo que hoy no se sabe bien qué significa, siguen flotando sin consistencia las escasas teorías que alguna vez se entendieron como leyendas o mitos de origen religioso.

Para el espíritu investigador que visita Egipto, no hay más que un camino a seguir: permanecer en actitud pensante frente a los monumentos. Permanecer así horas y días bajo la cálida y deshidratadora atmósfera del mediodía, o el frío seco de la noche silenciosa en un cielo transparente y estrellado, hasta sentir en propia carne una vibración etérea, *la voz de las piedras.* Y por cierto, es cuando fluyen las incógnitas y las preguntas en tropel. Diríase con justicia que entonces los antiguos dioses acuden solícitos a la llamada del visitante para contestar tales preguntas. Contestaciones que solamente ellos pueden dar, por haber sido únicos testigos de acontecimientos de su época, tiempo no registrado por la Historia, acontecimientos convertidos en leyenda.

Fue así precisamente como empezó esta aventura, la aventura de ir a escuchar a media noche la *palabra de las piedras,* que anhelan decir su verdad, que quieren dar su versión de lo que vieron y oyeron.

Y su verdad es que, desde muy antiguo, el ser humano pensante se dio cuenta de la periódica repetición de fenómenos naturales, por ejemplo el día y la noche, en que aparecían el sol y la luna respectivamente, las nubes y las estrellas. De ahí que quienes gustaban de observar el cielo, se percataran de la periodicidad en la aparición de las estrellas. Tales estrellas fueron entendidas por algunos como dioses, y los aparentes agrupamientos de estrellas, hoy llamados constelaciones, como agrupamiento de dioses dedicados a discutir y arreglar o desarreglar a su manera los destinos humanos, tanto en conjunto como individualmente. Y claro está, si los dioses aparecían así, de manera periódica y por ello previsible, lógicamente los acontecimientos naturales de toda índole, una vez ocurridos, deberían repetirse de igual manera periódica y previsible.

Bien podría suceder que de estas concepciones tan antiguas de la periodicidad de los fenómenos naturales haya nacido en América y en otros pueblos lo que dio vida a la teogonía de los cinco soles, o quizá, y al menos en parte, lo que Pedro Ouspensky designa con el concepto de *el eterno retorno,* es decir, que el tiempo no tendría principio ni fin, sino un ininterrumpido movimiento circular.

Esta angustia de no entender ni el principio ni el fin de la vida pudo haber sido el origen mítico del principio y el fin del mundo, y naturalmente de todo lo que en él existe, no sólo en su forma física y visible, sino en su existencia de ultratumba, o sea, espiritual.

Es posible que esa misma angustia quizá haya dado origen a los sacrificios humanos en todo el mundo, cuyo sangriento ritual religioso no fue particular de América. Todo hace pensar que tal vez tuvo una misma raíz de origen, por ejemplo en Sumeria, en la baja Mesopotamia, región en la que un dios se sacrificaba a fin de salvar a la humanidad de todos sus pecados, para que luego, en reciprocidad, los sacrificios humanos alimentaran a los dioses.

Es así como se entendía en tiempos ya lejanos el principio y fin de la vida. Pero en la tan compleja civilización actual, todas las religiones, la filosofía y la ciencia se siguen preguntando: ¿qué es el principio? ¿qué es el fin? E implícitamente, queda como máxima esperanza aquello de que el hombre fue hecho a imagen y semejanza de Dios, o por mejor decir, del dios de cada uno.

En todo caso, estos últimos conceptos implican un alto grado de vanidad, ya que sugieren que vivimos aislados, como únicos seres pensantes en el Universo infinito, a pesar de que existan abundantes pruebas, enigmáticas coincidencias y sugestivas huellas de antiguos y misteriosos personajes que nos dejaron señales de su paso por el mundo. Vidas que se les niega haber sido humanas porque parecen haber llegado de otra dimensión del espacio y del tiempo y que por ello nos resultan invisibles e intangibles.

Todo esto es tan complejo, que resulta mucho más fácil reir, ignorar o negarlo, antes que intentar penetrar en el misterio de las leyendas y de los mitos, verdaderos trozos de historia que sugieren la existencia de antiguas maravillas. Maravillas que los agnósticos, por pura comodidad, entienden como meras fantasías, ya que según ellos, fuera de nuestro planeta no existe ni puede existir el pensamiento, la inteligencia, la belleza.

Pensando de este modo, surge en seguida la siguiente reflexión: si la energía nuclear uno de estos días aniquilara a la especie humana, dejando al infinito Universo sin seres pensantes e inteligentes..., ¿qué sería entonces de ese pobre Universo?

Este conjunto de incógnitas ha producido mortal angustia, desbordante anhelo de liberación, impulso de lucha por ampliar e iluminar el estrecho, oscuro y cercano futuro. Cercano, porque, según las mutuas amenazas de los poderosos, pronto estaremos todos convertidos en humo y polvo radiactivo, en polvo cósmico, dejando al Universo vacío de nuestra insustituible presencia e inteligencia... ¿Qué será de ese Universo después de nuestra desaparición?

Después de largo meditar y con abundantes ideas en la mente, el autor decidió comenzar la ardua y larga tarea de investigación, base de este libro, dando forma a un programa de trabajo. En definitiva, todo consistiría en tratar de desvelar, al menos parcialmente, algunos de los enigmas relativos a la *Gran Esfinge* y a la *Gran Pirámide,* para lo cual se imponía la necesidad de hacer una revisión general de todo lo que él mismo, ya desde tiempo atrás, había estudiado y parcialmente escrito.

Pero también se imponía la necesidad de visitar nuevamente el milenario Egipto y sus misteriosos monumentos.

Capítulo II

UN EXPERIMENTO IMPORTANTE

Se dice que quien busca halla, y que al que llama se le abren las puertas. Precisamente eso fue lo que sucedió en una de las visitas que el autor hizo a Egipto.

Desde muchos años antes, él sabía que para estimular sus pensamientos le era muy útil caminar a paso lento pero rítmico, sin prisa pero sin pausa, y eso fue lo que hizo desde el momento en que llegó a la zona de la *Gran Pirámide*, área que ya conocía por sus visitas anteriores. Era entonces pasado mediodía. Había resuelto quedarse en la zona hasta el anochecer, pues anhelaba realizar un experimento largamente planeado y que juzgaba muy importante. Con ese propósito en la mente, empezó a circunvalar la *Gran Pirámide*, que equivale a caminar en el desierto, bajo un sol ardiente. Esfuerzo nada fácil, pero perfectamente posible.

Tal como había sucedido en visitas anteriores, los pensamientos empezaron a fluir, al principio un poco atropelladamente, pero después de manera ordenada y progresiva.

Para empezar, el experimento consistiría en saturarse de la atmósfera del lugar, a fin de recoger de ella todo lo que le fuera posible y útil, lo que normalmente se consigue sin grandes dificultades cuando se actúa con la mente abierta y receptiva, es decir, sin tabúes, sin prejuicios, sin cadenas mentales.

Si el pensamiento sobrevive a la muerte del cuerpo físico —pensó—, esa era la oportunidad de comprobarlo. Si el pensamiento es eterno y queda flotando en alguna dimensión, pero siempre a nuestro alrededor, allí debía demostrarse. Las rocas se impregnan del magnetismo y del pensamiento de quien las trabaja, luego las rocas tenían que hablar.

Siguió caminando lentamente bajo ese sol abrasador y deshidratante del desierto, dejando que las horas se deslizaran suavemente para dar tiempo a que todos los turistas se fueran y lo dejaran solitario en aquel lugar vibrante de misterio.

Caía la tarde cuando el visitante ya había cerrado el circuito alrededor de la *Gran Pirámide*. Incluso había escalado las piedras hasta cierta altura. Desde allí estuvo observando hacia la inmensidad del desierto, hacia donde el Sol se escondía dejando ver solamente hermosos destellos rojizos.

Bajó antes de que la luz solar desapareciera por completo y se acercó a la *Gran Esfinge*. Allí tuvo que esperar todavía a que se retiraran los últimos camelleros, fotógrafos y comerciantes, que están siempre asaltando a los turistas con chucherías.

En esa actitud silente, respetuosa, pensó que, como se sabe de sobra, los sacerdotes egipcios eran básicamente lo que hoy se entiende por *psíquicos*, o sea, personas con especial sensibilidad, facultad que hasta hace pocos años se entendió como paranormal o también como *mediumnidad*, apropiada para percibir vibraciones que están más allá de los cinco sentidos. Por esta razón se la conoce también como *sexto sentido*, que por cierto existe latente en todo ser humano, pero activo sólo en quienes lo han desarrollado, mediante una apropiada disciplina y práctica.

La conclusión fue que para lograr algo en ese primer experimento, había que intentar en lo posible imitar a los sacerdotes antiguos, o sea, entrar en meditación profunda, aislando la mente del tiempo y del espacio.

La tarde se apagaba ya junto con el sol. Aún se dibujó la silueta de un camellero que a lomos de su montura se alejaba lentamente. El ambiente parecía impregnado de tibieza y serenidad, mezclado con el claroscuro confuso que separa la noche de la tarde. Al fin había llegado el momento oportuno de empezar la segunda y última parte del experimento.

El visitante, con las nacientes estrellas y los milenarios monumentos como únicos testigos, se sentó acomodando la espalda contra la piedra de la *Gran Esfinge.* Luego abrió los brazos en cruz, poniendo las palmas de las manos sobre la roca, a fin de percibir en lo posible lo que esas piedras tuvieran a bien entregarle.

A esta disciplina, ya muy antigua, se la conocía hasta hace poco tiempo como *psicometría.* Después se la ha llamado *dermopsíquica* o *dermovisión.* Pero en realidad el nombre es lo de menos, importante son los resultados... cuando los hay. Y esta vez los hubo —después de larga meditación– en aquel lugar silencioso y solitario...

Capítulo III

EN LA LEYENDA, LA GRAN ESFINGE HABLA

Y dijo así:

> «—¡Oh Kojaman Amin! ¡Oh Amté! ¡Oh Hamarqueis! Eres la Salvaguarda de mi vida pasada y por venir.»

Así decía el viajero del desierto con el rostro hacia el cielo, para luego bajar la cara hasta colocar la frente contra la arena a la sombra de la enorme cabeza de la *Gran Esfinge*.

> «—¡Horus, protégenos de todo mal!»

Así clamaban muchas voces a coro, de todas las edades, que parecían salir de la candente arena.

> «—¡Oh gran Dios del infinito, dador de la vida, gran Dios del desierto y del Nilo y de la Eternidad!»

Y los hombres, con las percudidas, raídas y ligeras ropas que alguna vez fueron blancas, siguen lentamente su camino al lado de sus camellos impasibles, azotados cruelmente por los cálidos vientos del desierto.

La *Gran Esfinge*, serena, los ve alejarse y, suspirando, dice:

> «—¡Yo, la reina de estas regiones, fui la primera en revelar a los hombres el misterio de la vida que hay en el trigo y en el maíz! ¡Yo, que traje la vida, desde siempre he visto desafiar la muerte!
> Sí, me he visto rodeada de seres sufrientes; pero tantos, tantos, desde la infancia de la humanidad... Sí, porque en mí está la historia de

hombres de gran pensamiento, que, sin embargo, son hoy espíritus ignorados. Pero en mí quedó el recuerdo y en mí renació la vida mucho antes de empezar tu historia. ¡Oh tú, Heródoto el griego! ¡Oh tú, que me escuchas en estos tiempos revueltos que ya se acaban! Mi vista se pierde en la distancia inmensa, entre el polvo de los siglos, de las edades, de los milenios, de los cataclismos y en el vibrar del sol candente sobre el gran desierto.

Por todo esto, he visto a tantos hombres dolientes y hambrientos pasar, pasar mustios a mi lado, arrastrando su miseria, pidiendo en plegaria a los dioses protección.

Y también he visto pasar profetas de luengas barbas, poetas de bello decir, hombres de alto pensamiento y buscadores de verdades en el cielo y en la Tierra; pero también he visto a la multitud de guerreros, enarbolando banderas de humo ensangrentado, vanidosos que nunca levantaron otra cosa que nubes espesas de polvo en las que escondieron siempre su vergüenza, y siempre con las bestias que los acompañaban, hombres sin alma ni espíritu, con el corazón movido por ilusiones de vana grandeza; ***hombres cargados como bestias de instrumentos homicidas.***

Sí, frente a mí han pasado Alejandro, César, Antonio, Cleopatra, Napoleón y qué sé yo cuántos hombres y razas diversas; todos, capitanes y vasallos, caminando siempre hacia espejismos. Pero escucha: ya desde mucho antes de Alejandro, se decía que el hombre teme al tiempo, pero que el tiempo teme a las pirámides y a la Esfinge. Y el tiempo nos teme, porque somos libros abiertos para quienes nos saben leer, y en nuestras páginas de piedra está lo que el tiempo ha hecho de los hombres que han aparecido y desaparecido juntamente con sus dioses, vanidades y absurdos.

Y, más cercanos a tu tiempo, han pasado geómetras, astrónomos, arquitectos, matemáticos y otros muchos sabios cuya mente ha rebotado contra la roca porque han negado su propio espíritu.

¡Oh tú, viajero del mundo, que me escuchas! Esta es la historia de Egipto, que empezó mucho después de que manos expertas hoy desconocidas me esculpieron en la viva roca de este sitio, para servir de referencia a las edades en el lejano pasado y de testigo viviente al "hoy" que está ya casi acabado. ¡Ayer, la catástrofe que bajó del cielo...! Mañana... ¿mañana? ¡Oh tú que me escuchas! Endereza ahora mismo tus veredas, porque tu porvenir está agotado.

¡Oh viajero, hoy del desierto, mañana del cielo! Tú que te cobijas a mi sombra y que pides protección, debes saber que durante milenios he sentido cómo los monzones refrescantes y los jamasin, vientos abrasadores cargados de arena, han cubierto mi cuerpo. Escucha, viajero del mundo: no te lleves pedazos de mi cuerpo, porque son letras que un día harán falta para poder leer la verdad completa que tantos quisieran conocer.

Nada de lo que te digo es vano. Ya hubo una vez quien me pidió, y yo le escuché y le contesté: "Líbrame de la arena que cubre mi cuerpo y yo te haré rey. El cumplió su parte y fue rey."

Pero eran entonces tiempos en que el hombre adoraba dioses que, aunque de piedra, no eran sordos ni mudos. No obstante, algunos que se creyeron superiores llamaron a esa práctica idolatría, paganismo y otras cosas peores. Y, para diferenciarse, ellos humanizaron a los dioses. Y te diré: si nosotros los de piedra hemos durado algo, ciertamente los humanizados duraron menos, pues yo los he visto nacer y derrumbarse muertos y olvidados.

¡Oh viajero que pasas a mi lado, buscando las huellas y la verdad de tu origen y la meta de tu porvenir! Lo que has escuchado es mi mensaje, que, como habrás notado, sale de la profundidad de las edades. Habrás escuchado también, si eres sensible, las voces, el canto y el llanto de mujeres, hombres y niños clamando justicia.

Ellos, como huella de su paso por la vida, dejaron columnas, templos y símbolos diversos.

Hoy anochece ya, y te asustará el ver mi silueta recortada contra el cielo iluminado solamente por estrellas; puedes irte. Yo esperaré aquí a que mañana venga de nuevo el sol a saludarme, acariciándome el rostro. Entonces, si lo deseas, volveremos a hablar, cosa que a mí me agrada enormemente.

Y ten presente que me quedaré aquí para ver pasar a los hombres y a las edades hasta la eternidad, cuando un día todos seamos polvo cósmico. Sin embargo, mientras llega ese mañana, estaré aquí para auxiliarte cuando me necesites.

Para mí, el tiempo no existe. Para ti, desde el instante mismo de tu nacimiento empezó tu muerte. Por ello, tu tiempo no es para desperdiciarlo. Yo puedo esperar aquí a que pasen los tiempos malos y a que lleguen otros mejores. Pero tú no puedes hacer lo mismo, porque tus pasos están contados desde mucho antes.

El calor y la luz de esta tierra tan querida, estimulan hoy el ardor de tu entusiasmo. Pero vendrán los días fríos: en la penumbra y en el silencio oliente a añejo del interior de museos y bibliotecas, en el deambular por terrenos escabrosos, en el vaivén de opiniones necias, abyectas y hasta ofensivas..., cuando todo eso —que es la condición humana— llegue, tendrás que resistirlo y necesitarás entonces más fuerza y entereza en el alma que en el cuerpo.»

Así dijo la piedra y entonces se abrió al frente el largo y sinuoso camino que conduce al infinito. Y ante la magnitud y profundidad de lo ignorado, el entusiasmo se fue transformando en miedo a lo desconocido. El alma comenzó a temblar, mucho más de lo que pudiera hacerlo el cuerpo.

Era ese el instante del silencio imponente, principio de la noche, cuando el misterio envuelve esa tierra de faraones.

Después, con la sucesión de nuevos amaneceres, empezaron a desfilar lenta y penosamente las realidades objetivas, todas difíciles de comprender, como llegadas de otra dimensión que nos obstinamos en negar, a pesar de que vivimos en ella.

* * *

Y tal como dijo la piedra, así sucedió en los años siguientes. La tarea empezó con la investigación del río Nilo, que se supone debe haber sido el principio de la vida de Egipto.

Capítulo IV

EL RIO NILO

En mi libro *Dramáticas Profecías de la Gran Pirámide*, se dice que el curso del río Nilo, con sus 6,000 kilómetros de largo, en la prehistoria de Egipto no era exactamente el mismo que hoy existe, ni siquiera el que existió cuando se construyeron las tres primeras pirámides. Se dice también que el curso natural de dicho río fue alterado mediante diques en algunos sitios y en otros mediante canales, con el propósito de desviar las aguas, lo cual implica una técnica hidráulica muy avanzada.

Estas sugerencias han producido algunas críticas por parte de personas que no pueden aceptar, ni siquiera como una probabilidad, que en época tan remota, con la absoluta carencia de medios mecánicos y sin conocer todavía ninguno de los metales, esos pueblos fueran capaces de tan gigantesca obra, difícil hasta para la época moderna.

Desde luego son comprensibles tales críticas y también las muchas dudas suscitadas, puesto que hasta el momento presente no se ha dado una clara explicación ni de ese ni de otros muchos fenómenos. Sin embargo, es preciso observar que en los textos egipcios está la afirmación de que durante la primera dinastía –tal vez en la temprana época de Menes, el primer faraón conocido– o quizá mucho tiempo atrás, se construyeron por lo menos tres grandes diques en el alto Nilo, con el fin de cambiar el curso del río, evitando así la dispersión de las aguas en sitios inconvenientes para aquellos primeros egipcios.

Sí, eso dicen los textos, y tal vez esas obras expliquen las sangrientas guerras que Menes sostuvo con los nativos habitantes del Alto Nilo, pues si se les estaban alterando sus medios de vida, es lógico que pelearan. Dichos textos hablan también de esas guerras y de que Menes pasó a cuchillo a multitud de nativos del Alto Nilo por haberse opuesto a que se desviaran las aguas del río.

Pues bien, ahora sucede que modernas investigaciones han encontrado claras huellas de dos grandes diques construidos en la más remota antigüedad y, aunque falta encontrar el tercero, es de suponer que también existió y que algún día serán encontrados los restos, tal vez cubiertos por azolve.

Con objeto de hacer comprobaciones a este respecto, se ha calculado el espesor del limo que el río deja en cada derrame. Por este medio, se ha llegado a la conclusión de que hay un depósito de aluvión de unos diez centímetros de espesor por cada siglo. A consecuencia de estos cálculos modernos, se llegó a saber que el delta se empezó a formar entre 7 y 8,000 años antes de nuestro 1953, o lo que es lo mismo, muy al principio de la constelación de *Tauro*, dato importante que se repite varias veces en el curso de este libro.

Coincidiendo con esta época, existió una cultura neolítica que se desenvolvió en Fayum, región situada en el Bajo Nilo, a orillas del pequeño lago Qarun, que, empequeñecido, existe todavía al oeste del Nilo y muy cerca de Menfis, ciudad famosa en su tiempo por haber sido capital de Egipto y asiento del Faraón.

Esa región ha sido siempre muy fértil y es de suponer que dicho lago originalmente era mucho mayor y que seguramente estuvo alimentado por el río Nilo, que probablemente no llegaba más que hasta ese sitio y no con gran caudal. De esa manera, al haber sido canalizadas las aguas hacia el delta, el lago empezó a disminuir de tamaño a medida que aumentaba la formación del delta en el Bajo Nilo. Hoy

Anverso de la paleta conocida como de Narme Menes. Es la única y clara referencia a Menes en s guerra de conquista sobre al alto Nilo. Nótese el ha cón que atestigua la escena. Es un hermoso traba prehistóric

se conoce a ese lago, más bien como *Oasis Fayum,* lo que ya de por sí está sugiriendo lo reducido del tamaño.

Por el mismo procedimiento de calcular el espesor del limo, se ha determinado la antigüedad de algunos de los canales de riego más importantes.

Además de dicho procedimiento, existe también otro basado en la información ultramoderna que da la radiactividad, puesto que ciertas rocas contienen níquel y plomo, y se sabe que el plomo se descompone en una proporción fija ya conocida. Por este último procedimiento se ha estimado en 10,000 años la antigüedad de ciertas construcciones referidas al Nilo, en zonas mucho más arriba de Fayum. Consecuentemente, hay muchas coincidencias a nivel científico, que se refieren a la época en que el río Nilo comenzó a llegar al delta propiamente dicho —el mismo que hoy se conoce— y esas fechas coinciden con la edad de los diques localizados.

En realidad, no parecen quedar ya muchas dudas de que hace más de 7,000 años el río Nilo no era como hoy se le conoce, al menos en cuanto a caudal se refiere. Esto quiere decir que ha habido importantes cambios, seguramente hasta de clima y de ecología, debidos al trabajo inteligente de seres humanos que vivieron en una época que se sigue considerando como primitiva a pesar de todas estas manifestaciones.

Pero en todo esto hay algo realmente intrigante, y es que la época antes señalada coincide con gran exactitud con la fecha calculada para la epopeya de los sumerios, cuando llegaron a establecerse en la

verso de la misma paleta. Este tipo de paletas, con
nas distintos, ha sido encontrada en tumbas diver-
; es de pizarra azul y está hermosamente adorna-
. En el centro tiene una cavidad que servía para
olver la malaquita verde con que se pintaban las
ras. Esta práctica tenía la doble finalidad de
bellecer el rostro y de proteger los ojos de los
ensos rayos solares. En varias tumbas han sido
ontradas bolsitas con el polvo verdoso que segu-
nente utilizaba el difunto.

región del bajo río Tigris en Mesopotamia. Se asegura que dichos sumerios parecen haber sido una raza o pueblo mezcla de caucásicos y negroides, aunque hay autores que creen que más bien fueron mezcla de asiáticos procedentes de Oceanía, asunto que se trata ampliamente en otro capítulo de este mismo libro.

En el caso de que los sumerios fueran de origen caucásico, se explicaría su emigración de la región norte hacia el sur, en busca de mejor clima, por algún acontecimiento grave que estuviera ocurriendo, tal vez el avance de glaciares.

Recordemos ahora que este período ha sido señalado como neolítico. Período en el que, según se asegura, empezó la agricultura y la ganadería, todo en incipiente escala. Y fue a mediados de este período cuando se comenzó a trabajar el cobre, luego hacia el final se conoció el plomo y el estaño y mucho después la plata. Al lograr la aleación de cobre con estaño, se consiguió el bronce, ambos metales obtenidos principalmente en Sinaí, tierra egipcia desde entonces.

Se ha presentado este detalle, porque es un antecedente importante que de ninguna manera explica, por ejemplo, cómo desde mucho antes de la primera dinastía egipcia ya se trabajaba el oro y se tallaban algunas piedras preciosas, todo ello con gran maestría, según puede comprobarse por piezas que hoy existen en diversos museos. Una de ellas muy antigua, es el *Horus-Halcón,* cincelado bellamente en oro con ojos de turquesas incrustadas. Esta hermosa pieza de orfebrería fue encontrada en Hieracómpolis y aunque no se ha determinado con absoluta exactitud la fecha de su fabricación, se supone que corresponde al tiempo prehistórico de Egipto.

Lo anteriormente expuesto significa que en apariencia, esas gentes saltaron bruscamente de la noche a la mañana, es decir de la edad de piedra a la orfebrería del oro puro. ¿No sugiere todo esto que hay

Horus-Halcón esculpido en piedra, con la serpien como símbolo del faraón.* En recuadro: *Cabeza c mismo cincelada en oro y con incrustaciones de tu quesas en los ojos.* (Museo de El Cairo, *Egipt

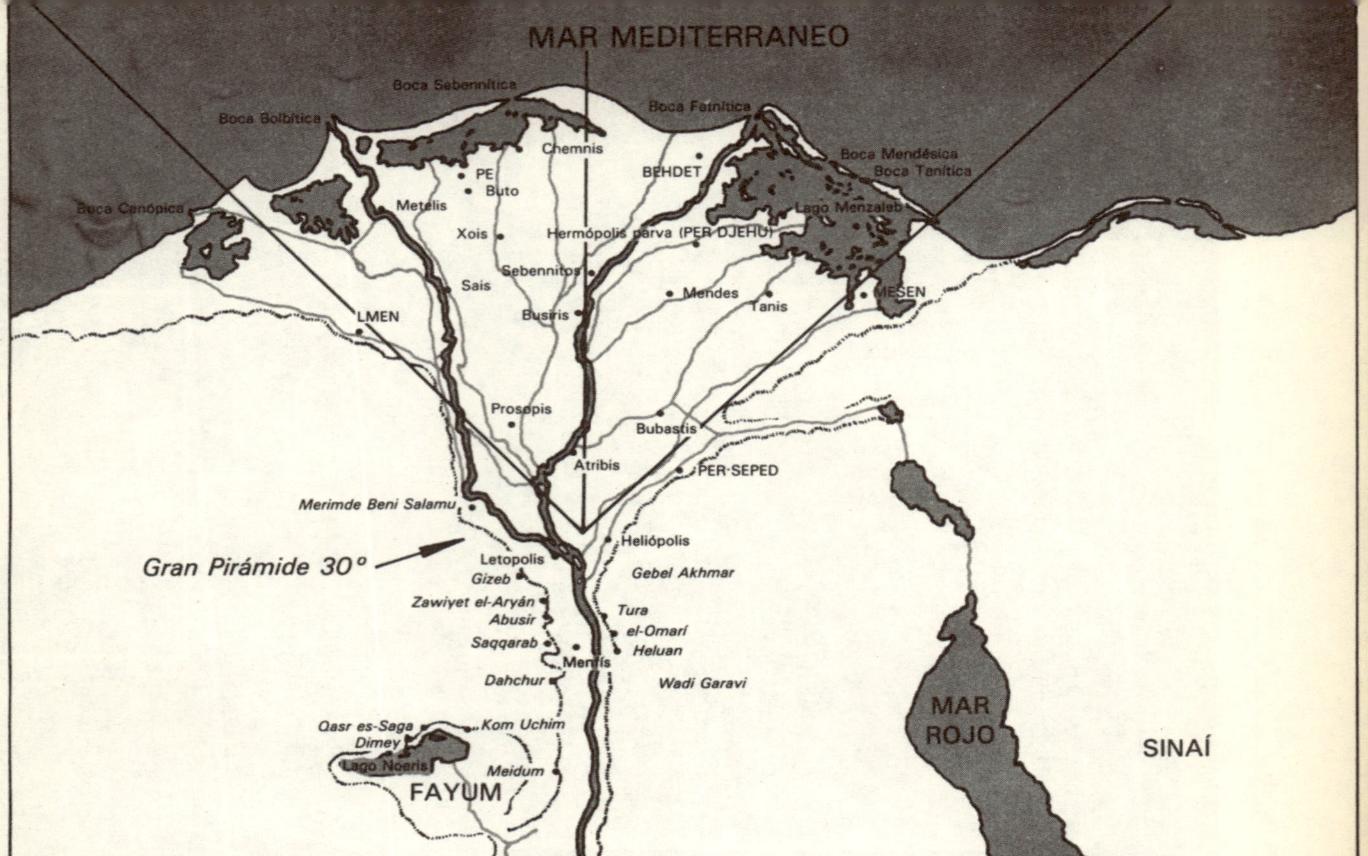

El río Nilo, la vida de Egipto.

una enorme laguna en los conocimientos relativos no sólo a Egipto sino a todo el mundo?

Obviamente, hubo fuertes migraciones que forzaron la evolución y aprendizaje de los nativos, lo mismo en forma de enseñanzas fraternales que a filo de cuchillo. Ese *Horus-Halcón* seguramente fue un símbolo solar mucho tiempo antes de llegar el primer faraón, y desde luego, muy anterior al dios Amón, que después sería el dios patrón de Tebas (hoy Luxor) ¿No habrá sido ese tiempo de Menes, el del renacimiento de pueblos que por alguna causa muy grave habrían huido de su sitio de origen?

Pensando de esta manera, es lógico suponer que en aquel entonces sucedió efectivamente algo que motivó gran actividad e importantes éxodos. Uno de ellos parece localizarse en Egipto, otro en Sumeria y otro en América.

Leyendo la historia de Egipto en busca de información, encuentra el lector datos importantes, producto de investigaciones recientes, que permiten formar en la mente imágenes de cómo tal vez ocurrieron los primeros hechos. En el alto Nilo, por ejemplo, y hace aproximadamente 8,000 años, se habían establecido pueblos primitivos que todavía vivían en la edad de la piedra tallada. Entonces llegaron unos conquistadores poseedores de armas, técnica y cultura mucho más avanzadas que las conocidas por los nativos, produciéndose guerras sangrientas, muy semejantes quizá a todas las guerras de conquista.

Los hechos debieron ocurrir en el Alto Nilo, donde abunda el *Halcón*, razón por la que los conquistadores lo tomaron como emblema, símbolo y bandera de dominio sobre toda la región. El *Halcón*, más tarde transformado en dios *Horus*, fue precisamente el estandarte del triunfador faraón Menes.

Estas guerras de conquista y su consecuente dominio político duraron por lo menos dos dinastías. Vino después otra dinastía que al cambiar su sede del alto Nilo, ya dominado, a Menfis, muy cerca del delta, se manifestó desde un principio más humanitaria, más política y menos guerrera. Se mostró además poseedora de técnicas muy avanzadas, tanto, que permitieron en poco tiempo proyectar y luego construir las tres primeras pirámides. Para entonces seguramente ya existía la esfinge, pero estaba tan cubierta de arena, que se ignoraba su existencia.

Sí, tal vez sucedió así... Pero, ¿de dónde partieron esos pueblos conquistadores tan avanzados? ¿Y por qué lo hicieron?

Como contestación a estas preguntas, las crónicas ocultistas contestan que la primera migración importante partió de *Lemuria*, y que la segunda, también muy importante, salió de la *Atlántida*. Ambos éxodos fueron la consecuencia de catástrofes de alcance mundial.

Osiris

Este escenario, por mucho que tenga de imaginación, es sin embargo, digno de consideración y análisis, puesto que los mencionados conquistadores prehistóricos llegaron al Alto Nilo con un estado político ya formado y con un rey, su ejército bien armado, su religión ya adulta y, como es natural suponer, con leyes para regular su vida como conjunto humano. La madurez de la religión, entre otras consideraciones, se puede juzgar por la leyenda de *Osiris*.

El origen de *Osiris*, como deidad egipcia, se pierde en la profundidad de los tiempos. Muchos autores coinciden en que probablemente fue un ser humano cuya personalidad adquirió tal prestigio, que se le deificó y por ello trascendió los siglos. En este caso, seguramente por haber empezado lejos de Egipto, no existe la menor idea de dónde ni cómo empezó su culto. Es probable que la explicación esté en el nombre mismo.

Se dice que muchos siglos atrás no existía el Mar Mediterráneo, y que todo era tierra firme desde Europa hasta Africa. Un cataclismo habría ocasionado la brusca fractura de lo que hoy es Gibraltar por un lado y el Mar Rojo por el otro, produciéndose un inmenso hueco, ocupado entonces por las aguas precipitadas de los dos océanos, el Atlántico por Gibraltar y el Mar Arábigo por lo que hoy es el Canal de Suez. De la conjunción de ambas aguas se habría formado el actual Mar Mediterráneo.

Pues bien, a esa tierra así desaparecida bajo las aguas, las tradiciones ocultistas la han llamado *Osiris-Ra*.

El mencionado cataclismo, según algunas opiniones científicas, pudo haber ocurrido en efecto, pero no recientemente, sino muchos millones de años antes de que el hombre existiera. A pesar de esta opinión, lo curioso del caso es que, en el fondo del Mediterráneo, se han venido encontrando objetos y hasta esculturas que no corresponden a ninguna de las culturas antiguas conocidas, así como muros y malecones que obviamente alguna vez estuvieron fuera del agua y al servicio de la navegación. Así, pues, existe la probabilidad de que en esas tierras, anegadas por el Mar Mediterráneo, haya estado el origen de *Osiris*, de *Ra* y del culto a ambos.

Como quiera que sea, *Osiris* fue en Egipto el Gran dios de la luz, del día, del bien, de la bondad y, simultáneamente, el juez de la muerte. Fue hijo de Seb, dios de la tierra, de la vegetación, de los frutos, y padre de todos los dioses menores, entre ellos Nu, diosa de la fertilidad.

Osiris fue esposo y a la vez hermano de *Isis*. Fue asesinado por su hermano Set, quien quiso usurpar el trono; pero *Isis* se lo impidió y conservó para sí el trono, frustrando los planes del fratricida. *Isis* puso los restos mortales de su esposo en un ataúd; pero luego Set los sacó, desmembró y esparció en grandes distancias. *Isis* fue recogiendo las partes del cuerpo hasta recuperarlo totalmente.

Debido al episodio anterior, aquí presentado de manera muy resumida, Set simbolizó la noche, la oscuridad, la maldad, la traición, etc., es decir, lo que vulgarmente se entiende por el diablo o espíritu del mal. Y el mismo fue recordado cada día, pues se interpreta que al comenzar las sombras de la noche, Set mata a su hermano, pero al amanecer *Horus,* hijo de *Osiris* y de *Isis,* lo resucita, naciendo entonces el nuevo día, esplendoroso, lleno de luz y de calor.

La cosmogonía egipcia trascendió en el tiempo y acabó por llegar a todos los pueblos existentes en la época. Por ejemplo, *Osiris* pasó a Grecia con el nombre de Júpiter, alrededor del cual se tejió una leyenda muy semejante a la de *Osiris*. Otro tanto ocurrió en otros pueblos. Por ejemplo, en el *Génesis* bíblico encontramos a Adán y a Eva, representativos de *Osiris* y de *Isis*, y a Caín y Abel, representativos de *Set* y *Osiris*. Entre los mayas están los gemelos

Hunab-Ku e *Ixbalanqué,* aunque este último en el *Popol Vuh* no revela el temperamento agresivo del Set egipcio, ni del Caín bíblico.

Es probable que en el pasado haya existido un tronco común cultural, por lo menos para algunos grupos étnicos que se distinguieron por haber logrado notable avance, ya que, como en los ejemplos anteriores, se encuentran similitudes en otros pueblos igualmente antiguos y más o menos contemporáneos a los primeros egipcios. Todo ello hace suponer, y seguramente con razón, que todos esos pueblos tomaron como modelo la religión egipcia, entendiéndose que es probable que las raíces de esa religión se encuentren mucho más lejos en el tiempo y en la geografía.

Aclaración oportuna

Las alusiones que en este libro se hacen a religiones actualmente vigentes, como la cristiana por ejemplo, no llevan otra intención que la de presentar el hecho histórico tal como se le conoce, siempre que de alguna manera tenga relación importante con el tema tratado. Precisamente es el caso de la cita que a continuación se transcribe y que en cierta medida avala algunas interpretaciones que se hacen en este libro:

> «El criterio de la iglesia cristiana está fijado por la encíclica *Providentissimus Deus*, de León XIII, del 18 de noviembre del año 1893, así como las respuestas de la comisión Bíblica, en las que se establece que el *Génesis* no tuvo nunca el propósito de enseñar científicamente la constitución íntima de las cosas visibles y el orden completo de la Creación, sino más bien dar un relato popular en conformidad con el lenguaje ordinario de sus contemporáneos, por lo cual es lícito, salvada la Creación Divina, interpretar el proceso de tal creación con arreglo a los resultados de la ciencia.»

Capítulo V

ANUBIS

En el solsticio vernal o de verano, que ocurre entre los días 21 y 22 de junio, se funden anualmente las nieves en las elevadas montañas que hay en Africa, aguas que alimentan los lagos en donde nace el río Nilo, y en primer lugar el lago Victoria.

En los días de los faraones, dichas aguas llegaban normalmente al delta en el bajo Nilo a mediados del mes de septiembre, derramándose entonces por el valle del Nilo, fertilizando además con el limo los campos de labranza. Del conjunto de este fenómeno parece haber nacido el dios *Anubis,* que era representado con cuerpo de hombre y cabeza de perro.

En la teogonía egipcia, *Anubis* aparece como hijo de *Osiris* y de *Nefté* y se le identificaba en el cielo con el nombre de *Can Mayor,* nombre de una constelación no zodiacal que sigue usándose hasta hoy. De esa constelación se consideraba a la estrella *Sirio* (brillante) como *Anubis,* el anunciador de las avenidas del río.

Este simbolismo demuestra la estrecha relación de la religión egipcia con lo astronómico. Efectivamente, *Anubis,* el *Can Mayor* en la bóveda celeste, se relaciona en el tiempo con la familia de *Osiris,* o sea *Osiris* y *Set,* su hermano fratricida, simbolizados en la constelación de *Géminis* (gemelos).

En algunos grabados muy antiguos aparece el cadáver de *Osiris* a lomos del toro *Apis.* Se puede interpretar, dada esa correlación entre teogonía egipcia y astronomía, que la constelación de *Tauro* aparece cargando el cadáver de la constelación de *Géminis,* y que en consecuencia ambas —teogonía y astronomía— están señalando una

Anubis, el dios astronómico anunciador de las crecidas anuales del río Nilo, de las que dependía la suerte de las cosechas en el valle.

misma época como final y muerte de un *algo* y principio y vida nueva en otra época.

También se puede deducir que los signos zodiacales eran ya muy conocidos desde antes de la *Era de Géminis,* e incluso quizá se remonte la antigüedad de su conocimiento hasta la *Era de Virgo,* hace por lo menos 13,300 años: aproximadamente los días del *hombre de Tepexpan* en México.

Cabe preguntarse: ¿en dónde estuvo situada y se desarrolló la cultura que entendió tanto de astronomía? Esos conocimientos no se improvisan y la prueba es el tiempo que ha tardado la cultura moderna en redescubrirlos...

Para intentar desvelar ésta y otras muchas incógnitas, es necesario regresar a las fuentes únicas de la *Gran Esfinge,* simplemente porque en ella están los símbolos-clave que quizá permitan iluminar la oscuridad de tantos enigmas.

Capítulo VI

UN TEMPLO BAJO LA GRAN ESFINGE

Orden en que se encuentran los símbolos en la *Gran Esfinge* según se presentan en este libro.

ESFINGE	CONSTELACION A QUE ALUDE	SIGNIFICADO
Cabeza	*Virgo (Virgen)*	Inteligencia, vida, humanidad.
Pecho y garras	*Leo (León)*	Valor, fuerza, nobleza, Sol.
Cuerpo	*Tauro (Toro)*	Bravura, fuerza resistencia trabajo.

La *Gran Esfinge* está mirando hacia Oriente, hacia donde nace el Sol.

El famoso ocultista Eliphas Levy atribuye a la *Gran Esfinge* los cuatro principios o atributos básicos siguientes (todo ello a partir de su apariencia física, mas no con base en la probable motivación psicológica ni en el momento prehistórico en que fue construida, puesto que de eso nada se sabe todavía):

1. *Inteligencia:* Iluminación que llega mediante el estudio.
2. *Actividad:* Trabajo constante dedicado a una causa.
3. *Voluntad:* Propósitos inquebrantables.
4. *Discreción:* Silencio absoluto, intransigente reserva.

Eliphas Levy dice que la *Gran Esfinge* simbolizó a Isis y que Isis en la antiquísima religión egipcia no era una diosa, sino un símbolo de la naturaleza: fue, por tanto, el primer principio de la vida. Así dice Eliphas Levy, pero, por lo que hoy se sabe, más bien parece haber sido una mujer de carne y hueso que posteriormente fue deificada.

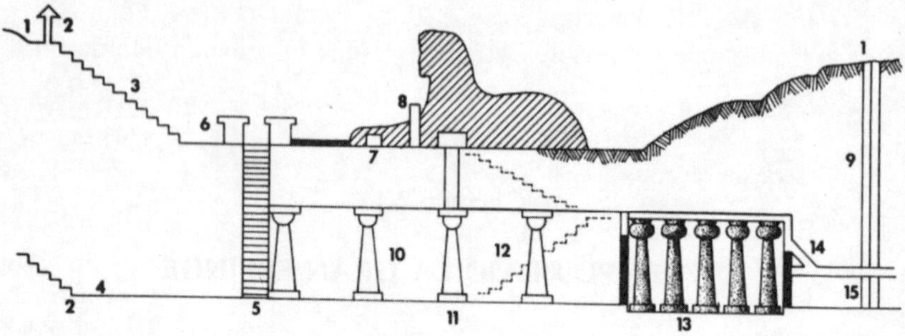

1.–Nivel de la arena en la actualidad.

2.–Puerta simbólica.

3.–Escalera actualmente comprobada.

4.–Nivel del lecho del río Nilo.

5.–Entrada secreta.

6.–Piso actual.

7.–Pequeño templo o templete hoy existente.

8.–Placa de piedra que está entre las garras de la Esfinge. *(Se cree que esa placa está tapando la entrada al subterráneo.)*

9.–Tubos que se supone servían para dar ventilación al subterráneo.

10.–Sala de recepción que se supone existe bajo la Esfinge.

11.–Columnas que sostienen a la Esfinge.

12.–Escalera de la entrada secreta.

13.–Templo circular, seguramente principio del ceremonial de «iniciación».

14.–Puerta oculta de donde parten los tres pasajes hacia las tres pirámides: Keops, Kefrén y Micerino.

15.–De este punto parte el pasaje secreto hacia la Gran Pirámide, *por donde muy probablemente desfilaban los sacerdotes egipcios para la realización de los rituales de «iniciación». Probablemente por aquí desfilaron: Zoroastro, Moisés, Pitágoras, Juan el Bautista, Jesús y otros muchos pertenecientes a escuelas herméticas e iniciáticas como la de los Esenios, a la que perteneció Jesús.*

Por su parte, Plutarco, unos 120 años antes de Cristo, dijo que en el frontispicio del templo de Isis hubo una inscripción que decía:

«Yo, Isis, soy todo lo que ha sido, que es y que será; y ningún mortal hasta hoy me ha desvelado; pero vendrá quien lo haga y entonces será mi alegría.»

En el libro de *Thoth,* libro sagrado de los antiguos egipcios, a la cabeza de la *Gran Esfinge* se le llama *Angel.*

En la Grecia de los días de Heródoto, se decía que la *Gran Esfinge* ocultaba un templo en el que normalmente se reunían los sacerdotes encargados de formular los oráculos y profecías. No fue ésta una idea inventada por los griegos, sino que era una antiquísima tradición egipcia recogida por Heródoto, según la cual la *Gran Esfinge* poseía un valor mágico y profético.

En este libro se intentan aclarar esas tradiciones y además la importancia histórica del monumento, sobre el que hasta hoy sólo se han hecho vagas especulaciones.

A pesar de la importancia real de la *Gran Esfinge,* algunos enciclopedistas la llaman despectivamente *Monstruo fabuloso,* al que le conceden como mero favor dos aspectos: el mitológico y el artístico, sin profundizar más en el tema. De este modo, se está rehuyendo el problema capital.

Después de la *Gran Esfinge* y seguramente por influencia de ésta, aparecieron otras muchas copias tanto en el mismo Egipto como en otras partes del mundo.

En Karnak, Egipto, hay una calzada de esfinges de carneros en tamaño natural, que se dice representan a Amenofis —o por lo menos a la religión dominante en los días de Amenofis— y que coincidió en esos días con la regencia de la constelación zodiacal *Aries,* lo que demuestra la influencia absoluta de las constelaciones sobre el pensamiento religioso.

Los asirios, los fenicios, los etruscos, etc., también esculpieron esfinges, pero siempre estilizándolas con alas o de alguna otra manera, y todas ellas corresponden a varios siglos después de la realización de la *Gran Esfinge.* Conviene recordar aquí que Maspero afirmó

Karnak, Egipto. Calzada de esfinges de carneros a tamaño natural. Corresponde a la Era de Aries. En recuadro: *Cabeza de carnero conocida como «Carnero de Amón». Corresponde igualmente a la* Era de Aries, *tal vez hacia la época de Abraham.*

que la *Gran Esfinge* es la escultura más antigua conocida, no solamente en Egipto, sino en todo el mundo, y, como antes se dijo, el antiguo *Libro de los Muertos* pone en boca de la *Gran Esfinge* lo siguiente:

> «Yo soy la reina de estas regiones. Yo fui la primera que reveló a los mortales el misterio de vida que hay en el trigo y en el maíz.»

Si se toma en consideración que tanto el trigo como el maíz eran conocidos desde antes de la llegada de la primera dinastía, resulta lógico suponer que *Isis* como deidad existió desde mucho tiempo antes, aunque no se sepa cuándo empezó el culto.

Reflexiones

Ver el tema de este libro con exclusiva referencia a la *Gran Esfinge* se prestaría a interpretaciones parciales y gratuitas. Verlo en relación con pueblos contemporáneos de las primeras pirámides, como fueron los sumerios, los indos, etc., se prestaría, y con razón, a afirmar que seguramente hubo mutuas influencias y que las variaciones o diferencias, tanto en cultura como en folklore, costumbres, conceptos, lenguaje, etc., se debieron al natural aislamiento derivado de las grandes distancias, ya que en aquella época había muy pocos y deficientes medios de comunicación. Así, pues, para encontrar confirmación al simbolismo que encierra la *Gran Pirámide*, es muy conveniente buscar en sitios y pueblos que no hayan podido recibir influencia de los egipcios. Esos pueblos parecen haberse encontrado en América, y de manera particular en el pueblo maya. Para nuestro propósito es necesario apoyarse en los libros el *Popol Vuh* y el *Chilam Balam*, por contener importantes referencias, de las que más adelante se hablará con amplitud.

Existen otras muchas interpretaciones que intentan descifrar el simbolismo de la *Gran Esfinge*. Una de ellas, por ejemplo —y quizá la más extendida— dice que representa la inteligencia y la serenidad espiritual que pueden y deben dominar a la bestia que todo ser humano lleva dentro. Significaría, pues, que el hombre va de lo animal a lo pensante, y simbolizaría así la transmutación, la sublimación de que hablan y predican todas las religiones y filosofías orientalistas.

Pero es el caso que, en este libro, no se hace uso de ninguna de esas proposiciones, debido a que ninguna de ellas tiene contacto alguno con la *Gran Pirámide*, que es en sí un gran monumento a la ciencia. Todo hace pensar que Esfinge y Pirámide forman un complejo y trabajan como un sistema científico-simbólico mucho más importante de lo que hasta hoy se ha venido pensando. En efecto, según suponemos, la *Gran Pirámide* es la huella dejada por una humanidad que se perdió, huella actualmente en contacto con la humanidad presente. Y la grandeza de esa huella hace imaginar la grandeza de aquel pueblo, que no fue egipcio como estamos acostumbrados a pensar en el tiempo presente. La *Gran Esfinge* es en realidad lo que dice la placa que está entre sus garras, dejada por Tutmes IV hace más de 3,400 años:

> «... un mágico misterio reinó en estos lugares desde el principio de los tiempos, porque la Esfinge es el emblema de Kepara, dios de la inmortalidad, el más grande de los espíritus...»

A consecuencia de la enorme influencia que ejerció Egipto en el mundo de su época, en primer lugar en el Medio Oriente, las esfinges se multiplicaron, más o menos estilizadas según la propia idiosincrasia y religión. No obstante, hay excepciones que invitan a reflexionar muy seriamente. Por ejemplo, el hecho de que los sumerios, desde unos 3,000 años antes de Cristo, usaran como símbolos religiosos básicamente cuatro figuras –que luego se repitieron por todo el mundo de manera insistente durante muchos siglos– demuestra las profundas raíces que ya tenían en el alma humana. O, lo que es lo mismo, que seguramente no nacieron en los días de la Epopeya Sumeria, sino que en esos días llegaron ya con muy larga historia. Los símbolos fueron: *el ser humano, el león, el toro y el águila*. En algunos casos se usó también la *serpiente*, especialmente en la época tardía.

Otros símbolos se han encontrado, tanto separados como agrupados, en una sola escultura o relieve, particularmente en Mesopotamia, aunque la verdad es que algunas de esas figuras corresponden a época ya tardía y hasta quizá decadente.

Debido a la antigüedad de los cuatro símbolos mencionados en el país de Sumer, probablemente no sean mera copia de la *Gran Esfinge,* sino que tal vez sean de origen mucho más antiguo. Cabe pensar que tanto sumerios como egipcios arrancaron al mismo tiempo de un idéntico tronco cultural que estuvo en algún sitio hoy desconocido y que desde luego no fue Egipto ni la Mesopotamia.

En razón de las especulaciones anteriores, conviene anotar la probabilidad de que algo grave sucedió; tanto, que obligó a un pueblo muy avanzado a emigrar, acabando por llegar unos a Egipto, otros a Sumeria y... tal vez algunos a América... Sobre esta última posibilidad se especula más adelante en este mismo libro.

La *Gran Esfinge* está relativamente deteriorada a causa de la erosión producida por las tempestades de arena del desierto a lo largo de milenios y también por los actos de depredación sucedidos en el tiempo, razones por las que no es posible precisar con exactitud las medidas originales. Tal como se encuentra hoy tiene unos 57 metros de largo y 23 metros de alto, aproximadamente, incluyendo la parte superior del tocado de la cabeza, llamado *klaft.* Esto da una idea de la colosal dimensión del monumento.

La *Gran Esfinge,* como se ha dicho antes, está orientada hacia donde el sol nace, o sea, de cara al Este. Por esta razón, en el antiguo Egipto se la conoció con el nombre de *Hamarculi,* que significa *sol en el horizonte.* Pero este es solamente uno de los muchos nombres que ha recibido, pues entre los más antiguos se la conoce como Hu, Neb, (madre de la tierra), Hamarkeis (sol naciente), Horus (Halcón), Sesheb (que hace la luz), Padre del Terror, Símbolo de la Muerte, León de la Noche, Soberana de la Eternidad, monstruo fabuloso, etc.

Fue Heródoto el griego (448-406 a. C.), llamado *padre de la historia,* quien le dio el nombre de *Esfinge,* sin agregar más información, a pesar de haber estado en contacto con los sacerdotes egipcios. Parece que éstos conocían muy poco del pueblo que concibió y esculpió ese monumento, como así también de la antigüedad de su religión. Le suponían unos diez mil años de existencia (trece mil años en la actualidad). Esto coincidiría con la época de la vigencia de la constelación de *Virgo.*

En consecuencia, podría interpretarse que la cabeza de la *Gran Esfinge,* al estar referida precisamente a *Virgo,* está también sugiriendo la antigüedad en el tiempo de aquel pueblo y de su religión.

Basta leer la historia de las más importantes religiones que han existido hasta hoy para darse cuenta de que, más o menos, todas ellas han partido de signos zodiacales –o por lo menos han estado muy estrechamente relacionadas, diríase influenciadas, afectadas y hasta regidas por ellos–. La religión cristiana no es una excepción, sino que por el contrario, es un buen ejemplo, si tenemos en cuenta que Cristo y el cristianismo usaron el pez como contraseña, símbolo de la era de *Piscis,* luego transformada en era cristiana.

Esta influencia determinante de los signos zodiacales sobre la mente humana y las religiones sería un fenómeno más fácil de entender, si la astrología hubiera nacido y se hubiera desarrollado en la época clásica de los sumerios o, mejor todavía, en la época del auge asirio-caldeo, tiempo ya completamente histórico. Pero no es así, pues abundan las pruebas que demuestran que la *Gran Pirámide* y la *Gran Esfinge* son anteriores a la más antigua construcción religiosa sumeria en que de alguna manera se aludía a las constelaciones.

En la *Gran Pirámide,* en cambio, sí hay importantes alusiones a los signos zodiacales –como se intenta demostrar en este libro–, de donde se deduce que dichos signos son muy anteriores a la propia *Gran Pirámide.* Y si ésta en sí es una maravilla, ¿no lo es mayor el haber clasificado las estrellas en aparentes agrupamientos y darles valores simbólicos muy fáciles de identificar en el cielo? ¡Y todo ello acorde con la precesión equinoccial! ¿En qué época, en qué región de nuestro mundo, qué pueblo fue capaz de realizar esa investigación astronómica que revela tan elevados conocimientos científicos?

Quizá lo más importante sea el hecho de haber dejado tan ingeniosos símbolos, poco menos que indestructibles, como son la *Gran Esfinge* y la *Gran Pirámide* y su relación con las estrellas en el cielo.

Echando a volar un poco la imaginación, se nos antoja que seres llegados de otros mundos tuvieron necesidad de dejar señales, huellas claras en la superficie terrestre, por medio de las cuales orientarse para sus llegadas y salidas: Nazca, en Perú; Puerta del Sol, a orillas del elevado lago Titicaca, en Bolivia; Baalbec, en el Anti-Líbano; la Montaña Roja, en la India; las primeras pirámides en Egipto, etc.

Igualmente habrán necesitado señales en el cielo, tal como los marinos las usaron durante siglos mucho tiempo después, para lo cual crearon imaginarias figuras de animales, fáciles de identificar desde grandes distancias.

Esta importante motivación pudo haber sido el origen de las *constelaciones zodiacales* y el porqué de las mismas. Muy posteriormente se habría comenzado a desarrollar lo que se conoció como *astrología.* Es decir, que en su origen debió ser una clasificación de estrellas hecha por seres pensantes de muy alto nivel científico llegados de otros mundos. De no aceptarse esta proposición habría que admitir que hace 13,000 años existió en el mundo una cultura superior a la que hoy estamos viviendo.

Todo esto podría juzgarse exagerado, pero queda objetivamente demostrado con la enorme piedra llamada *Zodíaco de Denderah,* con la *Gran Esfinge,* cuya antigüedad se desconoce, y que sin embargo, alude claramente a las constelaciones zodiacales, y con la *Gran Pirámide,* que geométrica y astronómicamente demuestra esta relación con las constelaciones y también de que se trata de un sistema, como ya antes se dijo.

Antigüedad de la Gran Esfinge

Autores serios reconocen que la *Gran Esfinge* es el monumento simbólico más grande, antiguo y hermoso que existe como obra de arte, no solamente de la antigüedad, sino de épocas mucho más recientes. Por esto, otros autores sin pensarlo mucho, han supuesto probable la influencia de los griegos sobre los egipcios, opinión naturalmente gratuita e inaceptable, puesto que la *Gran Esfinge* existía ya muchos siglos antes de que aparecieran los primeros escultores griegos, según afirma Maspero.

La *Gran Esfinge,* según algunos arqueólogos, tiene cara de mujer, cuerpo de toro y garras de león. Según ellos, el significado de estos atributos sería: la mujer, vida; el toro, fuerza, y el león, valor y nobleza.

Para otros investigadores la cara no es de mujer, sino que se parece a Kefrén, faraón de la IV dinastía, y por tanto, la *Gran Esfinge* representaría a Kefrén (Kaf-Ra), con lo que habría que avanzar la fecha hasta 2,600 años a. C. Pero parece ser una época demasiado tardía, sobre todo si se toma en cuenta que el parecido facial que se le atribuye seguramente no se debe tanto a la probabilidad del parecido con Kefrén –muy discutido por cierto, puesto que de él sólo se conoce una estatua pequeña–, cuanto al hecho de que al lado de la *Gran Esfinge* pero sin ninguna conexión visible con ella, hay un templo funerario de donde parte un túnel practicable y visitado hoy por los turistas, que conecta con la pirámide de Kefrén.

Se cree que dicho templo funerario fue para preparar el cadáver del faraón, aunque no se sabe de nadie que haya encontrado el cadáver. Se trata de una obra sumamente simple y dentro se encuentran tres pequeñas estatuas. Una de ellas –sin que se pueda asegurar nada– tal vez represente al propio Kefrén, y las otras dos, posiblemente a sus servidores favoritos. Pero de esto no hay ninguna seguridad y en consecuencia tampoco puede haberla en lo que se refiere al discutible parecido de Kefrén con la *Gran Esfinge.*

Sea esto cierto o no, hasta hoy nada de ello ha sido debidamente comprobado. Por otra parte, aunque la *Gran Esfinge* está relativamente cerca del mencionado templo funerario, en verdad no parece haber sido nunca parte del sistema. Por tanto, es factible suponer que la *Gran Esfinge* nada tenga que ver con el mencionado faraón, ni en el tiempo, ni en el supuesto parecido.

Una de las dudas y dificultades relacionadas con la *Esfinge* es que no se ha podido determinar su edad real, o sea la época en que fue esculpida y construida, pues tan pronto se ha dicho con toda seriedad que es muy anterior a la pirámide de Sakara –o, lo que es lo mismo, anterior a Menes y por ello prehistórica–, como se ha dicho que pertenece a una dinastía ya muy posterior. Y, en fin, no falta quien dice que su antigüedad puede alcanzar los 6,000 años a. C., y hasta hay quien habla de 15,000 años a. C.

Huelga decir que con estas variaciones en el tiempo, tampoco se sabe nada de la motivación original que la produjo.

Es probable que la principal dificultad para llegar a conclusiones ciertas sea que se insiste en estudiar meramente las piedras y la correspondiente idolatría a un nivel tan primitivo como el de la época conocida, y no la probable motivación psicológica, esotérica, social y quizá hasta técnica de seres inteligentes poseedores de una cultura superior a dicha época. Seres inteligentes que hayan intervenido en tan fabuloso trabajo para dejar una huella, un símbolo de su espíritu. Y esto es mucho más importante que representar a un rey, se trate de quien se trate.

La perfección artística realizada en época prehistórica obliga a pensar que no puede ser sólo un monumento ornamental, sino que debe tener una motivación mucho más importante. Y no puede ser un simple ornato, porque la *Gran Esfinge* fue esculpida en pleno desierto, en una época muy temprana, en la que en Egipto no había o casi no había gente. Piénsese que, en el caso de haber habido habitantes, tuvieron que ser muy pocos y muy primitivos, pues, como se dijo al hablar del río Nilo páginas atrás, éste en esa época llevaba muy poco caudal y sólo llegaba hasta el actual oasis Qarun, distante del delta cerca de 40 kilómetros río arriba. El Nilo, pues, no desembocaba en el Mar Mediterráneo como hoy sucede, sino que descargaba la mayor parte de sus aguas en el Mar de las Gacelas –hoy desierto del Sahara–. En consecuencia, los habitantes que pudieran haber existido en la región del actual delta, que es donde se encuentra la *Gran Esfinge,* seguramente no serían pescadores ni agricultores, pues no había agua. ¿Cabe con semejante panorama la probabilidad de levantar un colosal monumento exclusivamente con fines ornamentales, o en memoria de algún jefe pastor, o para asustar a alguien como algunos suponen? ¿No carece de lógica todo eso?

Como quiera que sea, se ha insistido en que la *Gran Pirámide*

Panorámica que muestra la cámara funeraria llamada «de Kefrén» y el largo pasillo que termina en la pirámide del mismo nombre.

Entrada al templo o cámara funeraria atribuida al faraón Kefrén. La Gran Esfinge *está a un lado, aparentemente sin ninguna relación con el templo.*

El faraón Kefrén.

fue planeada durante o a finales de la tercera dinastía y construida a principios de la cuarta dinastía, habiéndose terminado al parecer hace unos 4,700 años. Teniendo en cuenta este importante dato, los investigadores encontraron una inscripción correspondiente a la cuarta dinastía —la misma del faraón Kefrén, hacia el año 2,700 a. C. aproximadamente—, que dice claramente y sin lugar a otras interpretaciones que, en esos días de Kefrén, la *Gran Esfinge* fue descubierta casualmente, pues la arena del desierto arrastrada por los vientos la tenía totalmente cubierta, hasta no distinguirse nada de ella.

Partiendo de este escrito cabe pensar que, probablemente por haber sido encontrada y descubierta en la arena milenaria durante el reinado de Kefrén, se supuso que lo representa. Ahora bien, todo ello significa que en esos días hasta la memoria de la existencia de la *Gran Esfinge* se había perdido.

El Klaft de la Gran Esfinge

Uno de los argumentos que intenta demostrar que la *Gran Esfinge* fue esculpida en la roca en época ya tardía, dice que el *klaft* —esto es, la tela que sirve de tocado en la cabeza para protegerse de los intensos rayos solares— empezó a usarse en Egipto precisamente después de Kefrén. Esta sugerencia o afirmación en primer lugar no es completamente cierta, puesto que, desde el primer faraón conocido, ya aparecen las estatuillas con un tocado de tela en la cabeza con cierto parecido al de la *Gran Esfinge*, debido simplemente a la necesidad de protegerse la cara del sol. Por otra parte, el dicho *klaft* fue desde el principio un signo de alta jerarquía, que le correspondía al faraón. Así, pues, lo único que sucedió en los días de Kefrén fue que se modificó la forma tradicional al adoptar la presentada por la *Esfinge*.

Ciertamente, si a la *Gran Esfinge* se la llamó *Hamarkeis* porque se la consideraba símbolo del sol naciente, y por su parte el faraón creía ser un dios, lo natural era usar el mismo atuendo de la *Esfinge*.

Si se considera con sentido analítico la fecha aproximada de la inscripción antes anotada, o sea 2,700 años a. C., y además se estima

El klaft *de la* Gran Esfinge *visto de frente y de perfil. Fue usado por los faraones como símbolo de divinidad a partir de Kefrén, después de descubierta la* Gran Esfinge.

que los vientos del desierto habrán necesitado mucho más de dos mil años para cubrir de arena al coloso por completo y por lo menos otros quinientos o mil años para que se olvidara su existencia –tal vez permaneciendo sólo en las leyendas y en los cantos–, hay que concluir que la época considerada se remonta a más de 6,000 años, es decir, al principio de la constelación de *Tauro,* varios siglos antes de que se conociera el cobre, la época en que toda Europa estaba todavía empantanada por los deshielos de los últimos glaciares, la época en que la vida estaba a tan bajo nivel técnico que habría sido imposible esculpir la *Gran Esfinge,* nada menos que en la roca viva de la cadena Líbica. Todavía hoy el visitante puede fácilmente ver en la roca desnuda las capas geológicas horizontales y más o menos paralelas entre sí, que fueron esculpidas varios milenios antes de que se conociera el hierro. ¿Cómo fue esto posible? ¿De dónde salió la técnica para lograrlo?

Obviamente, el trabajo de tallado de la *Esfinge* debe haberlo realizado un pueblo llegado de otro sitio, pero poseedor de una cultura y de una técnica muy avanzadas; de donde se deduce que la *Gran Esfinge* no puede ser un simple ídolo representativo de alguna deidad primitiva. Y no puede serlo, porque la delicadeza escultórica corresponde a una sensibilidad artística y a una técnica muy superiores a las que se supone existían en la época de su construcción; pero además, es que no se ha encontrado en ninguna parte del mundo nada que sugiera un antecedente de este trabajo.

No obstante –y sin pensarlo mucho–, algunos autores han sugerido que se trata de un símbolo de muerte y que fue levantado en el desierto principalmente para imponer miedo al pueblo.

Tal suposición no parece resistir ningún análisis, y seguramente está fundada más que nada en la fuerte impresión que el visitante recibe al ver la enorme silueta contra el cielo apenas iluminado por las estrellas, y más aún cuando hay luna llena, que produce luces y sombras fantasmagóricas: todo ello en medio de un silencio aplastante, interrumpido si acaso por el reptar de alguna serpiente, o el silbido de algún viento...

Es fácil entender que los antiguos camelleros, entonces mercaderes y viajeros del desierto, recibieran –como se ha dicho– un tremendo impacto de terror al encontrarse en semejante escenario. El terror debió de ser resultado particularmente de sus creencias religiosas y supersticiones, de donde habrían nacido abundantes leyendas y nuevas supersticiones que enriquecieron la religión egipcia en la época tardía. Pero nada de esto tiene que ver con la motivación ni el significado simbólico original de la *Gran Esfinge*, significado que, si hoy se desconoce, es porque al hombre le encanta construir para luego destruir. Piénsese en las guerras frecuentes, las revoluciones internas, los incendios, como el que destruyó la biblioteca de Alejandría, de la que desapareció mucha de la información que hoy nos sería muy útil para salir de ciertas dudas. Por fortuna, quedaron en las piedras símbolos que hoy ya empiezan a hablar. Hablan, por ejemplo, cuando se comprueba que, a pesar del enorme tamaño de la *Gran Esfinge* –que comprende una cabeza humana y dos cuerpos de animales irracionales distintos–, todas sus partes conservan perfecta proporción y armonía. Admirable comprobación, si se tiene en cuenta que para conseguirlo fue necesario un escultor con gran experiencia y no menos sensibilidad artística, ambas imposibles de lograr en una cultura primitiva como fue la existente antes de empezar la civilización del cobre.

A pesar de todo lo dicho, algunos autores insisten en que la *Gran Esfinge* es la representación de una deidad solar. Sin embargo, dichos autores nunca dicen qué pueblo la esculpió, en función de qué religión fue tallada, ni por qué consta de los tres cuerpos ya mencionados.

* * *

Símbolos-Astronomía

Partiendo del hecho de que la *Gran Esfinge* está formada por tres símbolos visibles, por una parte coincidentes con tres signos zodiacales que a su vez son similares con los que aparecen en la piedra *Zodíaco de Denderah,* y por otra parte, con los muy precisos datos astronómicos y proféticos que proporciona la *Gran Pirámide,* es lógico y natural suponer que tanto el *Zodíaco* como los signos respectivos eran ya conocidos desde muchos siglos antes de haberse esculpido la *Gran Esfinge*, o sea, hace muchísimo más de 6,000 años.

Así, pues, la esfinge está representando tres elementos simbólicos: *el ser humano, el león y el toro.*

En actitud felina, la Esfinge está mirando con sereno interés hacia el Este, hacia donde nace el sol en el período que va del 21 de julio al 20 de agosto aproximadamente. Estas fechas son importantes, porque son la misma clara señal astronómica que hace el meridiano de la *Gran Pirámide*, cuyos detalles aparecen en capítulo correspondiente.

La *Gran Esfinge* y la *Gran Pirámide*, con una diferencia de metros, se encuentran geográficamente en la misma longitud y latitud, o sea prácticamente en el mismo paralelo: importantísima coincidencia que de ninguna manera puede ser casual. De ahí que la *Esfinge*, más que la representación de un faraón o de cualquier otro símbolo religioso, es seguramente un símbolo descifrable solamente en combinación con la *Gran Pirámide*, y los resultados obviamente deben ser muy serios e importantes.

Se puede asegurar que la cara de la *Esfinge* no está representando ni a una mujer ni a un hombre en particular, sino a todo un pueblo, quizá a toda una época o a todo un acontecimiento, tal vez a toda una raza hoy todavía desconocida. Se podría afirmar que la cara está representando a la constelación zodiacal *Virgo* (Virgen). El pecho y las garras de león representarían a la constelación zodiacal *Leo* (León), que es la que sigue inmediatamente a *Virgo*. El cuerpo de toro debe estar simbolizando a la constelación zodiacal *Tauro* (Toro).

Entre las constelaciones de *Leo* y de *Tauro* no hay contacto directo, pues se encuentran a una distancia de más de 6,000 años. Este número es de suma importancia, ya que aparece en la cronología profética de la *Gran Pirámide* y en otros símbolos no menos importantes.

Contemplando así el panorama, la *Gran Esfinge* viene a ser una clara alusión a signos astronómicos que señalan épocas perfectamente calculables y que podrían resultar grandemente significativas para la historia de nuestro mundo, y hasta podrían ser la clave de muchos misterios todavía no resueltos.

Pero, además, al referirse a signos zodiacales, está demostrando que éstos no fueron inventados durante la cultura sumeria, ni mucho menos durante la posterior cultura caldea o babilónica, como generalmente se ha creído, sino que corresponden a una cultura que existió varios miles de años antes de todo lo que se sabe de egipcios y caldeos.

Como puede suponerse, entender la astronomía a tan alto nivel no puede ser conocimiento ni improvisado, ni primitivo, puesto que significa que quienes tallaron la *Gran Esfinge* —y también la piedra *Zodíaco de Denderah*— deben haber sido los herederos de una tan antigua como elevada cultura, formada a lo largo de miles de generaciones.

De ser así las cosas, la *Gran Esfinge* vendría a ser, juntamente con el *Zodíaco de Denderah,* un solo monumento dividido en dos partes: la una, conmemorativa de acontecimientos muy especiales comenzados en algún punto de la *Era de Virgo,* hace unos 16 a 18,000 años, el otro señalando astronómicamente las épocas corres-

pondientes, puesto que está indicando como puntos de referencia movimientos estelares, tal como a su vez los señala la *Gran Pirámide*. Esta combinación resulta positivamente admirable y sin embargo hasta hoy no parece haber interesado a investigador alguno, razón por la que ésta es la primera vez que se habla de ello.

Pero una cultura que conocía o que tal vez inventó los signos zodiacales como parte de la clasificación de las estrellas en la bóveda celeste, seguramente conocía también la duración en años de los cambios equinocciales. Tratábase, por tanto, de una cultura con muchos siglos de previa evolución, pero que lamentablemente desapareció de manera más o menos brusca. Sus supervivientes dejaron como huella por lo menos seis importantes monumentos: *La Gran Esfinge; La Gran Pirámide; El Zodíaco de Denderah*; las pirámides de *Kefrén* y *Micerino* y la pirámide de *Sakara*: la importancia de esta última todavía no es conocida, excepto que fue la primera construcción de su tipo en Egipto y en el mundo.

Nos limitaremos por el momento a los tres primeros monumentos nombrados, por ser los más importantes para nuestro tema.

La *Esfinge* se refiere simbólicamente a *cuando todo comenzó* con relación a la humanidad hasta llegar a nuestros días.

La *Gran Pirámide* se refiere a ciencia, astronomía, tecnologia y cronologia profética.

El *Zodíaco de Denderah* se refiere a los acontecimientos ocurridos hace unos 10,000 años y a los conocimientos a que llegaron en el área de la astronomía, según se puede apreciar por las estrellas talladas en la piedra.

La *Gran Pirámide* señala como duración de su cronologia exactamente 6,000 años, que —nótese la coincidencia— viene a ser muy cerca de la duración de cada una de las edades *Leo-Tauro* y, *Tauro-Piscis*, precisamente dos de los tres importantes símbolos de la *Gran Esfinge*.

¿Será todo esto mera y casual coincidencia? Hasta hoy, nada de lo encontrado en la *Gran Pirámide* ha sido casualidad ni mucho menos fortuita coincidencia, pues todo obedece siempre a un plan.

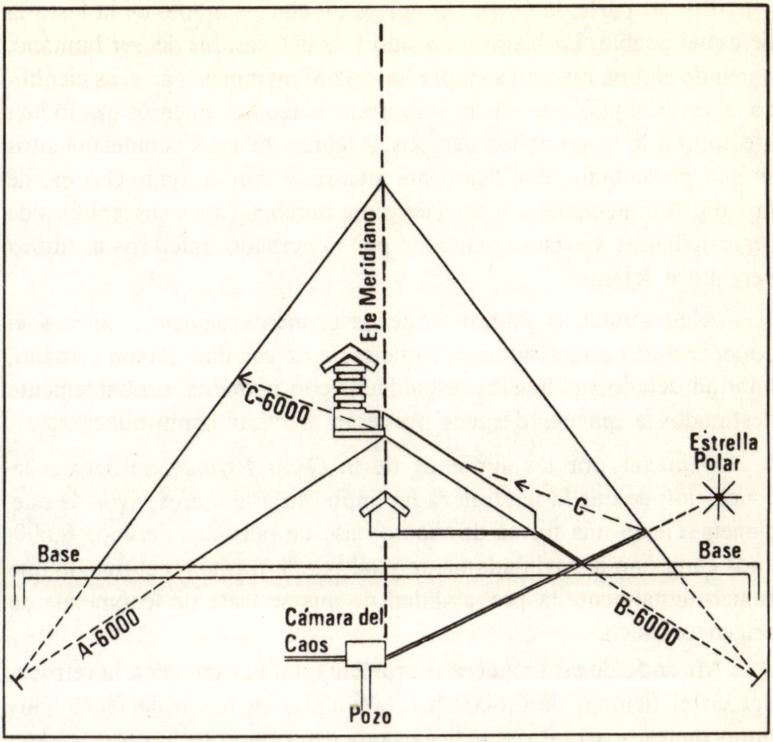

Hemos venido diciendo en este libro que los datos importantes aparecen siempre repetidos de manera diversa en las medidas y en los símbolos de la* Gran Pirámide. *En este caso se repite el número 6,000. La línea recta ideal (–C–) que parte de la entrada de la* Gran Pirámide *y pasa por el centro de la* Cámara del Juicio a las Naciones *hasta llegar a la cara opuesta, mide 6,000 pulgadas.

¿Por qué habría de ser distinto en el caso de la *Gran Esfinge,* tratándose como se trata de un muy ingenioso sistema?

La *Gran Pirámide* es ciencia y en ella no se ha encontrado nada superfluo. Los símbolos importantes aparecen repetidos y presentados de manera distinta, como queriendo obligar a que la atención se fije especialmente en ellos.

Por su parte, la *Gran Esfinge* es un claro símbolo de la historia de aquel pueblo. La historia ha sido y es inseparable del ser humano, quien de alguna manera siempre ha dejado memoria —a veces científica, a veces simbólica— de los importantes acontecimientos que lo han afectado a lo largo de los tiempos. Algunos de esos acontecimientos se han presentado periódicamente alterando muy a fondo el ritmo de la vida. Acontecimientos por cierto, en muchos casos susceptibles de ser calculados y hasta conocidos por anticipado, referidos al futuro cercano o lejano.

Algo intuían o sabrían aquellos primeros egipcios, quienes al conocer quizá anticipadamente que el fin de sus días estaba cercano, habrían dejado sus huellas respaldadas con números, probablemente destinados a quienes después quisieran efectuar comprobaciones.

A juzgar por los símbolos de la *Gran Esfinge*, se llega a la conclusión de que la naturaleza ha impuesto a los seres vivos de este planeta Tierra una forma de vida a base de períodos de unos 6,600 años cada uno aproximadamente y tal vez en forma repetitiva, lo que sugiere igualmente la probabilidad de que se trate de fenómenos de origen cósmico.

Mirando de esta manera el problema, tal vez convendría retroceder en el tiempo, de 6,600 en 6,600 años, en busca de fenómenos importantes, y así tal vez se llegarían a determinar fechas trascendentes, como son la desaparición de la *Atlántida* y del *Continente de Mu.*

Pero estos ciclos sucesivos de vida, luego destrucción y muerte y vuelta a la vida, no fueron particular idea de los egipcios ni de los sumerios. Algo de eso también se encuentra en América, por ejemplo entre los mayas, toltecas y aztecas, quienes tenían igualmente en sus tradiciones la creencia de que el mundo estaba condenado a un fin brusco y repentino al final de un tiempo previsible. O, lo que es lo mismo: según aquellas creencias, la destrucción de la vida y del mundo se producía de manera periódica, debido a influencias malignas.

Abundando en el tema, el *Popol Vuh,* libro sagrado de los mayas-quichés, define claramente cuatro edades o épocas separadas entre sí por siglos. Las tres primeras, prehistóricas, y la última, ya histórica: todas ellas coinciden con cuatro soles que según esa mitología murieron y volvieron a nacer.

La *Gran Esfinge,* tal como hoy se la ve, representa solamente tres edades. Sin embargo, es probable que en su origen hubiera tenido por lo menos un símbolo más —la serpiente, por ejemplo— que habría ya desaparecido debido a la destrucción y al tiempo.

En el caso de que en su origen haya tenido cuatro símbolos visibles en lugar de los tres que hoy tiene, habría plena y absoluta correspondencia entre el *Popol Vuh* y la *Gran Esfinge*, puesto que ambos, de manera distinta, estarían haciendo alusión a cuatro edades.

Como quiera que sea, en el *Popol Vuh* dichas edades aparecen separadas por cuatro *regentes: Imix, Cimi, Chuen y Cib*. Cada uno de ellos representa el principio de cada edad.

Obviamente, lo que haya sucedido al final de cada uno de estos períodos, y que determinó importantes cambios en la vida de los seres humanos, nada tiene que ver con castigos de Dios ni mucho menos de dioses. Ha sido simplemente consecuencia de ciclos naturales, como el que genera la Tierra con su movimiento de traslación alrededor del Sol, originando las cuatro estaciones del año, que no obedecen a veleidades divinas, sino a inmutables leyes cósmicas.

Así, pues, no es de creer que pueblos diversos, tan separados en la geografía y en el tiempo, hayan inventado de la nada mitologías con tantas semejanzas. Más bien es de suponer que todos esos pueblos han sufrido los mismos fenómenos naturales, quizá hasta en una misma región, en donde nació la idea apoyada en previas concepciones religiosas, producto de una larga historia. O sea que el concepto de períodos de vida y de muerte data de muy antiguo, probablemente originado por algún fenómeno natural, lo que hizo que quedara incluido en una religión también muy antigua. Lo demás habría sido simplemente una sucesión de añadiduras.

Mirando así el problema, bien pudo haber sucedido que la última o más reciente catástrofe dispersara por todo el mundo a los pueblos, y que éstos, al rehacer su vida, continuaran o rehicieran lo que desde muchas generaciones anteriores ya era profunda tradición y creencia.

La determinación de las fechas de tales ciclos de muerte y de vida tal vez sea factible cuando se entiendan completamente los símbolos de la *Gran Esfinge* en combinación con la geometría cronológico-profética de la *Gran Pirámide,* que es precisamente lo que se intenta lograr en este libro.

Símbolos astronómicos

En el piso de la *Cámara de las Reflexiones* –o del *Triple Velo,* como también se le llama– que se encuentra en el interior de la *Gran Pirámide* al final del pasillo ascendente y precisamente antes de entrar a la *Cámara del Juicio a las Naciones,* aparecen en forma diagonal, y por tanto con interpretación geométrica, los dígitos 666.

La interpretación, según nuestro leal saber y entender, es la siguiente:

1. El primer dígito 6, a que antes se aludió, se refiere al ciclo de alrededor de 6,600 años que van del principio de la constelación de *Virgo* (virgen). Parece que hacia el final de esta constelación ocurrió algo catastrófico que alteró el ritmo de la vida humana.

Recuérdese que se están usando las constelaciones únicamente como puntos de referencia al tiempo en que los hechos ocurrieron.

2. El segundo dígito 6, se refiere al período de unos 6,600 años comprendidos entre el principio de la constelación de *Leo* (león) hasta el final de la constelación de *Géminis* (gemelos).

3. El tercer dígito 6 simboliza aproximadamente otros 6,600 años comprendidos entre el principio de la constelación de *Tauro* (toro) hasta el final de la constelación de *Piscis* (peces), que, como se detalla más adelante en este libro, ocurrió el 20 de agosto del año 1953, fecha notablemente marcada en la cronología profética de la *Gran Pirámide,* final conocido como *el silencio de piedra.*

De lo anterior se deduce que hasta el año 1953 estuvimos viviendo la *Edad y cultura de Tauro*, cuyo final se conoce como *Era de Piscis*. Asimismo, esto sugiere que a partir del año 1953 empezamos a vivir una nueva *Edad,* la *Edad de Acuario* (aguador); es decir, que estamos ya en el principio de un nuevo ciclo, de una nueva *Era* y de una nueva *Edad.*

Ahora cabe preguntar: si a lo largo de los milenios ha habido un cataclismo aproximadamente entre el final y el principio de cada *Edad*, ¿fallará esta vez la naturaleza? Por nuestra parte, no lo creemos así.

Al leer lo anterior, tal vez pensará el lector que se trata de referencias dentro del área de la astrología. Pero no es así, pues, como ya se dijo y es necesario tener presente, se usan los nombres de las constelaciones zodiacales porque son tradicionales; pero solamente como referencia a tiempo, como si se tratara de un calendario o un reloj. A este respecto, conviene anotar que muchos astrónomos han opinado que algunas estrellas, tradicionalmente consideradas como pertenecientes a una constelación, en realidad pertenecen a otra, puesto que invaden el área vecina; se ha respetado la denominación con que se las conoce hasta hoy por pura tradición.

Por nuestra parte, suponemos que aquellos tan antiguos astrónomos que dieron forma puramente imaginaria a las constelaciones zodiacales, lo hicieron intencionadamente para ajustar los detalles de la figura al tiempo astronómicamente calculado, lo cual es un motivo más de admiración.

Capítulo VII

ESFINGE DE TANIS. PIRAMIDE DE SAKARA. LA DIOSA ISIS

En el museo de El Cairo se encuentra una pequeña escultura en forma de esfinge, llamada *Esfinge de Tanis,* porque en ese lugar fue descubierta. Esta reliquia, en vez de llevar el *klaft* (el tocado de tela en la cabeza), como lo lleva la *Gran Esfinge,* tiene melena de león, y las orejas y todo el cuerpo de león, lo que inequívocamente alude al dios sol por una parte, y por otra a la constelación de *Leo:* ambos, símbolos religiosos inseparables desde hace 12 o 13,000 años.

Al igual que la *Gran Esfinge,* la de *Tanis* tiene cara humana. La interpretación más generalizada se refiere al sol naciente, que es uno de los nombres dados a la *Gran Esfinge.* El *klaft* o tocado de tela también alude al sol, como ocurre con cualquier sombrero moderno.

Algunos arqueólogos afirman que la *Esfinge de Tanis* corresponde a una época tardía, probablemente a la XII dinastía (1842-1797 a. C.) y que representa a Amenemher III.

Pensamos –como otros autores– que la *Esfinge de Tanis* es un símbolo solar que representa un dios y una religión solares y que probablemente fue esculpida hacia la primera dinastía, dada su coincidencia artística con las paletas predinásticas conocidas como de la época de Narmer-Menes. Quizá transcurrido el tiempo otro faraón tomó este símbolo y lo adoptó como propio, fenómeno acaecido con cierta frecuencia con otros símbolos egipcios.

Otros autores han señalado como antigüedad probable entre 6,200 y 4,933 a. C. En consecuencia, vendría a ser muy anterior a la construcción de la *Gran Pirámide.*

La Esfinge de Tanis. Museo de El Cairo, Egipto.

Cabe suponer, como mera probabilidad lógica, que la *Esfinge de Tanis* pudo haber servido de modelo original, y tal vez a escala, para hacer después la *Gran Esfinge;* pero al labrar la roca para hacer la definitiva y estando ya en la *Era de Tauro* fueron cambiados algunos detalles –fenómeno normal en toda construcción– y las modificaciones consistieron en quitarle la melena leonina y ponerle el *klaft,* así como perfilar el cuerpo en forma de toro, símbolo que coincidiría en sentido astronómico con la *Gran Pirámide* y con la constelación de *Tauro* ya vigente.

La *Esfinge de Tanis* está reconocida como una admirable obra de arte, espècialmente para la época en que fue esculpida, ya que demuestra una técnica, experiencia y sensibilidad muy avanzadas, tanto como la orfebrería en oro puro de que se habla en otro capítulo de este libro.

Pirámide de Sakara

La segunda construcción de Egipto, parece haber sido la *Pirámide de Sakara,* que fue la primera de su tipo. Su creación se atribuye a Path Hotep, también conocido como Inhotep (2,700 a. C.), que fue visir del faraón Soser y a quien siempre se le ha reconocido como gran médico y arquitecto, hijo a su vez de otro arquitecto.

A este respecto, los griegos siempre reconocieron que desde tiempo muy antiguo los egipcios fueron maestros en la medicina y en la magia. Por ejemplo, Homero en la *Odisea* dice:

> «En Egipto, los hombres son más expertos en medicina que en ningún otro lugar del mundo.»

Pero Inhotep vivió en la tercera dinastía: ¿cómo pudo haberse llegado a ese grado de conocimiento, tanto en arquitectura como en medicina, en orfebrería, en escultura, en astronomía, etc., sin haber existido previamente milenios de experiencia y natural evolución? ¿En qué región del mundo se vivió esa evolución? ¿De dónde llegó esa experiencia y sensibilidad?

Hoy no existen contestaciones satisfactorias y todo sigue aún envuelto en el misterio.

Pirámide de plataformas en Sakara, del faraón Soser, considerado como el fundador de la III dinastía e iniciador de la civilización y cultura egipcias.

Isis

Hathor significa vaca. Aunque en época tardía, la construcción del templo de Hathor obedeció a un culto muy antiguo. Fue morada de *Horus* (Halcón), hijo de *Isis* y de *Osiris*; esto significa que *Hathor* alimentó la vida de *Horus*. *Hathor* fue una manera de simbolizar a la diosa *Isis*, y ésta a su vez, fue perpetuada en la *Gran Esfinge*.

No se conoce ninguna otra diosa anterior a *Isis* en la teogonía egipcia. A *Isis* se la simbolizó de varias maneras: así por ejemplo, en algunos casos aparece con cuernos de vaca, símbolo de alimentación y de vida.

También suele aparecer con la flor de loto en la cabeza y un instrumento musical en la mano, semejante a la sonaja, símbolo de mando usado por los faraones. También aparece con forma felina, clara alusión al león y a la *Gran Esfinge*.

En el *Libro de los muertos*, se ponen las siguientes palabras en boca de Isis y naturalmente de la *Gran Esfinge:*

> «Yo soy la reina de estas regiones. Yo fui la primera que reveló a los mortales el misterio de la vida que hay en el trigo y en el maíz.»

Este texto da la razón de por qué se la consideró como madre de la vida y de la alimentación.

Al hacer mención del maíz, es obligatorio que recordemos a los mayas y a algunos otros pueblos de América, para quienes el maíz fue la base de su alimentación y por ello lo consideraron de origen divino. Ahora bien quienes han investigado acerca del origen primitivo del maíz, afirman que el mismo jamás fue silvestre en parte alguna del mundo. ¿De dónde habrá salido el maíz tanto en Egipto como en América? ¿Habrá sido traído desde el espacio exterior, es decir desde otro planeta y que por ello se le atribuyó un origen divino?

Entre otros muchos atributos, Isis representaba las fases de la luna. Los sacerdotes del culto a Isis debían observar absoluta castidad y sus cabezas debían ser rapadas antes de empezar cualquier ritual relativo a Isis.

En fin, que Isis es un personaje cósmico representado monumentalmente en la *Gran Esfinge*, y que a ésta no se la podrá entender sin las claves astronómicas contenidas en la *Gran Pirámide*. Y decir astronomía es decir matemáticas, en las que hay números que, además de tener valor cuantitativo en lo astronómico, lo tienen también simbólico. Tal es el caso del 666, tema muy importante que se aborda en el siguiente capítulo.

La diosa Hathor o Isis. Puede advertirse en la ilustración el fenómeno astronómico de las fases lunares y el de la «Luna llena», simbolizados por un disco o una esfera, entre cuernos.

En fin, [illegible] siguiente capítulo.

[illegible]

Capítulo VIII

LOS DIGITOS 666: O LA BESTIA DE DESTRUCCION

El número *666* es muy conocido por encontrarse en la Biblia, en el libro del *Apocalipsis* (o Revelación), capítulo 13, versículo 18, donde textualmente dice:

> «Aquí hay sabiduría, el que tiene entendimiento cuente el número de la bestia; porque es el número de hombre y el número de ella seiscientos sesenta y seis.»

A lo largo del tiempo ha habido muchos intentos de interpretación de este versículo, pero hasta hoy nadie ha dado una explicación satisfactoria.

Sabiendo esto muchos años antes de su primera visita a la *Gran Pirámide*, el autor se llegó a la *Cámara de las reflexiones*, cuyo esquema aparece en este mismo capítulo y que es donde aparece geométricamente expresado ese número *666*. Se detuvo a meditar largamente en busca de inspiración. Obviamente, las rocas, tan maravillosamente labradas, hablaban un lenguaje científico al dar geométricamente ese número; pero ¿qué quisieron decir con él?

Para intentar el esclarecimiento del misterio había que considerar en principio por lo menos tres símbolos, a saber: el número mismo, el nombre de la *Cámara de las reflexiones* –bastante expresivo por cierto–, y lo de la *Bestia de destrucción* según el *Apocalipsis*.

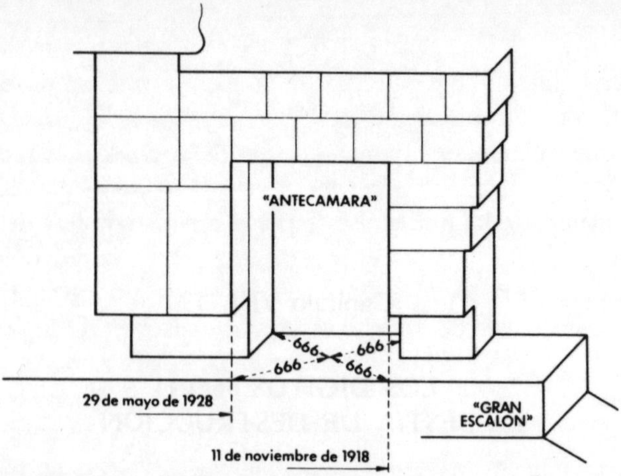

En la Antecámara *o* Cámara de las Reflexiones *o* Cámara del Triple Velo, *se encuentra geométricamente exacto el número 666.*

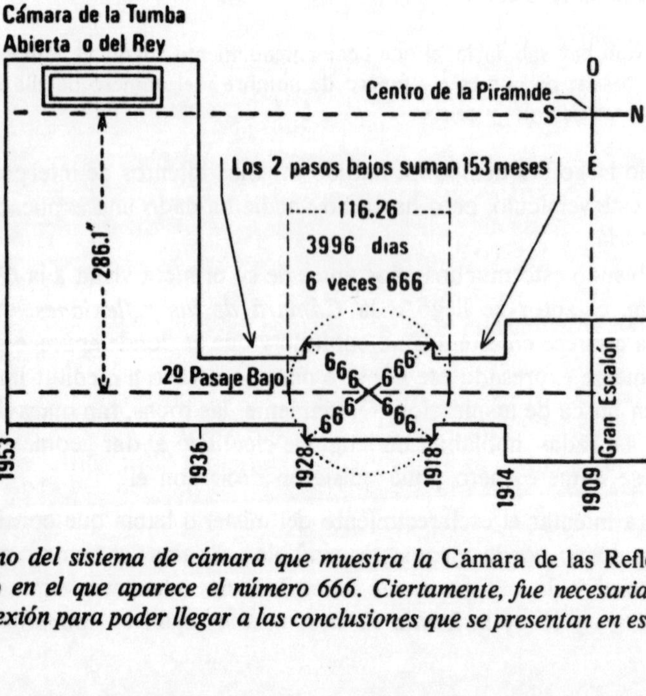

Plano del sistema de cámara que muestra la Cámara de las Reflexiones, *sitio en el que aparece el número 666. Ciertamente, fue necesaria mucha reflexión para poder llegar a las conclusiones que se presentan en este libro.*

Varias visitas y mucha reflexión no fueron suficientes para aclarar el enigma. Sin embargo, como la casualidad no existe, era de suponer que, cuando Juan el teólogo escribió el *Apocalipsis,* debía de conocer alguna vieja tradición, tal vez oral en el pueblo judío, o muy probablemente escrita por Moisés o por algún otro profeta del pueblo hebreo.

Se da por sabido que la *Gran Pirámide* es una constante referencia a fenómenos astronómicos: en consecuencia, resultó lógico suponer que ese 666 seguramente era una alusión astronómica. Sí, pero ¿cuál o cómo?

En fin, lo relativo a ese número 666, así como otras muchas preguntas que bullían en la mente del autor, quedaron en suspenso durante varios años, pero impulsándolo siempre a realizar nuevos viajes de investigación para tratar de encontrar respuestas tan lógicas como fuera posible.

Juan el teólogo

Juan el teólogo, autor del *Apocalipsis* o *Revelación,* dice que todo le fue dictado por seres espirituales; luego entonces, ese 666 debía tener un antecedente y contener una advertencia. Sí, pero, ¿dónde buscar para encontrar la explicación? ¿Qué quiso decir con aquello de *Bestia de destrucción*? Muchos estudiosos han intentando contestar estas preguntas y parece ser que ninguno ha encontrado todavía la respuesta verdadera.

Como es natural, la meditación se fue hacia las escuelas iniciáticas contemporáneas a Juan el teólogo, en las que el número 33 significaba dos veces tres, o sea, dos triángulos entrelazados, de los cuales el uno representaba lo material y el otro lo espiritual. Es eso precisamente lo que aquellas antiguas escuelas quisieron decir al fijar en 33 años la edad de Cristo (y consecuentemente, ese número no indicó necesariamente la edad verdadera de Jesús el Cristo, sino que tal vez fue solamente un símbolo iniciático en función de los dos triángulos entrelazados).

Este símbolo empezó en *Thoth,* antiquísimo dios egipcio, más conocido como *Hermes Trismegisto,* quien lo explicó con aquella frase tan conocida: *como es arriba, es abajo.*

Según esto, el número 33 es un símbolo de equilibrio entre lo material y lo espiritual como fórmula de avance para llegar a la maestría. Esto es tan cierto, que como tradición ha llegado hasta nuestros días, en que algunas sociedades secretas iniciáticas y ocultistas lo conservan, considerándolo como meta de autosuperación, como gran anhelo, como sublimación hacia lo espiritual, por supuesto después de haber escalado los 32 peldaños o grados previos, que no siempre son fáciles y que por lo general no se dan de obsequio. Y entre los iniciados de dichas sociedades, todavía se usa de manera normal, como una contraseña de identificación oral, la siguiente pregunta más o menos: «¿...Qué edad tienes?» Y la contestación, de antemano preparada, siempre debe explicar muchas cosas respecto a la sociedad de que se trate, sin que nada de eso tenga algo que ver con la edad real de quien contesta ni de quien pregunta.

El símbolo trascendió en el tiempo y finalmente se le empezó a conocer como estrella de David; pero arrancó de una disciplina iniciática. Juan el teólogo debió haber sido un iniciado.

Lo opuesto o contrario al número 33 —e igualmente contrario en símbolo— es el número 66, que significa lo material, lo tangible, lo grosero y alejado de lo espiritual. Por ello, el número 66 se está refiriendo simbólicamente al materialismo, ya alejado de lo espiritual. De aquí que el 666 —tres veces el 6— rompa el binomio materia-espíritu, o sea, materialismo en grado superlativo de práctica y expresión, muy por debajo de lo espiritual y por ello en absoluto desencuentro con el espíritu.

Curiosamente eso es lo que está sucediendo hoy, eso es exactamente lo que está viviendo la humanidad.

Es de suponer que cuando el *Apocalipsis* menciona el número 666 como ***Bestia de destrucción***, en realidad se está refiriendo a una época en la que el mundo cayó —o caerá en el futuro— en un materialismo intransigente y tan combativo como destructor de todos los valores humanos y en especial, naturalmente, de los espirituales, lo cual viene a ser implícitamente la autonegación del propio ser.

Pero, al hablar de valores espirituales, debe tenerse presente que no estamos hablando en sentido religioso, ni de religión alguna dentro de las corrientes religiosas conocidas: ese es ya otro asunto, que por cierto, no siempre está ligado a lo espiritual.

Un caso insólito de nuestro tiempo

Estaba para imprimirse este libro, cuando, el día 29 de septiembre del año 1978, murió el papa Juan Pablo I a la edad de 66 años, habiendo permanecido en el solio pontificio solamente 33 días. El 33 hace otro «6» sin perder su propio valor de «33».

Si el lector se toma la molestia de volver al principio de este capítulo, encontrará el significado de esos números y de ahí podrá sacar sus propias conclusiones.

Pero, además, se debe recordar que, cuando fue elegido dicho papa, el humo de la chimenea que tradicionalmente anuncia el final del cónclave, en vez de salir blanco como debió ser, salió de un color confuso, precisamente debido a la confusión de quienes realizaron la correspondiente labor... Los números, más este último dato, dicen mucho a las mentes abiertas... ¡Los tiempos se van cerrando!

Coincidencia astronómica y bíblica

Cuando el *Apocalipsis* menciona el número 666 como símbolo de destrucción, no insinúa fechas ni siquiera aproximadas, dejando al criterio del lector la época probable de su aplicación. En cambio, la *Gran Pirámide* sí da fechas con gran aproximación; en algunos casos se refiere por lo menos a la época, como cuando señala con toda claridad la *Era* final de una *Edad* en la que ocurrió cada uno de los acontecimientos de que se trate, así como el probable nivel de cultura a que llegaron los pueblos antes de su destrucción y casi desaparición.

La repetición del dígito es, si se reflexiona con cuidado y mente abierta, la repetición de un mismo símbolo, de tal manera que si se entiende el primero tal vez se entenderán también los otros dos.

De llegarse a confirmar que el número 666 en verdad se está refiriendo a catástrofes que periódicamente se han repetido, producidas por la naturaleza a escala mundial, puede suponerse que no sean exclusivamente de origen terráqueo, sino de origen cósmico; que sean tal vez efecto de fenómenos llegados del exterior, pero con efecto sobre la Tierra. Sí, porque podría darse el caso de que alguno o algunos de los cuerpos estelares hoy todavía desconocidos funcionen en órbitas más o menos tangenciales al plano de las órbitas de nuestro sistema solar-planetario, en cuyo caso podrían producirse desequilibrios a plazo fijo y por ello calculables, no solamente en el planeta Tierra, sino en varios o en todos los planetas de nuestro sistema.

A este respecto, la ciencia moderna ya va aclarando algunas incógnitas. Por ejemplo, en el mes de abril del año 1963, hubo un congreso de astronomía en Tucson (Arizona), al que asistieron más de trescientos astrónomos de todo el mundo y en el que el prestigioso astrónomo Peter Van Kamp exhibió fotografías telescópicas que demuestran, ya sin lugar a dudas, la existencia al menos de un enorme planeta que gravita en derredor de la estrella Barnard, al cual puso por nombre «Barnard-1».

Fue esta la primera vez que a nivel altamente científico se ha demostrado que efectivamente existen otros sistemas planetarios. El «Barnard-1» se encuentra a 6 años luz de la Tierra y se mueve a gran velocidad. ¡Obsérvese: *6* años luz! Es casualmente, uno de los dígitos del *666*, es también la longitud total de la cronología profética en el interior de la Gran Pirámide.

Formulemos una hipótesis sin desear que sea verdad: supongamos, por ejemplo, que el Barnard-1, debido a su órbita, periódicamente se acerca a nuestro sistema lo suficiente como para crearnos problemas y que las tres veces anteriores que esto sucedió existía ya el ser humano con capacidad intelectiva para registrar los hechos. En tal caso, el 666 estaría refiriéndose a la historia del mundo, pero susceptible de repetirse en el futuro.

Aunque lo dicho sea una mera suposición, parece ser muy importante debido a que aparentemente nuestro sistema solar y el de «Barnard» con su «B-1», aunque separados por enorme distancia, parecen viajar en sentido convergente hacia la estrella Vega de la constelación de La Lira. Y en el mencionado congreso de astronomía se dijo que el planeta más exterior del sol «Barnard» tiene una órbita de 6,600 años terrestres, razón por la que cíclicamente, cada 6,660 años se acerca a nuestro sistema solar.

Estos datos astronómicos modernos son de una atormentadora coincidencia con el 666 apocalíptico y, como se verá después, con la indicación astronómica que hace el eje-meridiano de la *Gran Pirámide,* con el símbolo de la *Gran Esfinge* y con el clarísimo dato proporcionado por el *Zodíaco de Denderah.* A estas coincidencias de ninguna manera se las puede considerar como mera casualidad. Sin lugar a dudas, algo muy importante se nos está acercando. Y conste que nos lo están advirtiendo las piedras.

Es de notar que en Brasil, mucho antes del año 1963 en que los astrónomos hablaron de estas cosas, un psíquico, por medio del cual se manifestaba un ser espiritual de nombre Rematis, anunció la presencia de un gigantesco planeta oscuro, llamado *Hercolubus*, de tamaño más de 500 veces mayor que la Tierra. Y todo el mundo sabe que en el *Apocalipsis* bíblico se menciona la *estrella Ajenjo*, precisamente en conexión con la *Bestia de destrucción.*

Volvamos ahora a la *Gran Pirámide*, partiendo del principio aceptado de que es una construcción con permanente referencia a fenómenos astronómicos y que en ella encontramos la suposición de que el 666 se refiera a tres fenómenos separados, pero semejantes entre sí.

Como el símbolo se encuentra prácticamente al final de la línea cronológico-profética, toda ella con definida y absoluta referencia a acontecimientos que tienen lugar en el mundo y con efecto sobre los seres humanos, resulta lógico suponer que ese 666 que habla de bestial destrucción se esté refiriendo a fenómenos que, siendo astronómicos –cósmicos–, sean simultáneamente terrestres. Quizá todo ello se refiera a un tiempo ya pasado, pero también cabe la probabilidad de que esté insinuando nuestro tiempo presente o el muy cercano futuro, ya que el símbolo aparece precisamente hacia el final de dicha línea cronológico-profética, en el punto y fecha que se refiere a nuestro tiempo, a nuestros días.

Correlaciones cosmo-humanas

El lector habrá advertido ya la estrecha vinculación que existe entre el hombre y el cosmos. Requirió mucho tiempo la investigación que permitió encontrar coincidencias que corroboraran y fundamentaran esa correlación cosmo-humana. He aquí algunas de ellas:

a) el punto en que aparece el Sol cada 21 de marzo en la esfera celeste —punto que marca el equinoccio de primavera en el hemisferio Norte— se desplaza ligeramente de año en año. En su recorrido a través del zodíaco invierte 25.920 años. Los médicos por su parte constataron que el hombre efectúa cada día 25.920 respiraciones, 18 por minuto.

b) la circunferencia se divide tradicionalmente en 360 grados. Si dividimos 25.920 entre 360, obtendremos la cifra 72, o sea que para cada grado son 72 años. Pero la cifra 72 es importante en relación a Venus. Sus conjunciones dan pie al trazado del *Pentagrama,* de uso común en el ocultismo para los conjuros y los exorcismos. El *Pentagrama* es la estrella de cinco puntas encerrada en un círculo. Sus puntas marcan en dicho círculo secciones de 72 grados cada una. A su vez, por cada inspiración, el corazón humano late cuatro veces, de donde resultan 72 latidos por minuto.

Es de suponer que con lo anotado —no está todo lo que se puede decir— será suficiente para que el lector compruebe la íntima relación que existe entre el ser humano y el cosmos. Obedecemos y reaccionamos al unísono de los fenómenos cósmicos, pudiendo afirmarse en consecuencia que todo lo que afecte al cosmos afecta también al hombre.

Capítulo IX

DOS MONUMENTOS SIMBOLICOS Y CIENTIFICOS. CONSIDERACIONES ASTROLOGICAS. EL ORIGEN DE SUMERIOS, MAYAS Y EGIPCIOS

La *Gran Pirámide* nunca fue tumba de nadie. Quienes la suponen monumento funerario del faraón Keops, sencillamente no están enterados que en el año 1932 fue encontrada la verdadera tumba y el cadáver de Keops en Abydos, hacia el Alto Nilo, muy cerca de Tebas (Luxor): es decir a muchísimos kilómetros de distancia de la *Gran Pirámide,* trayecto que hoy se tarda en recorrer más de 12 horas por ferrocarril.

El hallazgo no dejó lugar a dudas, porque dentro de la tumba fue encontrada una estatuilla de marfil con el nombre y representación del faraón Keops (Ku-Fu). Por su parte, los arqueólogos comprobaron la exactitud de la época.

Por estas y otras muchas razones la *Gran Pirámide* es ya reconocida mundialmente no como tumba, sino como un monumento de astronomía. Desde este punto se la debe estudiar, sin caer en vulgares ni pretendidos potenciales mágicos, tal como en los últimos tiempos se ha intentado hacer creer a los lectores desprevenidos. Así pues, partiendo de lo astronómico, se establece el contacto simbólico con la *Gran Esfinge.*

De los datos anteriores se desprende que la *Gran Pirámide* no fue construida en el sitio que hoy ocupa por mera casualidad, sino que obedeció a imperativos técnicos y científicos, algunos de los cuales aparecen en este libro.

Pequeña estatua de marfil encontrada el año 1932 en una tumba de Abydos, en el Alto Nilo, y que representa inequívocamente al faraón Keops (Ku-Fu). La existencia de la verdadera tumba de Keops se sabía desde mucho tiempo antes, pero no había sido localizada.

El meridiano de la *Gran Pirámide* cruza un máximo de tierras habitables, hoy ya habitadas y un mínimo de mares y océanos, dividiendo así al mundo perfectamente en Este y Oeste. La longitud y latitud de la *Gran Pirámide* se encuentran a la misma distancia del Polo Norte que del centro de la Tierra.

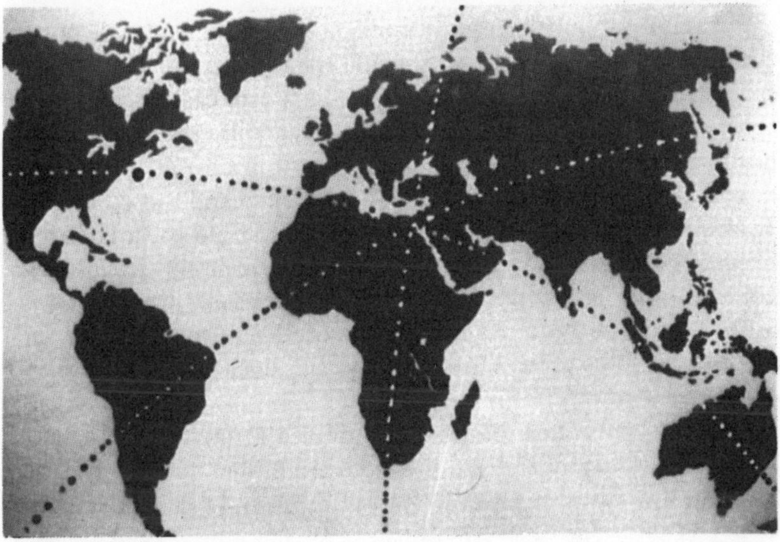

El meridiano de la Gran Pirámide *pasa por un máximo de tierra habitable, exactamente como si se hubiera planeado para futuros asentamientos humanos.*

El meridiano de la *Gran Pirámide* señala claramente la fecha 20 de agosto de 1953 –era actual–, al dividir admirablemente las constelaciones zodiacales *Piscis y Acuario*. Así, pues, el eje meridiano señala la real frontera visual entre ambas constelaciones.

La fecha 20 de agosto coincide con la orientación que tiene la *Gran Esfinge,* según dijimos antes, y coincide también con el final de la *Era de Piscis*. Por esta razón, todas las fechas a que se refiere este libro se datan a partir del año 1953, considerada como fecha «0», por haber sido cuando terminó la vigencia de *Piscis*.

Sabiendo esto, es lógico buscar qué otras indicaciones astronómicas hace dicho meridiano: pues bien, una de estas indicaciones señala admirablemente que el año 6,660 antes de 1953 coincidió con la estrella *Propus*, que en los dibujos tradicionales de la astrología ha figurado siempre en el dedo gordo del pie de *Cástor*, uno de los gemelos de la constelación de *Géminis*.

Esta importante indicación significa también el final de la propia constelación de *Géminis* y simultáneamente el principio de la constelación de *Tauro*. (Por supuesto, para este caso usamos de la apariencia por medios visuales y no los cuadrantes según es costumbre en la astrología.)

Los cálculos han demostrado que el eje-meridiano de la *Gran Pirámide* se proyecta de manera natural en el cielo hacia la estrella *Propus*, perteneciente a *Cástor*, de la constelación de *Géminis*. Esa estrella divide con notable exactitud a las constelaciones de *Géminis* y *Tauro* a la media noche del equinoccio de Otoño —22 de septiembre del año 4707 a. C.—, cantidad que sumada a 1953 da 6,660 años.

Dicha proyección ideal hacia la estrella *Propus*, que se encuentra sobre el Ecuador Celeste, cruzó en ese mismo punto la eclíptica terrestre y el Ecuador Celeste, marcando así el fin de una constelación y el principio de la siguiente.

Se trata de un asunto complicado, que requiere muy amplios y sólidos conocimientos de astronomía, geodesia y matemáticas, algo verdaderamente imposible e inexplicable hace 6,660 años.

La moderna astronomía, mediante el sistema de cálculo Newcomb, ha confirmado lo dicho. Pero además, por medio de esos mismos cálculos, hoy se sabe que el 22 de septiembre del año 4707 a. C. hubo *Luna llena*, fenómeno que después fue simbolizado con una vaca o toro, con un disco o una esfera entre los cuernos. De esa misma manera era simbolizada *Isis*, y en algunos casos los faraones usa-

El eje-meridiano de la Gran Pirámide *hace impresio- nantes indicaciones astronómicas que parecen expli- car el número 66*

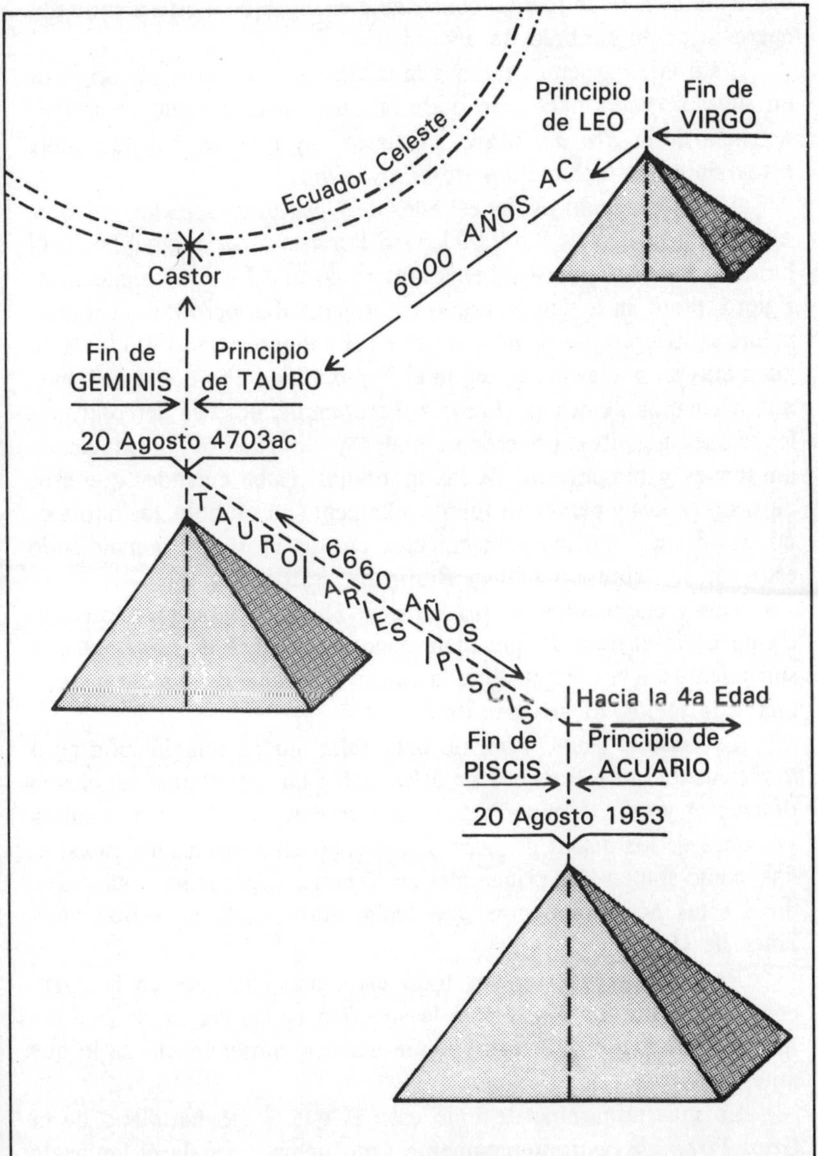
Principio de LEO
Fin de VIRGO
Ecuador Celeste
6000 AÑOS AC
Castor
Fin de GEMINIS
Principio de TAURO
20 Agosto 4703ac
TAURO
ARIES
PISCIS
6660 AÑOS
Hacia la 4a Edad
Fin de PISCIS
Principio de ACUARIO
20 Agosto 1953

ban en la cabeza un tocado consistente en un disco o esfera entre dos cuernos, como símbolo de divinidad.

Esto viene a demostrar que la tradición conservó el recuerdo de un suceso astronómico. Sin duda la *Luna llena*, en que empezó la regencia de la *Era de Tauro*. ¡Y luego hay quienes ironizan sobre estos símbolos tachándolos de *mitos primitivos*!

La observación de las estrellas de *Géminis* o *Gemelos* debió de empezar hace más de 8 o 9,000 años. Por esta razón arraigó en el ser humano hasta el punto de encontrarse en pueblos muy alejados de Egipto, tanto en el tiempo como en la geografía, pero que probablemente estuvieron juntos alguna vez en el antiguo pasado. En los antiguos mayas, por ejemplo, según el *Popol Vuh,* hubo dos dioses buenos hermanos gemelos: *Hunab* e *Ixbalanqué,* quienes derrotaron a los dioses gigantes, poderosos, malos y destructores, produciendo huracanes y movimiento de las montañas. Cabe entender que esos dioses gigantes y perversos fueron solamente un símbolo que habla de un cataclismo con los subsiguientes efectos mortales, coincidiendo esto con la expresión bíblica *Bestia de destrucción.*

Los mencionados *dioses gemelos buenos* aparecieron precisamente hacia el final de una mala época, que debió de estar llena de sufrimientos, a la vez que abría la puerta al renacer del pueblo maya a una vida mejor, menos penosa.

Leyendo el *Popol Vuh*, no hace falta mucha imaginación para darse cuenta que efectivamente debió haber un importante cataclismo destructor y que, terminado éste, los elementos volvieron a la calma por obra de los *dioses gemelos*. Estos estuvieron inspirados en estrellas, como son las dos principales de *Géminis,* que por ser zodiacales, da a estos acontecimientos una fecha aproximada de 6,660 años antes de 1953.

Para comprender mejor todo esto, conviene leer en la parte correspondiente del *Popol Vuh* la sucesión de las creaciones del ser humano, tradición que seguramente nació a consecuencia de lo que antes sufrieron.

Lo más admirable de todo esto es que el eje-meridiano de la *Gran Pirámide*, astronómicamente y en tiempo, señala el límite de dos constelaciones zodiacales: una *Géminis*, que termina, y la otra *Tauro*, que comienza, en cuya época ocurrió dicho cataclismo. Todo esto coincide con el número 666, símbolo bíblico de la ***Bestia de destrucción***. Esto significa que la geometría expuesta en la ***Cámara de las reflexiones*** está diciendo algo sumamente importante, tanto, que hasta parece increíble. Sin embargo, será el tiempo, ya muy cercano, el que dirá la última palabra.

El meridiano de la *Gran Pirámide* coincide igualmente con la eclíptica de la Tierra y con el Ecuador Celeste según se ilustra en la primera figura de este capítulo. Asimismo, señala el solsticio de julio y la posición del sol en el primer día del verano en el hemisferio norte y del invierno en el hemisferio sur.

Cástor y Pólux son las dos estrellas más brillantes de la constelación zodiacal *Géminis* y desde muy antiguo se las conoce como *los gemelos*, aunque en verdad no son iguales o idénticas ni en tamaño ni en color, puesto que *Cástor* es blanca y *Pólux* aparece de color amarillento. Esta constelación, tradicional y astrológicamente, termina en la estrella *Propus* antes mencionada.

La influencia psíquico-religiosa de esta constelación sobre la humanidad a lo largo de los siglos es notable, seguramente por la huella de dolor que dejó en las almas. Muchos pueblos consideraron a esas dos estrellas como *dioses buenos*. Esa trascendencia llegó a los marineros desde muy antiguo y hasta épocas recientes. La tradición las tenía como patrón divino que amparaba a los marineros contra las tormentas, pues se decía que, mientras esas dos estrellas estuvieran a la vista, no había peligro de tormentas marinas.

El hecho de que el meridiano de la *Gran Pirámide* esté señalando el principio de la constelación de *Tauro* es muy importante debido a que el toro es uno de los tres símbolos contenidos en la *Gran Esfinge*, además de que el toro fue una figura importante tanto en la religión práctica como en la cosmogonía egipcia. Véase como ejemplo lo siguiente: cuando Set asesinó por envidia y ambición a su hermano Osiris, Isis, hermana y esposa del propio Osiris, estando ya viuda, buscó por todas partes los restos mortales de su esposo y, cuando encontró el cadáver, lo sepultó en una tumba *con forma de toro* (según algunos autores, *con forma de vaca*).

Este dato relaciona muy estrechamente a Osiris con el toro, culto religioso originado a consecuencia de la constelación de *Tauro*. Obsérvese que la constelación inmediatamente anterior a *Tauro es Géminis* —o sea, los gemelos—, clara alusión a los dos hermanos en lucha, uno de los cuales terminó su existencia en el interior de un toro. Así también, *Géminis* termina precisamente en *Tauro*.

Unos 2,700 años a. C. —o sea, 4,653 años antes de 1953—, el faraón Micerino (Men-Kaf-Ra) de la cuarta dinastía, al morir su hija única, la inhumó en una sepultura en forma de vaca, cubierta de oro. Este dato sugiere que en esos días —150 años después de haber terminado la regencia de *Tauro* y haber empezado la de *Aries* (carnero)— todavía existía una fuerte influencia de la constelación de *Tauro* en los ritos religiosos.

¿No es todo lo dicho una clara alusión a las constelaciones zodiacales? ¿Y no es también una clara alusión a los símbolos expresados por la *Gran Esfinge*?

Pues bien, sucede que el límite entre constelaciones es difícil de obtener por medios ópticos normales. Sin embargo, aparece especialmente marcado, señalado, por el eje-meridiano de la *Gran Pirámide* ¿Casualidad? ¡Más bien parece ser que la astronomía ya va explicando lo que hasta hace poco tiempo se consideró como mito o leyenda!

Apis, el Toro Celeste - Osiris

Siguiendo con el tema, encontramos que *Apis*, el toro o buey sagrado —llamado también *Toro Celeste*, aludiendo a la constelación—, representaba a Osiris, a su vez dios del Nilo. *Apis* fue símbolo de la energía divina desde época prehistórica, y se decía que nació de una vaca virgen fertilizada por un rayo de luna, por lo cual también se le entendía como un dios lunar. Pero es que, además, representaba el rayo y el relámpago, lo que hacía que se le entendiera también como deidad atmosférica.

El culto a *Apis* se extendió por todo Egipto a partir del primer faraón Menes. Por ello, conviene llamar al pueblo y a la cultura egipcia *cultura de Tauro*, pues en verdad nació y creció durante la regencia de la constelación de *Tauro*, y empezó su decadencia con la constelación de *Aries*.

Entre las muchas cualidades que le asignaron al toro *Apis* está la de que representaba la segunda reencarnación del dios *Path*, más conocido como el *oculto*.

Fue en Menfis, ciudad capital, donde más prosperó el culto de *Apis*. Tanto en esa región como en otras de Egipto, se han encontrado pinturas y relieves en los que *Apis* aparece de color negro llevando sobre el lomo el cadáver de Osiris. Esto significa que se le entendía como un medio de contacto entre el cielo y la Tierra, y también sugiere que Osiris quizá habría muerto al comienzo de la regencia de la constelación de *Tauro*, fecha que podría convertirse en muy importante.

Apis, como símbolo religioso, trascendió a muchos pueblos lo mismo cercanos que lejanos. Así por ejemplo, en los cultos orientales se le entendía como símbolo de poder y fuerza de la naturaleza. Se le ha encontrado como símbolo celeste en Java, Bali y otras islas de Ocenía, así como en Creta, y en fin, en otros muchos lugares, pero siempre correspondiendo a épocas posteriores a la de su origen en Egipto, lo que significa que fue simplemente influencia de los egipcios sobre otros pueblos.

La estrecha relación de *Apis* con lo cósmico queda plenamente de manifiesto en los 29 requisitos mínimos que debía reunir el toro para merecer la categoría de *Apis*, y ser adorado como un dios vivo. A continuación se anotan algunos de los requisitos más notables.

Debía ser de color negro con una mancha blanca de forma triangular en la frente. Una mancha blanca en la paletilla izquierda, con forma de luna en cuarto creciente o de cruz venía a ser como el sello de origen divino. Debía tener también otra mancha igualmente blanca en el lomo, que sugiriera la forma de un águila o cóndor, y otra mancha en el cuello que aparentara la forma de un escarabajo o, en sustitución, la mancha debería aparecer en la lengua. Y, en fin, se requerían otras manchas y condiciones a cual más difícil de encontrar en un solo animal, hasta reunir los 29 requisitos.

De todas maneras, el *Apis* no debía vivir más de 25 años, al término de los cuales era ahogado en el Nilo poniendo en lugar del ahogado un toro joven, o sea, un becerro previamente escogido.

Tanto los atributos divinos y mágicos como los requisitos exigidos, relacionaban al *Apis* con lo cósmico, correspondiendo todo ello al principio y apogeo del culto a la *Era de la constelación de Tauro.*

La dominante influencia religiosa de *Tauro* como dios celeste, pero encarnado en la Tierra, quedó comprobado en Sakara, la zona más antigua de construcciones en Egipto. Fue allí donde el arqueólogo francés Mariette descubrió una avenida de pequeñas esfinges que llega hasta un templo mortuorio, en el que fue encontrado un sarcófago sellado y que contenía la momia de un toro *Apis* muy adornado. Esto significa que ese fue el cementerio de los toros o bueyes *Apis*. Todo ello corresponde plenamente a la *Era de Tauro*, la constelación zodiacal.

Pero esa influencia religiosa no se limitó a Egipto, sino que se extendió a otros pueblos. Por ejemplo, en Mesopotamia, en los días de Obeid, se adoró al toro. En Creta se adoraba al Minotauro. Y así por el estilo en otros pueblos, pero siempre en estrecha relación con la constelación Tauro.

La Era de Aries

Cuando las creencias religiosas arraigan muy profundamente en el alma humana, trascienden en los tiempos y en las edades impidiendo que nuevas ideas y nuevas creencias las desplacen. Una prueba de ello está en el pueblo hebreo, cuando, después del éxodo, fabricó *un becerro de oro* para adorarlo.

Y eso sucedió precisamente durante la *Era de Aries*, o sea, del carnero o cordero. Téngase en cuenta que para entonces, y ya desde los días de Abraham, se había reconocido a *Aries* como símbolo religioso: la prueba está en los sacrificios que se realizaban.

Durante los cuatrocientos años que los hebreos vivieron en Egipto, cada año en los rituales religiosos se repetía el sacrificio del cordero. Finalmente, la despedida de Egipto, al principio del éxodo,

se hizo manchando las puertas con sangre de cordero. Todo ell demuestra que si los sacerdotes hebreos entendían que estaban en l *Era de Aries* –del cordero–, el pueblo ignorante seguía pensando e *Apis* a la manera egipcia: seguramente suponían que en ese moment estaban sufriendo una venganza de *Apis* y que lo mejor era adorarl para que se contentara. Pero como ya se sabe, Moisés pensó c manera muy distinta.

Y, en efecto, así sucedió, a pesar de que en el propio Egipto est ba ya muy disminuido el culto a *Apis*, razón por la que las esfinges carnero se iban multiplicando en todas las ciudades, según se pue apreciar todavía en lugares como Menfis o la calzada de las esfin de carneros en Karnak. Esto explica por lo menos dos aspectos fenómeno religioso impuesto por las constelaciones zodiacales, saber: 1) que en Egipto ya se aceptaba la creencia religiosa en *Ar* 2) que esa fue una de las razones o sinrazones de los pleitos y ten nes internas que hubo entre el clero y los políticos y de todos el contra el pueblo, y que acabaron por hundir a Egipto en la ruina todos los sentidos. Y es que las nuevas ideas, como fueron las Amenhotep IV, ya se iban abriendo camino a pesar de todas las re tencias. Con los ejemplos ya presentados es fácil distinguir, en pri lugar, la influencia que las constelaciones zodiacales ejercieron e mentalidad de los pueblos. En segundo lugar, la lucha entre diose épocas tan antiguas que no se sabe cómo ni cuándo empezaro finalmente, cómo las creencias religiosas arraigan tan profundam en las almas, que ni la evidencia más clara consigue arrancar

En el «Popol Vuh»

Llama la atención el hecho de que el escenario presentad el *Popol Vuh* coincide fundamentalmente con el escenario del sumerio cuando habla del *diluvio*, en el que figuran igualment dioses buenos, gemelos.

(Otra coincidencia es la del *Popol Vuh* con el *Génesis* b debido sin duda a que Moisés fue educado desde su primera ec la cultura egipcia, de donde debió de tomar las tradiciones de lo

guos egipcios. Además, el pueblo hebreo tuvo su origen en Mesopotamia, y según parece, del país de Sumer concretamente, de donde también recibiría las antiguas tradiciones.)

Ambos pueblos, maya y sumerio, probablemente vivieron el mismo desastre mundial unos 3,000 años antes de Moisés. Por consiguiente, Moisés sólo pudo haber recibido esos conocimientos a través de tradiciones y leyendas. Además, según se verá más adelante, existe la probabilidad de que mayas y sumerios, muy en el pasado, hayan arrancado de un mismo tronco cultural.

La Edad de Tauro

La *Era de Tauro* —y mucho más todavía la *Edad de Tauro*, que comprende tres constelaciones y una duración de 6,660 años— fue rica en acontecimientos de toda índole, como se puede apreciar en el cuadro sinóptico que aparece al final de este capítulo.

La cronología profética empieza en el año 6001, o sea, a principios de la *Era de Tauro*, época en que bruscamente se desenvolvieron varias culturas. Tal vez una de las primeras, aunque no la más espectacular, habrá sido la sumeria, más o menos contemporánea de la egipcia. A consecuencia de esto conviene llamar *Edad de Tauro* y *Cultura de Tauro* a nuestro tiempo hasta el año 1953, tan dramáticamente marcado en el interior de la *Gran Pirámide*.

Fue en el lapso de dos constelaciones —*Tauro y Aries*— cuando aparecieron varios dioses como principio de religiones importantes: *Ra, Osiris, Thoth*, en Egipto. *Ram o Rama, Brahma, Krishna*, en India, etc.

En la *Era de Tauro* se empezó a trabajar el cobre, aunque luego se perdiera el conocimiento durante algún tiempo. Después se volvería a trabajar, ya sin interrupción hasta nuestros días, juntamente con el estaño y el bronce.

Quizá se piense que en esta época, al contar ya con metales, aunque blandos como el cobre, pudieron hacerse herramientas y con ellas haber cincelado, por ejemplo, el *Zodíaco de Denderah* y hasta tallar la *Gran Esfinge* en la roca. Sin embargo, ¿sabían aquellos escultores tanto de astronomía como para hacer retroceder matemáti-

camente las constelaciones zodiacales, y todas las otras estrellas que aparecen en el propio zodíaco, a la posición que tuvieron en el cielo hace más de 9,000 —quizá hasta 12,000— años? ¿Simbolizaron en la *Gran Esfinge* una figura zodiacal inventada entre 12 y 18,000 años antes?

No, no hay ningún dato que respalde semejante probabilidad. El hecho de tener ya algunos metales muy incipientemente trabajados no basta para haber podido realizar semejante labor científica: tanta, que en aquella época no pudo ser una mera ni fortuita casualidad, ya que esos conocimientos resultan inexplicables en una época que se la considera como primitiva. Es probable que se la haya tildado de primitiva por estar muy lejana en el tiempo y por consiguiente se conozca muy poco de ella.

El número 666

Después de las consideraciones anteriores, resulta lógico suponer que el número *666* citado en el *Apocalipsis* bíblico tenga su verdadera y original explicación en el número *666* que geométricamente aparece con tanta claridad en la *Cámara de las reflexiones*, la cual está en el interior de la *Gran Pirámide* y como antesala de la *Cámara del Juicio a las Naciones,* en donde, según las tradiciones, está el asiento del *Gran Juez,* junto a la *tumba abierta,* de la que ampliamente se habla en otra parte de este libro.

Si se aplica la lógica a los símbolos expuestos hasta el momento, podemos concluir que el *666* es la oportunidad que la humanidad tuvo para realizar su última reflexión ya en el momento mismo de la destrucción y muerte a gran escala, exactamente antes de entrar a la *Cámara del Juicio a las Naciones* y quedar frente al *Gran Juez,* teniendo a la vista y al alcance de las manos la *Tumba abierta* (que por cierto fue colocada con gran exactitud en el eje vertical de la sala, el mismo eje vertical de la *Cámara del caos* o *subterránea,* entendida ésta como infierno o cosa por el estilo). Y esto está apuntando hacia los 6,660 años en que todo eso sucedió, no en teoría, sino en la trágica realidad de la vida y de la muerte.

Ahora solamente nos falta saber si el símbolo es sólo un recordatorio de piedra, o si, además, es una advertencia profética, inevitable por tratarse de fenómenos naturales, o de *dioses malos,* como los llamaron los mayas.

La epopeya sumeria

Siguiendo con el símbolo de la *Gran Esfinge* y el meridiano de la *Gran Pirámide*, encontramos que hay una notable coincidencia entre el principio de la constelación de *Tauro* y el brusco despertar del pueblo sumerio, quien, después de su milenaria vida lacustre, saltó repentinamente y de manera todavía inexplicable a una civilización sedentaria agrícola, con escritura cuneiforme, organización política con las correspondientes jerarquías, etc.

Ese repentino despertar fue como una explosión luminosa que arrebató a muchos pueblos de la oscuridad en que habían vivido durante milenios, para empezar una vida nueva, mentalmente activa, con principios de astronomía y otras muchas características importantes de las que no había antecedentes.

Varios autores coinciden en que ese cambio repentino en la historia sumeria ocurrió hace de 6,000 a 6,500 años: a este fenómeno lo llaman *la epopeya sumeria.* Agregan esos mismos autores que todo ello coincidió con la presencia de seres pensantes aparentemente humanos, pero de rara apariencia, que salían periódicamente de las aguas del Golfo Pérsico para instruir a los nativos en la ciencia, en el arte y en las labores cotidianas.

Beroso —según E. Babelón— afirma que la ciencia de los astros no fue invención de los sumerios, sino que les fue transmitida por el *hombre pez,* llamado *Oames.*

Naturalmente no se tiene cabal conocimiento de cómo eran esos raros personajes ni de dónde llegaron ni adónde se fueron (si es que alguna vez se fueron, pues podría haber sucedido que por lo menos algunos de ellos se hubieran quedado a convivir con los nativos hasta el día de su muerte). A este respecto, hay todavía mucho que se ignora. Pero lo que sí se sabe es que la historia sumeria se rompió, por así decirlo, al saltar repentinamente de una vida primitiva lacustre al florecimiento de ciudades en tierra firme, con alfarería, con cultivo mediante riego planeado, con escritura, etc.

Muchos investigadores serios coinciden en afirmar que, para nosotros, para la civilización y cultura actual, todo empezó en los países de Sumer y Egipto y precisamente en ese orden. Y así se dice, porque, después de la mencionada *epopeya*, la cultura sumeria se esparció por toda Mesopotamia.

¿Qué fue lo que sucedió en ese entonces, que así movió a todos los pueblos? Intentaremos presentar algunas teorías que nos parecen lógicas y naturales y que pretenden explicar este interrogante.

Ciertamente, de haber continuado la humanidad al lento paso de evolución en que iba, en estos momentos probablemente estaríamos viviendo todavía en la Edad de Piedra o, cuando más, en la edad del cultivo de la tierra. Entonces, ¿qué fue lo que despertó al ser humano tan bruscamente?

Las tradiciones ocultistas, que con frecuencia han sido muy atinadas en estos menesteres, afirman que la nueva cultura empezó como resultado de un cataclismo. Verdaderamente da qué pensar el repentino e inexplicable avance no solamente de la cultura sumeria, sino de la egipcia y de algunas otras más: en todas ellas aparecieron bruscamente estados políticos ya formados y constituidos en sociedad urbana, fenómeno semejante al de los primeros faraones en Egipto, que aparecieron en escena sin antecedentes naturales, sin saberse de dónde llegaron. Así, también, debe mencionarse la presencia de *Krishna* en India, cuya filosofía ha llegado hasta nuestros días con absoluta vigencia en lo religioso y en lo espiritual.

Adán y Eva

Un ejemplo completamente natural y espontáneo de este movimiento humano es la presencia de *Adán y Eva*. Hayan sido míticos o reales, en todo caso el diccionario bíblico los sitúa hace 5,953 años, contados a partir de 1953. Con ese hecho comenzó su vida el pueblo hebreo, fecha que coincide con el calendario egipcio y con el principio de la *Era de Tauro*, época en que, como ya se dijo antes, parecen haber despertado bruscamente muchos pueblos tanto en el medio oriente –donde se situó a *Adán y Eva*– como en América, de donde igualmente se desprende de manera espontánea que la humanidad ya existía desde muchos milenios antes. Podemos, pues, concluir que *Adán y Eva* fueron solamente un símbolo todavía no esclarecido, pero tal vez muy importante, ya que pudieron haber sido los fundadores de un pueblo que sobrevivió a un cataclismo. En efecto, si se observa cuidadosamente, ese mismo símbolo, con algunas variantes, se encuentra en todas las religiones y tradiciones antiguas, incluyendo a los pueblos de América.

Un buen ejemplo de lo anterior es la religión sumeria, en la que vivió el pueblo hebreo hasta los días de Abraham. Según esa religión, las palabras *que-nin-hur-sag* significaban *el Dios que los mezcló con arcilla.* O de otra manera: *Dios y el hombre son y serán uno en la arcilla; y así fue hecho el hombre.*

La gran similitud de esta concepción religiosa, varios milenios anterior a Adán y Eva, no deja lugar a dudas de que es la misma que recibió Moisés como tradición de su pueblo, y que luego dejó como parte del *Génesis* bíblico.

Los mayas

Por su parte, los mayas en América señalaron su propia antigüedad en 3,113 años a. C. (5,066 años a contar desde 1953). Esta edad de los mayas se acerca mucho a los 6,660 años señalados por el eje-meridiano de la *Gran Pirámide*, así como a los calendarios egipcio y hebreo y a los acontecimientos en Sumeria.

Pero, como si esto no fuera bastante, está la tradición de los mayas. Esta demuestra sin lugar a dudas que, cuando llegaron por vez primera a Centroamérica, no eran seres primitivos, sino que ya eran poseedores de una cultura que, por su grado de avance, es de suponer que tenía ya varios milenios de antigüedad, aunque por las lamentables condiciones en que llegaron, necesitaron tiempo —no mucho— para manifestarse como realmente eran. Se dice esto porque según la descripción que hace el *Popol Vuh* de la llegada de los mayas a tierra firme en Centroamérica, ellos arribaron justamente como náufragos procedentes del mar y seguramente víctimas de algún gigantesco desastre.

Egipto

Si el lector observa el problema con detalle, notará que en Egipto sucedió algo semejante a lo anteriormente dicho y en la misma época, pues Egipto no había manifestado ningún desarrollo importante sino hasta hace poco más de 5,300 o 5,500 años, que fue cuando aparecieron los primeros faraones. Pero ¿qué había antes? ¡Muy poco de que hablar! Desde luego, una organización social, política y religiosa tan avanzada como la de Narmer-Menes no pudo haber sido improvisada.

Al hablar de los faraones como primeros habitantes civilizados de Egipto, estamos refiriéndonos a un estado ya completamente integrado con todos los poderes, como son el político, el religioso, el militar, el legislativo, etc. Y nada de eso pudo haber llegado ni de Sumeria ni de ningún otro sitio conocido, porque no se han encontrado los correspondientes antecedentes.

Visto esto, no queda más recurso que aceptar que los primeros faraones llegaron como inmigrantes, quizá como náufragos, a la manera de los mayas sobrevivientes de algún cataclismo que los obligó a abandonar su tierra nativa.

¿De dónde salieron los primeros egipcios, los primeros sumerios, los primeros mayas, etc? ¿Y por qué abandonaron su lugar de origen? ¿No está todo esto sugiriendo que habitantes de una misma región –llámese isla, continente o península– hubieron de dispersarse hacia todo el mundo, cada cual por sus propios medios y en número muy inferior al que habían sido originalmente?

Las tradiciones ocultistas sugieren que sucedió lo mismo que ya había acontecido unos seis mil años antes, cuando desapareció debido a un gigantesco cataclismo el *continente de Mu,* también llamado *Lemuria* o *Naa:* los supervivientes se desplazaron en todas direcciones, llegando algunos de ellos al país de *Ram* u *Osiris* o *Brahma,* nombre de la tierra que, habitada, existió donde hoy se encuentra el mar Mediterráneo y que se supone gozaba entonces de cierto nivel cultural.

Todo esto nos obliga a retroceder en el pasado en busca de nuevas evidencias, siempre en relación con la *Gran Esfinge* y la *Gran Pirámide.*

Cuadro sinóptico de la Edad de Tauro

Años antes de 1953

6,660: Empezó la *Era de Tauro.* Al mismo tiempo terminó la *Era de Géminis.* Tauro es igualmente el principio de una Edad que terminó el 20 de agosto de 1953.

6,400: Es la época probable en la que apareció *Isis*, la diosa egipcia. Parece haber llegado como parte importante de la religión del primer faraón hasta hoy conocido: es, por consiguiente, prehistórica. *Isis* se identifica plenamente en el tiempo y en el símbolo con la constelación zodiacal *Virgo*, significando «nueva vida», que es lo que igualmente simboliza la *Gran Esfinge.*

6,200-4,933: Es aproximadamente la duración de la época prehistórica de Egipto. Hacia el final ocurrió la llegada del primer faraón Narmer Menes de la primera dinastía. Este período prehistórico comprende también la segunda dinastía. En esa época ya se trabajaba el cobre extraído de las minas del Sinaí, pero en muy pequeña escala.

6,001: Es el principio de la línea cronológica profética dentro de la *Gran Pirámide*, que registra 6,000 años exactos. Esta cronología empieza muy cerca del principio de la constelación de *Tauro*, lo cual es muy significativo por la indicación que a su vez hace el eje-meridiano de la propia *Gran Pirámide.*

Estos números y datos geométricos sugieren que algo grave sucedió poco antes de esta fecha: por ejemplo, un cataclismo mundial. Cuando la naturaleza volvió a la calma, los supervivientes viajaron hasta que encontraron un lugar seguro, donde decidieron dejar constancia clara de su presencia como seres humanos altamente pensantes. Por eso habrían construido el admirable sistema *Gran Esfinge, Gran Pirámide, Zodíaco de Denderah*, que se complementan y explican entre sí.

5,953: Corresponde al año 4,000 a. C. Es la fecha señalada como principio del calendario hebreo y es la misma del calendario egipcio, lo que demuestra la notable influencia egipcia sobre la mente de Moisés. Esta fecha es la misma de la Creación de todo lo existente, así como de la aparición de *Adán y Eva* (todo ello, según el cómputo de las generaciones en la Biblia, de acuerdo con el estudio hecho por el Arzobispo Usher).

5,331: Fecha en que apareció el personaje *Enoch*, según la Biblia.

5,066: Muy cerca de esta fecha está el principio de la cronología maya, sin que se sepa todavía qué significa esa fecha. Quizá simplemente esté señalando el final de un acontecimiento muy importante y el principio de una nueva vida que empezaron entonces.

5,053: Fecha aproximada en que llegó a Egipto el primer faraón conocido y que fundó la primera dinastía. Obsérvese la admirable cercanía de esta fecha con la maya. ¿Casualidad?

5,000: Aproximadamente en esta época, apareció en India el personaje *Krishna*, cuya filosofía ha llegado hasta nuestros días con toda vigencia. Obsérvese nuevamente la coincidencia temporal con las fechas anteriores. En ésta época ya se cultivaba el maíz y el frijol en América. Ya se trabajaba en mayor escala el cobre en el valle del Nilo y en Uruk, Mesopotamia, en Siria, etc.

4,897: Fecha en que apareció *Noé*, según la Biblia, que fue el principal personaje en el escenario de *El Diluvio* bíblico. La Biblia dice que vivió 950 años, lo que hace suponer que ese nombre no se está refiriendo a una persona, sino a una época.

4,853: En esta época aproximadamente empezó la IV dinastía en Egipto, que fue la que construyó la *Gran Pirámide.*

4,799: Principio de la constelación zodiacal de *Aries*. Fue la muy conocida época del pastoreo, en la que se empezó el culto y ritual religioso del sacrificio del cordero, lo que demuestra la influencia de la constelación *Aries* en la mente humana.

4,300: Fecha del diluvio bíblico, época ya completamente histórica: se ha confirmado que fue solamente una gran inundación local producida por los ríos Eufrates y Tigris, fenómeno que en esa región ocurría frecuentemente. No obstante, hubo otro *Diluvio* mucho tiempo antes según el relato acadio más conocido como el *Diluvio de Gilgamesh.*

3,587: Final de la *Era de Aries*, que ejerció importante influencia en muchos pueblos; pero particularmente en los hebreos. Así, leemos en *Génesis* 22, 7-8:

> «Entonces habló Isaac a Abraham, su padre y dijo: Padre mío. Y él respondió: Heme aquí, hijo mío. Y él dijo: he aquí el fuego y la leña; mas ¿dónde está el cordero para el holocausto? Y respondió Abraham: Dios proveerá de cordero para el holocausto, hijo. mío.»

3,587: Empezó la constelación de *Piscis* o sea, 1,634 años antes de Cristo. En su principio, el cristianismo tomó el pez, o sea, esta constelación, como símbolo de la nueva *Era* y de la nueva enseñanza.

1953: El 20 de agosto de este año, época actual, terminó la regencia de la *Era de Piscis* y empezó la *Era de Acuario*. Efectivamente, ya hay un fuerte movimiento místico a nivel mundial, que invoca a esta constelación *Acuario*, como símbolo de una nueva vida.

Capítulo X

EL EJE VERTICAL DE LA GRAN PIRAMIDE SEÑALA LAS EDADES

El final de la constelación de *Virgo* y el principio de la constelación de *Leo*, dan una antigüedad mínima de 12,912 años.

En el transcurso de esos 12,912 años parecen haber ocurrido, en forma periódica, por lo menos dos cataclismos mundiales.

Es probable que el mismo meridiano eje de la *Gran Pirámide* sea válido para señalar la división o límites de otras constelaciones o de otros fenómenos estelares; en todo caso, lo único que por el momento interesa para el tema de este libro es comprobar que los símbolos *Virgo, Leo* y *Tauro* representan tres edades de más de 6,000 años cada una, pero separadas no sólo en su apariencia astronómica, sino también, al parecer, por fenómenos naturales de gran trascendencia. Esto hace suponer que las constelaciones más bien fueron confeccionadas con arreglo a los acontecimientos a fin de conservar memoria y fechas.

Tales datos astronómicos, señalados de manera tan notoria, apoyan la interpretación de que la *Gran Esfinge*, con la forma de su cuerpo, se está refiriendo a hechos históricos del mundo relacionados directamente con las constelaciones zodiacales. El final de la última edad fue el 20 de agosto de 1953 (época actual), dato que en la cronología de la *Gran Pirámide* se conoce como *silencio de piedra*, lo que sugiere algo grave sin poderse precisar qué.

Este sistema tan especial insinúa que, de manera cíclica, a lo largo de los milenios se han venido produciendo en la Tierra cataclismos

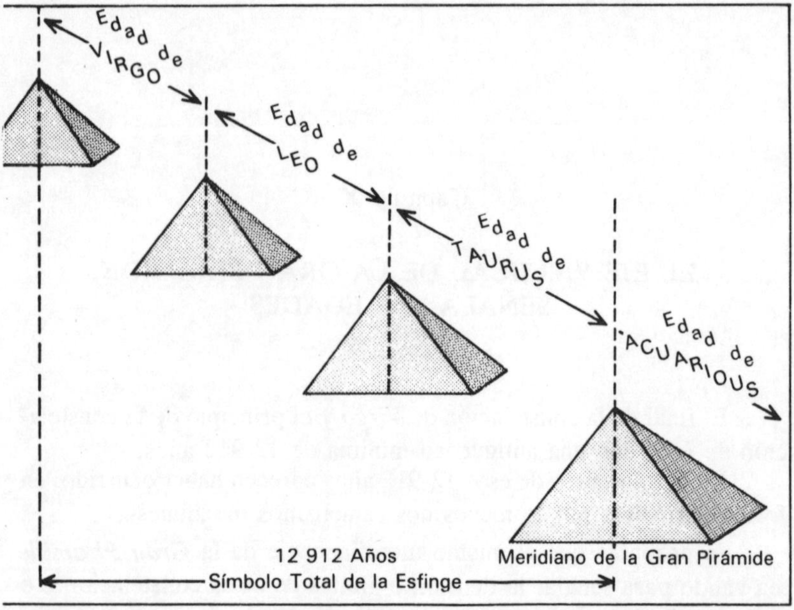

El eje-meridiano de la Gran Pirámide *señala astronómicamente tres edades:* Virgo, Leo *y* Tauro, *que son los tres símbolos que a su vez contiene visiblemente la* Gran Esfinge.

que han obligado cada vez a la humanidad a olvidarse del pasado para empezar siempre de nuevo desde el principio.

El mencionado agrupamiento de tres constelaciones sucesivas para constituir una *Edad* no es un mero capricho del autor para ajustar lo astronómico o lo astrológico a opiniones personales, sino que es una clara y muy espontánea indicación geométrico-astronómica, que está en el eje y meridiano de la *Gran Pirámide* y que coincide admirablemente con los tres símbolos representados por la *Gran Esfinge.*

Capítulo XI

DIEZ FASCINANTES COINCIDENCIAS

Primera coincidencia

El eje vertical de la Gran Pirámide, a manera de una manecilla de reloj cósmico, ha señalado varias edades de más de 6,000 años cada una.

Segunda coincidencia

El mismo meridiano señaló la frontera o límite entre la *Edad de Leo*, que terminaba, y la de *Tauro*, que empezaba.

La primera de dichas edades empezó en *Escorpión*, cuyo símbolo en realidad no necesita muchas explicaciones, pues se entiende que significa veneno, maldad en la oscuridad, muerte como medio de vida, etc. Se dice que el escorpión hembra se alimenta comiéndose al macho que la fecundó y que, luego, los hijuelos se alimentan comiéndose a la madre.

Esta realidad sobre el mundo –como símbolo celeste que no puede ser casualidad– tal vez fue consecuencia de lo que en esa época vivía la humanidad, es decir, vida de escorpiones en vez de seres pensantes. Y la probable comprobación de este símbolo está precisamente en el siguiente, que es *Libra* (balanza), símbolo que alude claramente a justicia, juicio, juez. Y cuando hay un juez y un juicio, siempre hay un castigo.

Estos dos símbolos juntos, *Escorpión* y *Libra*, nos hablan primero de un comportamiento humano de tipo negativo, y segundo del juicio que le puso fin, para dar lugar a una nueva vida, representada por *Virgo* (Virgen).

Este escenario hace pensar que tal vez hacia el final de *Libra* o hacia el principio de *Virgo*, hace unos 17,000 años, hubo un cataclismo mundial, y que los supervivientes, ya pensadores con avanzada cultura, dieron forma, vida y símbolo a todo lo que había ocurrido, símbolo y tradición que trascendió en el tiempo hasta la llegada a Egipto de los escultores que tallaron la *Gran Esfinge* y los arquitectos que planearon la construcción de la *Gran Pirámide.*

Aunque lo dicho parezca pura fantasía, está históricamente documentado que los sacerdotes egipcios informaron a Heródoto (490-424 a. C.) que no había que extrañarse de la antigüedad de las cosas que había en Egipto, puesto que la raza egipcia fue la más antigua de la humanidad. Y los mismos sacerdotes aseguraron tener en su poder textos que databan de unos 12,000 años antes del propio Heródoto: o sea, de hace 14,000 años por lo menos. Esto viene a situarnos hacia la mitad de la regencia de la constelación de *Virgo*, tal vez la época en que sufrió «el castigo», a consecuencia del juicio habido durante la época de *Libra.*

Obsérvese que se trata de «coincidencias» muy especiales, principalmente por lo espontáneo y natural que aparecen. La coincidencia se repite también con el primer dígito *6* dado por la *Gran Pirámide* en la *Cámara de las reflexiones*, en la que aparecen tres periodos de más de 6,000 años cada uno, y éste viene a ser el primero de ellos.

Por otra parte, y volviendo a los sacerdotes egipcios antiguos, la información que dieron a Heródoto coincide con teorías que parecen ir confirmándose: por ejemplo, la que asegura que *Osiris* no fue un dios inventado en Egipto, sino un personaje de carne y hueso deificado en algún otro sitio, tal vez en *Atlántida,* con lo cual en cierta manera se formula también la teoría de la unidad de origen cultural y religioso.

A partir de la *Era de Virgo* aparecen con mayor frecuencia huellas de seres humanos poseedores ya de cierto nivel cultural. Efectivamente, corresponden a esta época ciertas pinturas rupestres encontradas en California, en las cercanías de la ciudad de San Francisco, a las que los investigadores han dado una antigüedad de unos 15,000 años.

Entre los años 13,260 y 12,912 aproximadamente, terminó la vigencia de la constelación de *Virgo*, y simultáneamente empezó la de *Leo*, que terminó a su vez hace unos 9,960 años. En esto aparece la segunda coincidencia: el león es el segundo símbolo que da forma a la *Gran Esfinge* y es también el segundo dígito *6* dentro de la *Cámara de las reflexiones.* Por lo demás, es la misma época que registra el *Zodíaco de Denderah*, dato éste de máxima importancia, ya que de ninguna manera puede ser casual ni inventado por nadie después de ser esculpido. Todo esto da plena y natural coincidencia a todas las piezas del rompecabezas, entendidas como símbolos componentes de un sistema: *Esfinge, Pirámide* y *Zodíaco de Denderah.*

Tercera coincidencia

En el año 1949 se encontró un esqueleto de hombre en Tepexpan, muy cerca de la ciudad de México, en un sitio que hace siglos era un lago.

Según las exhaustivas investigaciones de los científicos, el ser humano al que pertenecieron dichos restos –hoy más conocido como *hombre de Tepexpan*– vivió en una época comprendida entre hace 10,000 y 12,000 años. Pertenece, pues, a la época tardía del pleistoceno superior, época correspondiente por completo a la *Era de Leo.*

A pesar de la antigüedad, el mencionado esqueleto no muestra muchas ni grandes diferencias con respecto a esqueletos de indígenas nativos de la misma región correspondientes a tiempos muy posteriores, casi modernos. Ello nos indica sin lugar a dudas que no se trata de un hombre primitivo en ningún sentido, sino de uno ya pensante, con la muy importante circunstancia de que es el esqueleto más antiguo que hasta hoy se ha encontrado en México, y tal vez en toda Mesoamérica.

Según George C. Vaillant, los restos encontrados hasta hoy pertenecen a culturas término medio entre la vida de cazadores de época avanzada, y la cultura ya sedentaria contemporánea a los días de

Cristo. Entonces, ¿dónde vivieron su vida realmente primitiva los pueblos mesoamericanos?

Cuarta coincidencia

Estos datos científicos modernos coinciden en gran manera con tradiciones de los Tlacuiles Mexicas, quienes afirmaban que:

> «...hacía como nueve mil años que allá en Pánuco (estado de Veracruz) habían desembarcado los toltecas...»

Este dato proporcionado por los Tlacuiles Mexicas, coincide en el tiempo con la *Era de Leo* y con la edad aceptada para el *Zodíaco de Denderah.*

El relato de los Tlacuiles Mexicas, si se acepta como una realidad, significa que los toltecas llegaron por mar, quizá procedentes de alguna isla que antes estuvo en el Golfo de México o más lejos, por ejemplo en el Atlántico. ¿Salieron tal vez de *Atlántida* o de alguna de las islas que quedaron después del hundimiento? En tal caso, el éxodo se debió a algún fenómeno telúrico o de alguna otra índole.

Efectivamente, *Tlillín* y *Tlapallán* eran sitios, quizá poblaciones, pertenecientes a un país que algunos autores consideran míticos. No obstante, según las tradiciones nahoas, se encontraban

> «...donde se unen el sol y la tierra...»

Tlapallán, para los nahoas, era el destino final, así como para los toltecas lo era *Xicalanco*, situado en algún lugar de la laguna de Términos (Campeche, México) o, lo que es lo mismo, en el Golfo de México.

Otra tradición dice que el origen de los toltecas estuvo en Nephetuim, Ludim, Amanim y Caphorim, hijas todas ellas de Misraim y nietas de Cham o Cam, y que, esparcidos por la selva del mundo, aparecieron un día, aparentemente sin saber cómo, en suelo de América, trayendo con ellos a sus hijos, valores diversos y viejas leyendas.

Spencer dice que los primeros pobladores de Anáhuac no fueron toltecas, sino olmecas; luego vendrían los xicalancas y por último los toltecas, que finalmente fundaron Tula.

Parece que lo mismo mayas que toltecas, cada cual en su tiempo, recordaban el sitio de donde alguna vez –en tiempos muy lejanos, muy antiguos– salieron sus ancestros. Pero lo más importante para el tema de este libro es que todo ese cúmulo de fechas coincide dramáticamente con la época del *Zodíaco de Denderah*. Es imposible pensar que pueda ser casual o coincidencia fortuita, ya que dicho Zodíaco seguramente quiso dejar clara memoria de algo sumamente importante: y bien pudo haber sido algún fenómeno natural que motivó los diversos éxodos hacia todo el mundo, entre otros, el de los mayas, olmecas, toltecas, etc., que a fin de cuentas hablaban muy aproximadamente el mismo lenguaje.

Muy importante parece ser que *tolteca* era sinónimo de *constructor*. Esto hace pensar que tan constructores de pirámides fueron los egipcios en Egipto, como los toltecas en América. ¿No sugiere esto que tal vez ambos grupos humanos arrancaron de un mismo tronco cultural y de un mismo sitio geográfico?

Cabe objetar que la edad relativa a los toltecas parece exagerada. En todo caso, es así como se encuentra en las mencionadas leyendas y tradiciones.

Quinta coincidencia

La cronología maya señala que desde la *Cuarta Edad del Mundo* –y a la vez principio de los mayas en su vida social– transcurrieron *13 Baktun* completos, equivalentes a 5,200 años, según hoy se sabe. Esto quiere decir, que dicho principio tuvo lugar en el noveno milenio a. C. o, lo que es lo mismo, hace unos 10,500 años: época, pues, contemporánea a la del *hombre de Tepexpan*. Obsérvese ahora la notable coincidencia de los datos científicos modernos con las tradiciones de los Tlacuiles referentes a la llegada de los toltecas. En consecuencia hay que suponer que en ese entonces llegaron a Mesoamérica varias migraciones, procedentes todas ellas del mar. Pero, ¿cuál fue la razón de esos éxodos?

Sexta coincidencia

Esta otra coincidencia en el tiempo y que tal vez explica muchas incógnitas, se halla en el *Chilam Balam de Chumayel* (que significa «libro del mes»), donde dice que:

> «...en el Katun 3 Ahau...», correspondiente al final de la *Tercera Edad* (hace más de 10,000 años), «...el sol dejó de moverse, permaneciendo un día entero en un solo sitio del cielo, y fue creado el mes cuando despertó la Tierra...»

Seguramente quiere decir «cuando el Sol empezó a moverse de nuevo».

¿Imagina el lector lo que se necesita para que realmente ocurra un fenómeno como es que el Sol se detenga? ¿Y lo que al mundo le sucedería en semejante caso?

Puede suponerse, entre otras muchas probabilidades, que se produjera quizá un cambio brusco de la inclinación del eje polar y esto vendría a dar explicación a otros muchos problemas todavía no resueltos.

Séptima coincidencia

Por su parte, los aztecas parecen confirmar lo dicho con sus conmemoraciones religiosas en el día *cuatro movimiento*, que, según ellos, fue cuando el Sol volvió a moverse. Implícitamente están diciendo que hubo un día en el que el Sol se detuvo, que dejó de moverse.

¿Qué se puede pensar de todas estas tradiciones? Es muy fácil tacharlas de mitos primitivos o de simples mentiras inventadas por los sacerdotes para ejercer influencia mágica sobre el pueblo. Sin embargo, hay una coincidencia que no pudieron haber inventado los mentirosos, como es el caso de que el mencionado fenómeno parece haber ocurrido en la *tercera edad*, y los éxodos hacia el principio de la *cuarta edad.*

Los hechos sugieren que hay una secuencia, una correlación lineal entre la suspensión de movimiento del Sol, hace unos 10,000 a 12,000 años, y los éxodos de grandes núcleos humanos en todas direcciones. Y esto, además, coincide con el símbolo de *Virgo* en la *Gran Esfinge*, con el símbolo de *Leo* que es el Sol, y con la edad reconocida del *Zodíaco de Denderah*. ¿Se puede aceptar todo esto como una simple casualidad? ¿No será que todas las tradiciones y mitos del mundo se están refiriendo a un mismo asunto?

Octava coincidencia

El *Popol Vuh* dice:

> «...Chi Chen Itzam es su nombre, porque allí fue a dar cuando se tragó la piedra sagrada la tierra, la piedra de la fuerza del antiguo Itzam. La tragó y fue dentro del agua...»

Este relato sugiere que un cierto sitio, antes habitado y dedicado a usos religiosos y sagrados, fue tragado por el agua, seguramente del mar, recordándonos las leyendas de los *Chilam Balames*, que hablan de las catastróficas inundaciones de todo el Mayab, ocurridas hace aproximadamente 10,000 o 12,000 años.

Novena coincidencia

La fecha señalada coincide dramáticamente con el principio de la Cuarta Glaciación que el mundo ha sufrido, fenómeno cuyo origen y razón de ser o motivos que la produjeron no han sido todavía explicados por la ciencia.

Décima coincidencia

Casi todos los casos en que los números se refieren a tiempo, computado en años, coinciden con el final de la constelación zodiacal de *Virgo* y el principio de la constelación de *Leo*. Ello nos sugiere que es en esa época cuando probablemente se produjo el cataclismo que todos los relatos y leyendas mencionan como algo importante en la vida de los pueblos.

No deja de ser admirable la coincidencia de que la cabeza de la *Gran Esfinge* precisamente simbolice a *Virgo*, mientras que el pecho y las garras simbolicen a *Leo*.

Probablemente el lector ya se habrá dado cuenta de que en ningún momento se han producido rebuscamientos para ajustar acontecimientos de gran importancia al criterio del autor. Por el contrario, que acontecimientos y fechas han ido apareciendo por sí solos, de manera completamente espontánea, debido a que se trata de hechos reales ocurridos en la historia del mundo, y es así como nos vamos acercando al tiempo presente.

Seguramente, a medida que avancen las investigaciones serias, se irán encontrando más y más coincidencias, hasta que algún día se llegue a conclusiones definitivas e importantes. Resulta inquietante observar cómo, por medios de investigación completamente ajenos y hasta opuestos al medio ocultista, se ha encontrado que *algo muy importante ocurrió hace unos 12 o 14,000 años,* época en la que algunos estudiosos han situado el hundimiento de *Atlántida.*

Claro está que abundan quienes niegan que alguna vez haya existido dicho continente. No obstante, el investigador alemán Heinrich Schliemann, en las excavaciones realizadas el siglo pasado en las ruinas de la también negada Troya, encontró un ánfora que tiene la siguiente inscripción: *a mi amigo Príamo de Poseidón, rey de Atlántida.*

Coincidiendo con la inscripción citada, siempre se ha supuesto que Poseidón, entendido como sitio geográfico, estuvo en el Atlántico.

El etnólogo norteamericano L. Taylor Hansen dice que, durante una conversación sostenida con los indios apaches de Norteamérica, les mostró algunas fotografías de pinturas de los antiguos egipcios y, al llegar a cierta pintura mitológica, los apaches reconocieron precisamente a la divinidad a la que estaba dedicada su propia danza ritual llamada *el señor de la llama y de la luz*. De esa entrevista resultó que aquel dios egipcio vivía en el recuerdo de los apaches y hasta con su mismo nombre egipcio *Ammón Ra.* Esto hace pensar que ese dios, considerado como mítico, no viajó de Egipto a América, sino que tuvo un mismo origen para ambos pueblos en algún sitio cercano a América, de donde se dispersó la gente hacia los cuatro puntos cardinales.

Siguiendo Taylor Hansen en su conversación con los apaches,

les habló de las civilizaciones precolombinas de América, y sucedió que los apaches reconocieron en algunos de los lugares la región de donde arrancan sus tradiciones, que fue el centro original de su antiguo imperio. Reconocieron también al gigante barbudo de Tiahuanaco, por supuesto sin haberlo visto jamás. Simplemente con las fotografías de Machu Pichu a la vista, los apaches hicieron una muy exacta descripción de la región, que, según confesaron, siempre la habían considerado como un mito religioso propio, algo así como su propio paraíso terrenal donde tuvieron su origen.

Y hablando de Machu Pichu, e implícitamente de los incas, sucede que el museo *Staatliches Museum für Völkerhunde*, en Munich (Alemania), tiene un lienzo de origen inca que fue encontrado en la región de Nazca, en Perú. El dibujo consiste en cuatro figuras, que se han interpretado como dioses de la fertilidad y de la fecun-

Templo de las Inscripciones en Palenque, Chiapas, en cuyo interior se encuentra la lápida conocida vulgarmente como del Astronauta.

Arriba: *Lápida que hay en el interior de la Pirámide Mayor de Palenque, Chiapas. Esta figura ha sugerido a muchas personas la representación de un astronauta manejando los mandos de una nave espacial.* **Abajo:** *Detalle de la lápida.*

didad, pero en movimiento ascendente. En este caso, los dioses incas aparecen de manera sumamente parecida a la ya famosa ***nave y su piloto***, una lápida que hay en Palenque (México) de la que se ha dicho que es la representación de una nave espacial con su piloto operándola en pleno vuelo.

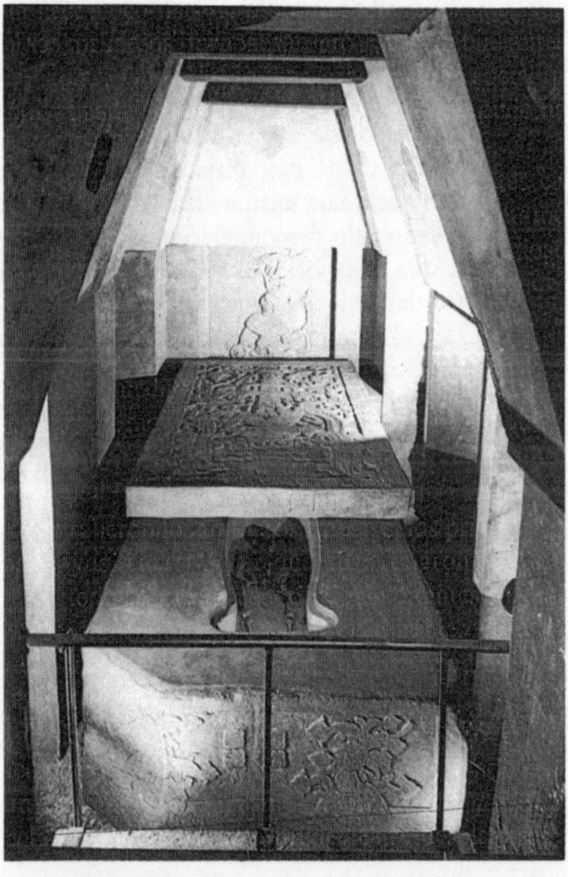

Sarcófago abierto en el interior de la Pirámide Mayor en Palenque, Chiapas, Méx.

Efectivamente, en la pirámide que se alza en Palenque, estado de Chiapas (México), el arqueólogo profesor Alberto Ruz Lhuillier, del Instituto Nacional de Antropología de México, descubrió el día 15 de junio del año 1952 un gran sarcófago de piedra roja en perfecto estado de conservación. Lo que especialmente llamó la atención de los expedicionarios fue la losa sepulcral, que es una piedra de 3'80 metros de largo, por 2'20 de ancho y 0'25 cms. de grosor. Su peso oscila entre cinco y seis toneladas. Pues bien: el bajorrelieve que la decora representa, para numerosos investigadores, a un cosmonauta pilotando su astronave. En el interior del sarcófago fueron encontrados los restos de un personaje muy distinto a los mayas.

Obsérvese cuántos datos hay dispersos por el mundo. Pero todos ellos convergen hacia una misma idea: la de que alguna vez en el pasado hubo en algún sitio desconocido una cultura muy avanzada, que por causas que se ignoran se vio obligada a dispersarse; y cuando eso ocurrió, debieron de estar presentes viajeros de otros mundos, que quizá vinieron para auxiliar a los terrícolas en su momento difícil, consecuencia de la catástrofe.

Pero debe tenerse presente que todo esto de que se ha venido hablando tuvo su principio en los tiempos de la vigencia de la constelación de *Virgo*, y su desarrollo ocurrió a partir del principio de la constelación de *Leo* y todo ello corresponde:

1. Al fechamiento que da el *Zodíaco de Denderah*.
2. A los primeros símbolos de la *Gran Esfinge*, y
3. A la indicación astronómica que hace el meridiano de la *Gran Pirámide*. El asunto, pues, reviste mayor seriedad de la que generalmente se le concede al juzgarlo superficialmente.

Capítulo XII

CONSTELACIONES Y RELIGIONES

La figura que inicia este capítulo contiene tres símbolos: dos de ellos son el toro sagrado, o *Apis*, y el león. El tercer símbolo es el sacerdote que está exorcizando a los dos animales en lucha, confirmando así el significado religioso de la escena. El tallado de este relieve corresponde a la IV dinastía, o sea, hacia finales de la regencia de la constelación de *Leo* y el principio de la constelación de *Tauro*. La escena, por sí misma, explica muy objetivamente la lucha que se produjo en el medio religioso entre los tradicionalistas, partidarios de *Leo*, y los reformistas, partidarios del nuevo dios *Tauro*, que naturalmente imponía muchas modalidades en el culto.

Las constelaciones zodiacales en general y las de *Virgo, Leo* y *Tauro* en particular, ejercieron una gran influencia de tipo religioso sobre el pueblo egipcio, como aparece repetidamente demostrado en los diversos monumentos, estatuas, relieves, etc. Por ejemplo, en el templo y tumba de Path-Hotep, en Sakara, sacerdote y Gran Visir, muy devoto de los antiguos cultos emanados de *Leo* y favorito en la corte del faraón Isirá de la IV dinastía.

Se presenta aquí el relieve del toro y el león peleando, para que se observe la lucha entre las dos concepciones religiosas: el culto a *Leo* que termina, y el culto a *Tauro*, que comienza. Al lado izquierdo se encuentra un sacerdote, que probablemente representa a Path-Hotep, el Gran Visir. Está con el brazo extendido señalando con tres dedos hacia los dos animales que pelean. Esta actitud es un conjuro de tipo

Este relieve no sólo es simbólico, sino que también habla de la historia de la religión egipcia. La mímica del sacerdote corresponde a la antigua magia. Un papiro encontrado en Tebas dice: para calmarlo pon la mano sobre el dolor ordenándole que se aleje. *Los mayas usaban el mismo ritual y los brujos actuales de la región maya, así como los de Filipinas, Oceanía y de algunos países de Centro y Sudamérica continúan practicándolo.*

religioso, practicado no solamente por los sacerdotes egipcios de aquella época, sino por los sacerdotes de todo el mundo en épocas posteriores y hasta en nuestra época.

Ciertos mayólogos afirman que con esa señal del brazo extendido y los tres dedos en posición, hacían los mayas sus conjuros. Algunos de los llamados brujos modernos lo siguen haciendo. En muchas de las imágenes de Cristo se observa exactamente lo mismo cuando está en actitud de bendecir.

Pero lo dicho no es una mera tradición religiosa: detrás de todo ello hay algo muy importante que hoy la fotografía Kirlian y ciertos aparatos electrónicos registran y explican. Se trata de la energía que se desprende del cuerpo humano, precisamente a través de esos tres dedos, y que, según parece, ya conocían los antiguos egipcios: la prueba está en todos los relieves en donde aparece algún sacerdote haciendo un conjuro. Así, pues, la escena del león y el toro en lucha tiene un claro sentido religioso y por ello altamente simbólico, debido a la presencia del sacerdote llamado Gran Visir.

Partiendo de las anteriores explicaciones, resulta que el escenario de este relieve no es profano, antes, por el contrario, es totalmente místico, religioso e histórico.

Obsérvese que el toro tiene una cruz blanca en la paletilla, claro e indiscutible símbolo religioso e indicador de que se trata del toro *Apis,* que en el momento de tallarse el relieve ya estaba reemplazando al león.

El león, por su parte, desde muy antiguo fue símbolo del sol, símbolo originado también por la constelación *Leo.* La presencia del sacerdote haciendo el conjuro confirma que toda la escena está aludiendo a la lucha entre los dos dioses, entre el león –en esos días ya antiguo, legendario y decadente– y el nuevo dios *Apis* –símbolo de la constelación *Apis*–, cuya *era* de vigencia se iba imponiendo como culto religioso, a lo que se oponía Path-Hotep.

Decimos que revela también historia, porque esa manera violenta de lucha entre dioses, obviamente debió de manifestarse en los seres humanos, como resistencia de los tradicionalistas y conservadores contra los progresistas y modernizadores, quizá hasta revolucionarios. Y entre los más conservadores estaba precisamente Path-Hotep.

En todo esto se aprecia una perfecta secuencia. Probablemente los sacerdotes observadores del cielo, al comprobar que la constelación de *Leo* hacía tiempo que había terminado su vigencia y que la de

Tauro estaba ya regente, quisieron hacer las respectivas correcciones; pero eso no es tan fácil, ni en aquel entonces ni en la actualidad. Eso de hacer comprender a los creyentes que ya terminó el poder mágico de un dios y que empieza el de otro, siempre ha dado como resultado luchas, a veces sangrientas, tanto dentro del clero como entre los creyentes, y hasta en lo íntimo de la conciencia de cada creyente. En nuestro caso, tal lucha se interpretó seguramente como lucha ente dioses, y se simbolizó de esa manera en el relieve. ¿No demuestra esto que *las piedras hablan*?

Ra, el dios gobernante en esos días, al que el Gran Visir, Path-Hotep, no aceptaba en oposición al tradicional león, parece haber sido un ser humano deificado, aunque por lo general se le entiende como un mito.

La lucha por el mando dentro de toda congregación humana ha sido siempre dramática y las religiones fuertes no son una excepción. El intento de cambio, modificación o corrección, para hacer evolucionar la opinión que se tenga de los dioses dentro de las religiones fuertes, ha sido siempre un serio problema, que en algunos de los casos se ha resuelto simplemente con dejar envejecer a los dioses para que se vulgaricen y se les pierda el respeto. Luego, la gente los olvida. Y precisamente eso fue lo que ocurrió con cada una de las etapas de la religión egipcia: se le fue perdiendo el respeto al dios león y empezó a

aparecer como mero adorno, por ejemplo en las patas de las sillas del faraón, después en todas partes, y luego los cazadores se adornaban orgullosamente con partes de los leones cazados.

Basta ver las fechas o épocas de estos hechos, para comprobar la plena coincidencia entre el movimiento religioso y la correspondiente presencia de las respectivas constelaciones.

Precisamente, estudiando lo relativo a los dioses egipcios, encontramos lo siguiente en el libro *Summa artis,* de José Pijoan (Espasa Calpe, Madrid):

> «Es peligroso hacer comparaciones en religión y, sobre todo, es impropio querer razonar con lógica el carácter y la naturaleza de los dioses; pero nosotros casi nos atreveríamos a comparar la doble divinidad de Horus, como Horus el Halcón y como Horus el Hijo, a la de Jehová, que continuó en el Talmud como dios nacional de los judíos y se reveló en el Evangelio como padre y una de las personas de la Trinidad.
> Otra comparación que se puede hacer es que Ra era entendido como el dios creador y único, quien, estando solo en la Nada, con su propio puño creó una pareja de seres humanos, pero que tenían cabeza de león. Luego esa pareja engendró el suelo y la bóveda celeste. Al suelo se le llamó Neb y a lo celeste se le llamó Nut.»

Por lo expuesto, puede apreciarse fácilmente la notable influencia de *Leo* en la cosmogonía egipcia. A su vez, se nota la influencia de la teogonía egipcia en la mente de Moisés, que fue quien escribió el *Génesis,* pasando después al *Talmud.* Es perfectamente lógico, dado que Moisés nació, creció y se educó en Egipto, en el más conspicuo medio de la época: el social, político, religioso, científico, etc.

Otra prueba de la presencia de la teogonía egipcia está en el hecho de que los hebreos, en su odisea al pie del Sinaí, necesitaban con verdadera urgencia leyes civiles y una religión fuerte que les orga-

mplo y tumba del sacerdote y Gran Visir Path-
otep en Sakara, de la IV dinastía. Era defensor
l culto a Leo, *aunque la regencia de esa constela-*
ón ya había terminado.

nizara la vida. En efecto, durante cuatrocientos años habían vivido una vida sedentaria, agrícola, urbana, etc., dentro de la más alta cultura de la época, y lógicamente no podían resignarse a una vida nómada en pleno desierto. Moisés intentó darles todas esas leyes partiendo, claro está, de sus personales experiencias en Egipto. Cosa perfectamente normal y natural, y que, a fin de cuentas, es lo que de una u otra manera han hecho todos los pueblos a lo largo de la historia: aprovechar lo sabido y experimentado por otras gentes, agregándole lo necesario para satisfacer las propias necesidades.

Ya sabemos que a pesar de las buenas intenciones de Moisés, los hebreos se desesperaban ante lo que estaban viviendo –que consideraban como una verdadera desgracia, quizá maldición de los egipcios– y se rebelaron por la tardanza en la entrega de la *Ley* que tanto habían estado exigiendo. Como conclusión a sus protestas fabricaron un *becerro de oro,* con oro egipcio, naturalmente. Su intención y anhelo eran perfectamente lógicos: el pueblo quería disponer de un dios para rendirle culto religioso, para lo cual escogieron un dios egipcio, o sea, un *toro joven*, que representaba al toro *Apis* en su primera edad. Al fin y al cabo se trataba simplemente de una costumbre y un culto religioso que habían vivido durante cuatrocientos años. ¿No revela esto la fuerte influencia religiosa que *Tauro* o *Apis* ejerció sobre la mentalidad del pueblo hebreo? ¡En verdad, no es fácil renegar de una religión que se ha vivido desde el nacimiento y a lo largo de todos los días de la existencia!

Capítulo XIII

EL REMATE QUE FALTA EN LA GRAN PIRAMIDE

El eje-meridiano de la *Gran Pirámide,* nos condujo astronómicamente hasta la constelación de *Virgo*, hace unos 18,000 años; pero no es eso todo lo que se puede decir de este monumento. Veamos algo más.

Ha habido innumerables discusiones tratando en cada caso de explicar la razón que movió a los constructores a dejar la *Gran Pirámide* sin el remate final, que naturalmente habría terminado en un vértice agudo. Las controversias a este respecto han ido desde lo trivial, como es suponer descuido o imposibilidad técnica –opinión a todas luces absurda–, hasta interpretaciones ciegamente religiosas, que todo lo atribuyen a intervención divina, o sea, que haga Dios lo que la incapacidad humana no pudo hacer.

Hoy, debido a los conocimientos modernos sobre electrónica y otras disciplinas científicas, el misterio parece ir desvelándose de manera lógica y pone a la vista una vez más la admirable tecnología que poseían los constructores de dicha pirámide.

No hace todavía muchos años, era fácil encontrar alrededor de la *Gran Pirámide* pequeños fragmentos de *piedra diorita* así como de *cuarzo,* especialmente en forma de láminas muy delgadas; se sabe con seguridad que en algunos casos estuvieron colocadas entre piedra y piedra y todavía abundan en la construcción en pequeños trozos y fragmentos que debieron desprenderse del tallado y pulido de los bloques de esos mismos materiales usados para la construcción.

Es de suponer que algunas de las piezas, según haya sido la técnica aplicada, pudieron haber tenido la forma de prisma para la captación y luego acumulación de energía solar y tal vez cósmica. Dichos prismas, colocados en la superficie como un principio de sistema eléctrico, debieron de ser arrancados por el vandalismo, aunque otros muchos quizá están todavía formando parte de la *Gran Pirámide.* Una distribución técnicamente avanzada usando *piedras de diorita* y *cuarzo,* material que por cierto abunda en la naturaleza, vendría a ser la explicación científica de la energía que la Gran Pirámide ha venido acumulando a lo largo de los milenios, puesto que el cuarzo es un gran acumulador de energía.

Para mejor entender lo expuesto, diremos, anticipando en parte lo que se dirá en el capítulo *La tumba abierta,* que la *diorita* es un compuesto mineral muy compacto y cristalizado de rocas ferromagnéticas, entre las que está el *cuarzo:* ambas son de abundante uso en la industria eléctrica moderna.

El cristal de cuarzo tiene la particularidad de vibrar cuando recibe ondas eléctricas de su misma frecuencia, razón por la que actualmente se usa en receptores eléctricos y detectores de ondas ultrasónicas. La elasticidad y transparencia del cristal de cuarzo, lo mismo que su gran resistencia eléctrica e inalterabilidad química, hace que este mineral sea de múltiples aplicaciones industriales.

Si hipotéticamente se aplican todas estas características a la *Gran Pirámide,* resulta mucho más fácil entender lo que se refiere a la acumulación de energía de que tanto se ha venido hablando últimamente, incluso con absurdas exageraciones. También se entenderá mejor lo que diremos a continuación.

andes trabes y cerramientos de este tipo, que rante milenios han resistido enorme peso, necesamente tuvieron que ser de piedra sumamente ra, como la diorita, por ejemplo, lo que explicaría re otras razones el porqué de la acumulación de rgía.

Actualmente se ha generalizado el conocimiento de que la energía eléctrica escapa fácilmente hacia el espacio por todo conductor terminado en punta, y cuanto más aguda sea la punta, más fácilmente escapa. Por esta razón en todos los aparatos eléctricos como radios, televisores, computadoras, etc., los técnicos vigilan que los cuerpos conductores nunca terminen en punta sin aislar.

La fotografía Kirlian

Es importante observar que actualmente la fotografía Kirlian, llamada también electrofotografía y en algunos casos fluviografía, demuestra gráficamente y hasta en color la forma de halo luminoso o luminiscente que se desprende de los cuerpos. Este fenómeno, muy parecido a un resplandor –de donde le ha venido el nombre de *corona*–, produce un efecto semejante a la corona solar, y es de color iridiscente debido a las corrientes eléctricas oscilantes de alta tensión. Todo ello ocurre sin intervención del calor: basta solamente que el cuerpo que se estudia reciba luz.

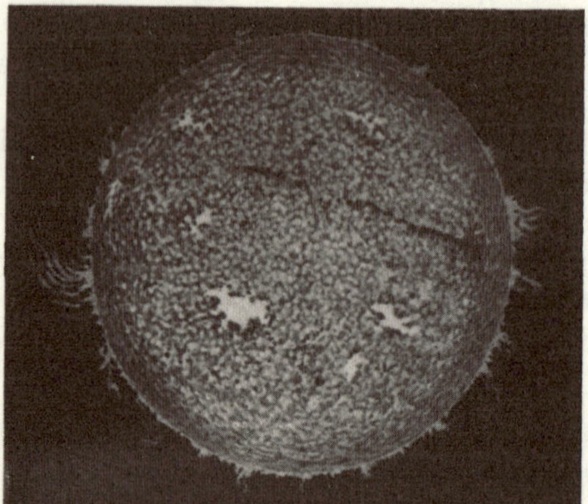

Corona solar. En todos los objetos se observa un efecto semejante a la corona solar al ser fotografiados por el procedimiento Kirlian.

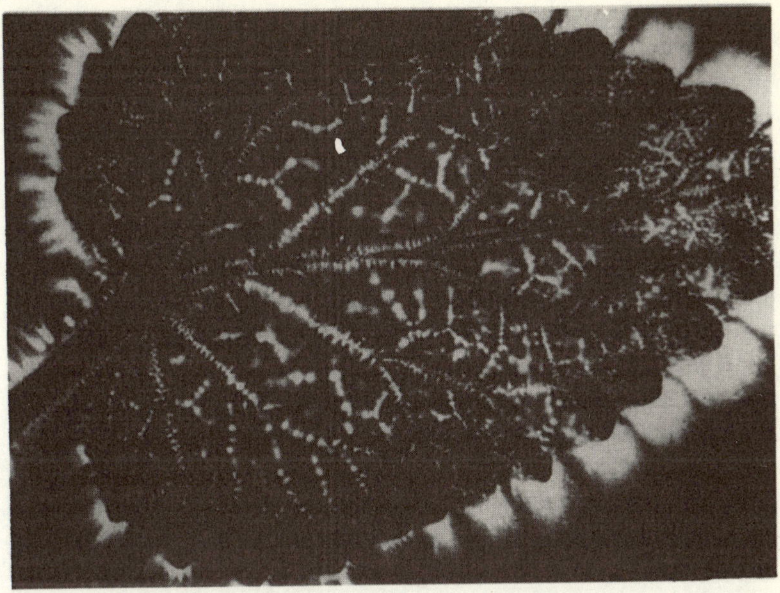

Arriba: *Fotografía Kirlian de la hoja de una planta. Toda hoja, tallo, flor o planta produce su propio tipo de radiación. Las variaciones de radiación en una misma hoja, tallo, flor o planta dependen de si está fresca, marchita o seca. Y otro tanto ocurre en los animales: la variación de radiaciones es distinta según se trate de un cuerpo con vida o sin ella.* **Abajo:** *Fotografía Kirlian de un dedo. Obsérvese la notable diferencia en las radiaciones, con relación a la fotografía anterior.*

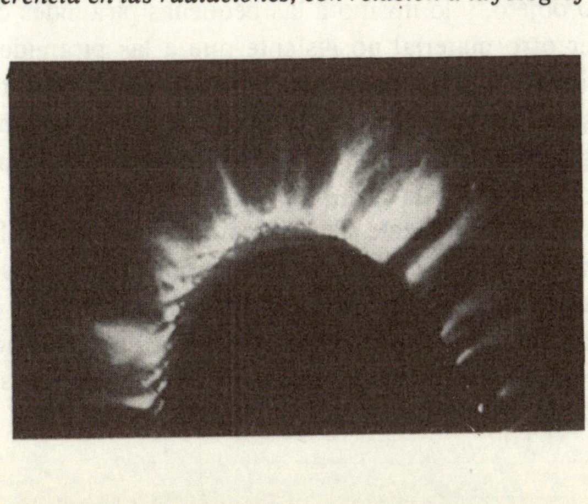

Dicho resplandor tiende a esparcirse, para luego desaparecer al alejarse del objeto que se estudia.

El conocimiento de la energía que se acumula y desprende de los cuerpos no es improvisado, ni siquiera muy reciente. Ya a finales del siglo pasado el científico Nicola Tesala inventó una bobina eléctrica para tomar fotografías, en las que aparecían ciertos destellos o radiaciones que se desprendían de los cuerpos vivos. Este fenómeno ocurría de manera muy especial en los dedos de las manos, cambiando la intensidad según fuera el estado emocional del sujeto.

Inspirándose tal vez en estos experimentos, el doctor inglés Walter Kilner, experimentó hacia 1908 con cristales especiales, con los que pretendía distinguir ciertas fosforescencias que él sabía que se desprendían del cuerpo humano.

Estos experimentos hicieron pensar en el *aura humana;* pero la fotografía Kirlian, con película en color, revela que la luminosidad y las radiaciones que aparecen en la fotografía se desprenden en realidad de toda especie animal, vegetal y mineral. En el caso específico de los seres humanos, ya se está pensando en la vieja hipótesis de los campos de *energía vital* o *campo de vida,* que naturalmente son eléctricos y de los que hablan las escuelas ocultistas.

Por el momento hay que concluir que se trata de energía previamente acumulada en el cuerpo en cuestión e irradiada posteriormente. Así, pues, a reserva de nuevas investigaciones, se puede aplicar este dato a todo objeto, y lo mismo a las pequeñas pirámides de cartón o de cualquier otro material no aislante que a las pirámides egipcias. Las variaciones que se encuentren dependerán siempre del tipo de material usado así como de otros múltiples factores, como son los cósmicos, que parecen ser los que más afectan a las pirámides egipcias, particularmente a la *Gran Pirámide.*

De lo dicho fácilmente se deduce que los constructores de la *Gran Pirámide* también conocían estos fenómenos y que, seguramente debido a ese conocimiento, no pusieron el remate final en la *Gran Pirámide,* dejando la construcción en forma truncada, haciendo con ello que se acumulara y conservara la energía que hoy se supone que contiene.

Algunos experimentos muy sencillos

La *Gran Pirámide* quedó orientada desde su origen hacia el eje polar y no hacia el polo magnético, lo cual revela un gigantesco conocimiento del mundo. Hoy se sabe que el polo magnético es errático, que siempre ha estado en movimiento y que en la actualidad se está

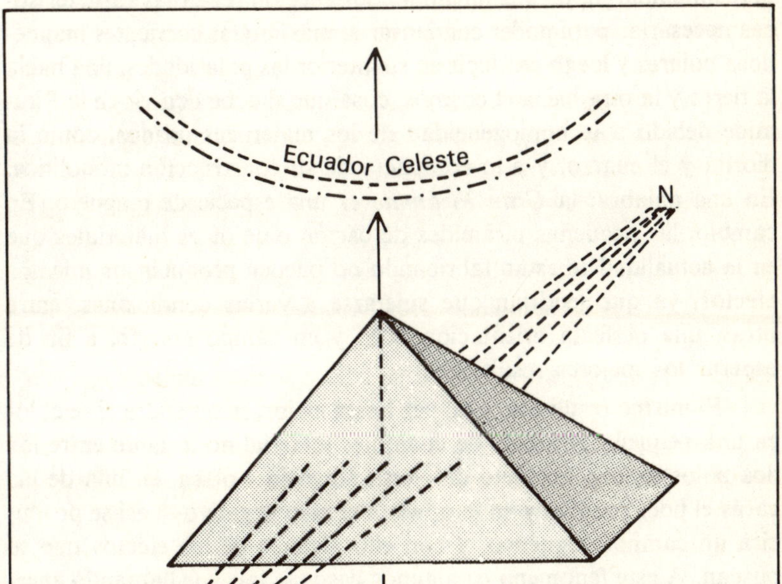

Las constantes corrientes magnéticas N-S y S-N convierten a la Gran Pirámide *en un imán o magneto; por tanto, la acumulación de energía en la misma no se debe a misterio mágico alguno, como muchas personas lo suponen.*

desplazando unos 5 metros cada mes. Como quiera que sea, el polo magnético da una primera explicación a la energía captada y acumulada por la *Gran Pirámide,* puesto que desde los días de su construcción ha estado recibiendo constantemente las corrientes magnéticas N-S y S-N.

Pero se puede objetar que todo edificio recibe ese mismo efecto magnético. Eso es verdad y ya se ha comprobado de muchas maneras; sin embargo, tal vez ninguna construcción reúna las características necesarias para poder condensar al máximo las corrientes magnéticas polares y luego producir en su interior las polaridades, una hacia la tierra y la otra hacia el cosmos, cosa que sí debe ocurrir en la Pirámide debido a la homogeneidad de los materiales usados, como la diorita y el cuarzo, y a lo compacto de su construcción monolítica. En una palabra: la *Gran Pirámide* es una especie de magneto. En cambio, las pequeñas pirámides de cartón o de otros materiales que en la actualidad se están fabricando no pueden producir los mismos efectos, ya que tendrían que sujetarse a varias condiciones, entre otras, una perfecta orientación N-S, y en campo abierto, a fin de esperar los mejores resultados.

El mismo resultado, y tal vez hasta mejor, se obtendrá si se coloca una pequeña pirámide de cualquier material no aislante entre los dos polos de una magneto de cierta potencia —o sea, en una de las caras el polo positivo y en la opuesta el polo negativo—: así se producirá un campo magnético, y con ello algunos de los efectos que se buscan. A este fenómeno en algunos casos se le viene llamando *energía biocósmica.*

Esperamos que lo dicho aclarará lo que algunos autores siguen sosteniendo como magia y misterio en relación con la *Gran Pirámide.*

El autor ha hecho el siguiente experimento, que el lector podrá repetir con facilidad: sumérjase una hoja de afeitar, ya usada, en un vaso de agua destilada colocado entre los dos polos de una magneto (imán). El resultado, por lo general, es notable, tal vez hasta superior a lo que se dice que sucede dentro de una pequeña pirámide de cartón, madera, etc. De esto se deduce que, básicamente, son las corrientes magnéticas producidas por el magneto lo que produce el fenómeno, fenómeno natural que tal vez se extenderá en el futuro a otros muchos usos, por ejemplo, los domésticos, a fin de conservar mejor los alimentos.

El mismo experimento de la hoja de afeitar se hizo con vino de mesa: se colocó un vaso entre los polos de una magneto, y otro vaso fuera del campo magnético para poder establecer la comparación, y al final el vino imantado adquirió en pocas horas un sabor mejor que el no imantado. Asimismo, se hizo el experimento con carnes y frutas en muy pequeñas cantidades, resultando que lo imantado resiste un poco más a la descomposición.

Es de notar que los magnetos usados eran de poca potencia, pues son de los que se pueden conseguir fácilmente en un comercio especializado en este tipo de materiales. Quiere decirse que con un equipo mejor, los resultados podrían ser mejores.

Todo cuerpo acumula energía

Desde el siglo pasado se sabe que el ser humano, en cuanto cuerpo viviente, contiene electricidad, en diversos grados de intensidad según los individuos, y que lo mismo ocurre en todos los animales y plantas.

Experimentos recientes han demostrado que las primeras manifestaciones de vida sobre nuestro planeta empezaron por la acción de la electricidad latente en la atmósfera, que actuó como organizadora de los elementos primarios hasta convertirlos en un principio en aminoácidos, y que de igual manera ha seguido organizando y evolucionando la vida hasta nuestros días. De ahí ha partido la lógica idea de que, si todo el Universo está lleno de electricidad, igualmente debe actuar en todos los cuerpos estelares existentes sobre los respectivos elementos primarios que en cada uno pueda haber, o sea, crear vida. En consecuencia, no hay razón para negar que pueda haber vida inteligente en otros planetas.

En los tiempos actuales, y debido al nivel en que se encuentran las investigaciones científicas, se ha comprobado lo dicho en ciertos fenómenos sorprendentes: por ejemplo, en la vida marina abundan especies que son verdaderas baterías eléctricas, y otro tanto se puede decir de insectos, lombrices, hongos, etc. Naturalmente esto no se limita a las especies animales irracionales, sino que también en los seres humanos se ha encontrado el fenómeno llamado ***bioluminiscencia*** —que es totalmente de origen eléctrico—, por ejemplo, en ciertas heridas, en la orina, en la respiración, por la boca al hablar, etc. Esto último nos recuerda lo que la Biblia dice de Moisés, cuando al entregar las tablas de la ley despidió fuego por la boca.

Claro está que no es electricidad lo que se ha visto o detectado de alguna otra manera, sino el efecto producido en el organismo por reacciones químicas debidas a la intervención de la electricidad.

Obviamente, no sólo los cuerpos vivos, sino también los minerales tienen campos eléctricos. (De esto hablaremos con detalle más adelante.) Algunos de los minerales, debido a su natural composición, contienen electricidad en importante voltaje. Así, pues, vivimos positivamente inmersos y saturados de corrientes eléctricas, tal como vivimos inmersos en el aire. A este fenómeno vital, observado desde muy antiguo, se le llamó en sánscrito ***Prana.***

De todo esto resulta que absolutamente todo material es simultáneamente acumulador, transformador y proyector de la energía eléctrica emanada originalmente de nuestro centro galáctico. O dicho de otro modo: nuestro principal centro generador de dicha energía probablemente sea el centro de nuestra propia galaxia, que a su vez se alimentará de otros centros superiores.

Partiendo de estos conocimientos, ya de tiempo atrás establecidos, sucede que toda la vida, durante la existencia de cada ser, depende del centro eléctrico o energético de la galaxia, energía que pasa al Sol y de ahí al centro de energía terrestre. Del mismo modo, dicha vida a su vez usa y transmite la energía captada del medio en que vive, ya sea un ser humano o un planeta.

Hemos expuesto todo esto a grandes pinceladas y en un lenguaje fácil y popular para ponerlo al alcance de todas las capacidades mentales y, desde luego, limitando la exposición a nuestra galaxia, a nuestro Sol y a la Tierra. En realidad, estamos inmersos en ondas diversas de toda índole, unas ya conocidas, otras supuestas y otras que seguramente se ignoran, todas ellas procedentes del infinito número de galaxias, nebulosas, estrellas, etc., que existen en el infinito Universo.

En otro capítulo hablaremos de este mismo tema, comentando cómo las manchas solares despiden ondas magnéticas que afectan profundamente a las comunicaciones eléctricas terrestres, a la propia corteza terrestre, a la psiquis humana, a las plantas, etc.

La explicación anterior viene al caso, porque recientemente han aparecido libros a nivel popular que hablan de la energía de la *Gran Pirámide* como de algo mágico, misterioso, desconocido y a la vez vulgar.

La forma de cuatro lados que tiene la *Gran Pirámide,* todos ellos perfectamente orientados hacia los cuatro puntos cardinales, le da la polaridad Norte-Sur. Al encontrarse bajo un hermoso cielo transparente desde hace milenios, naturalmente ha podido acumular mucha energía procedente del Sol.

La energía cósmica de nuestra galaxia llega también a la *Gran Pirámide* a través de las estrellas, de las nebulosas, de la luna, etc.

Esa acumulación de energía ocurre igualmente en todas las montañas. La prueba está en que pueblos antiguos lo percibieron aunque no lo entendieran, de donde nació la idea de las *montañas sagradas*. Pero, en el caso de la *Gran Pirámide,* se entiende que la acumulación de energía debe ser mayor que en las montañas, porque debido a su forma geométrica, que ofrece las cuatro caras hacia el infinito, hace que de manera natural las diversas radiaciones cósmicas lleguen de manera directa y tiendan a concentrarse en el eje y centro de la Pirámide, viéndose favorecido este efecto por el material casi homogéneo de que consta y del que ya se habló. Este viene a ser un caso no igual, pero sí parecido, al de los discos parabólicos usados comúnmente en la recepción y transmisión de las ondas de televisión.

Es de suponer que algo semejante pueda ocurrir en todas las pirámides existentes en el mundo, incluyendo las mayas, aztecas, toltecas, etc. Pero el fenómeno es seguramente mucho menos notable e importante, debido a que la forma geométrica es otra, en algunos de los casos con trazos verticales y algunos hasta dirigidos hacia el

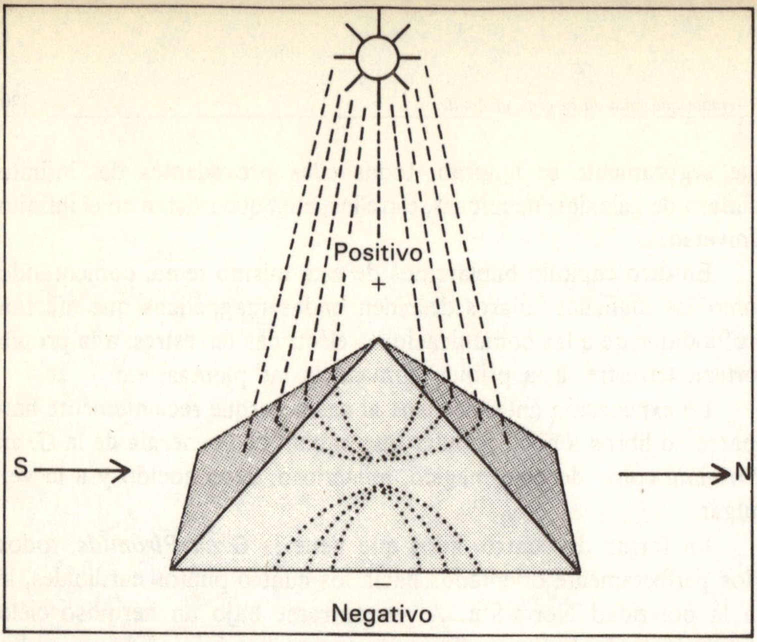

Durante milenios, la Gran Pirámide *ha estado recibiendo en sus cuatro caras enorme cantidad de energía solar*. **Abajo:** *También recibe energía cósmica de la galaxia a través de las estrellas, de la luna, etc.*

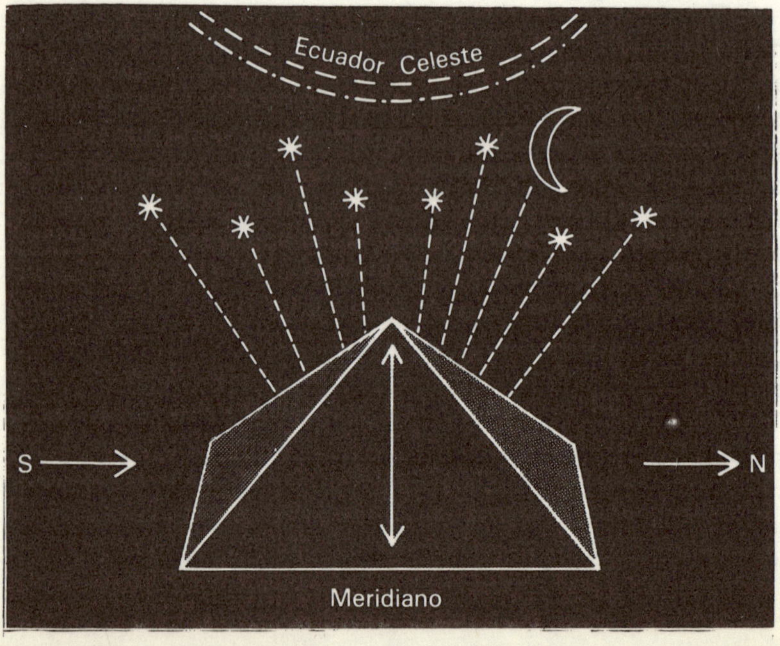

suelo. Por otra parte, los materiales usados generalmente distan mucho de ser homogéneos y, por lo mismo, nada compactos, abundando por lo general el barro.

Ya se dijo antes que todo cuerpo vivo o mineral, en más o en menos, es acumulador, transformador y proyector de energía eléctrica, como ha sido demostrado por la fotografía Kirlian. La *Gran Pirámide* es precisamente eso: un gran acumulador de energía electromagnética. Lo único que todavía se desconoce, por lo menos a nivel popular, es cómo se ha transformado y cómo se proyecta en la *Gran Pirámide* esa energía. Es de suponer que cuando todo esto se conozca ampliamente, permitirá construir grandes acumuladores para beneficio general del ser humano.

Como se puede apreciar, ya en estos momentos la magia y el misterio mágico atribuidos a la *Gran Pirámide* no existen, puesto que la ciencia moderna *sí* está en condiciones de explicar todo lo que pueda haber a este respecto. Lo único que hace falta es que las condiciones hoy tan bélicas en Medio Oriente se calmen, para que se puedan hacer las investigaciones correspondientes.

Como conclusión a este capítulo, es oportuno hablar de la teoría científica que dice que la excitación atómica en el Sol, en todas las estrellas y en el espacio interestelar, produce un tipo de luz constante y fría. Luz sin temperatura y sin sombras, que, según se dice, penetra hasta en las cavernas más profundas así como en el interior de todos los cuerpos y organismos. Como es natural, provoca cambios biológicos imprevisibles y difíciles de detectar con los medios con que hoy se cuenta. Algo de esto debe de suceder cuando se incrementa la actividad solar, identificada por el aumento de tamaño de las manchas solares.

Ciertamente, esta teoría bien podría ser, por lo menos en parte, la explicación a la momificación de los cuerpos de animales que se han encontrado en los pasillos interiores de la *Gran Pirámide*.

Hay muchos ejemplos que se podrían citar referentes a la energía que los cuerpos acumulan. El siguiente capítulo presenta uno de ellos, sencillo y fácil de comprobar objetivamente.

Capítulo XIV

"EL NEGRO" ES UNA PIEDRA MAGICA

En el Museo y Casa de la Cultura de Santiago Tuxtla, estado de Veracruz, de la cual en el año 1978 era director el señor Fernando Bustamante, hay una piedra conocida con el nombre de *El Negro,* que fue encontrada originalmente en *Tres Zapotes,* zona arqueológica de gran importancia no solamente en esa región, sino en toda Mesoamérica.

Santiago Tuxtla está a hora y media en automóvil del puerto de Veracruz. Es un bello sitio, digno de ser visitado simplemente por placer y para descanso y, claro está, para visitar a *El Negro* en su museo.

Se trata de una piedra no muy grande, de forma alargada, y de una longitud de unos dos metros en su parte visible. Uno de los extremos está enterrado en el piso, mientras que en el otro extremo, desde antiguo, los olmecas esculpieron una cara de pómulos salientes, gruesos labios, nariz achatada y ojos que sugieren rasgos asiáticos. Aparece en actitud de mirar hacia el lejano horizonte.

Para cualquier persona medianamente observadora, este rostro en piedra oscura es similar al de muchos de los nativos descendientes de los olmecas y también al de varios de los brujos de la región, con algunos de los cuales el autor tuvo oportunidad de conversar.

Las interpretaciones que ha suscitado este monolito varian mucho de una persona a otra y hasta existen opiniones francamente contradictorias entre los investigadores. Al autor le ha parecido que no se le concedió la importancia debida. Para el tema de este libro sí

Piedra labrada de origen olmeca que se encuentra en el Museo y Casa de la Cultura Lic. Erasmo Castellanos, *en Santiago Tuxtla, estado de Veracruz, México.*

la tiene, pues además de originar un fenómeno digno de relato, que en otro tiempo se habría juzgado como demoníaco o quizá de origen divino, resulta ejemplo objetivo que facilita la comprensión de fenómenos similares acaecidos en el pasado.

Desde luego se puede afirmar sin lugar a dudas que contiene una fuerte carga eléctrica, que se siente con facilidad al tocarla con las manos. Si éstas están mojadas, la sensación es mucho más fuerte, dependiendo la intensidad del fenómeno de la sensibilidad personal y del tipo de carga eléctrica de cada uno, ya que todos los seres humanos somos baterías eléctricas aunque desconozcamos nuestro respectivo potencial.

Pues bien, ocurrió que estaba el autor hablando con el director del museo, con algunos periodistas y con otros visitantes, cuando sin especial intención puso la mano sobre la mencionada piedra y así permaneció poco más de un minuto. Entonces sintió una rara sensación en todo el cuerpo, a la vez que en la mano izquierda, que estaba sobre la piedra, sentía un choque eléctrico semejante al que se siente cuando se toca el picaporte de un automóvil y se produce una descarga eléctrica. Asimismo, sintió que se le enfriaba la mano izquierda hasta sentir dolor en ella, mientras palidecía su rostro. Luego le dolió intensamente la muñeca.

El frío le subió por el brazo izquierdo hasta llegarle a la cara y fue sintiendo un creciente mareo acompañado de fuerte aceleración en las palpitaciones del corazón. Entonces se vio obligado a sentarse en lo primero que encontró, a fin de no caer al suelo sin sentido.

Ya sentado, perdió instantáneamente la conciencia para ir recuperándola luego lentamente.

Cuando iba saliendo del desvanecimiento que lo tenía todavía aturdido, una periodista que al principio se había alarmado mucho, empezó luego a usar un lenguaje irónico y escéptico, asegurando que todo había sido teatro y una broma de mal gusto. Y para demostrar lo que afirmaba puso una mano sobre la piedra mientras seguía riendo y bromeando.

Permaneció en esa actitud de burla más de dos minutos, afirmando que no sentía absolutamente nada... Pero cuando empezó a sentir cosquilleo en los dedos, debió de asustarse, porque suspendió las burlas y se retiró silenciosa a un asiento cercano, donde empezó a palidecer su rostro para luego tomar un tinte verdoso. Entonces dijo en voz baja a sus amistades que se sentía mareada. La general atención sobre la piedra hizo que casi nadie se diera cuenta que la periodista se había retirado sin dar explicaciones.

Este episodio ocurrió en domingo y durante una celebración en el pueblo a la que asistió mucha gente. Por eso la noticia de lo ocurrido se esparció y muchos fueron a tocar la piedra ansiosos de sentir algo, quizá esperando un milagro. En verdad, muchas personas sintieron algo así como un cosquilleo en los dedos, otras recibieron un fuerte impacto y otras no sintieron nada especial.

El Negro tiene en la cabeza una cavidad parecida a una pequeña cazuela, que probablemente sirvió desde su origen para echar agua, ya que, al humedecer o mojar las manos, la sensación es mucho más notable. Partiendo de esta suposición, el autor pidió que se mantuviera esa cavidad llena de agua a fin de observar el efecto en todos los visitantes. Efectivamente, a semejanza de una pila de agua bendita en templo católico, los visitantes metían los dedos en el agua depositada en la cazuela y al ponerlos luego sobre la piedra, algunos sintieron la electricidad, cada cual con distinta intensidad según su propia sensibilidad.

Por la experiencia anterior quizá se pueda entender mejor lo que en realidad son las *curaciones magnéticas* aplicadas por los brujos de la región, que en algunos casos son muy notables, duraderas y efectivas, mientras que en otros no producen efecto alguno.

Se dice, y tal vez con razón, que el desequilibrio de la polaridad eléctrica en el ser humano produce trastornos internos que se manifiestan de muchas maneras, como enfermedades diversas, algunas de ellas llamadas psico-somáticas o nerviosas, u otro tipo de dolencias no siempre explicables.

Según esto, lo que en realidad hace la curación magnética, mediante la imposición de las manos, es lograr un parcial o completo equilibrio de las polaridades. De donde se deduce la afirmación antes hecha de que un alto porcentaje de los padecimientos en el cuerpo humano son meramente desequilibrios de la polaridad eléctrica.

Lo dicho se ha comprobado en los experimentos electrónicos realizados con el fin de encontrar los *meridianos* en el cuerpo para la aplicación de electrodos en la técnica de la acupuntura. A este respecto se afirma que la electricidad varía constantemente en la superficie —o sea, en la piel—, hasta el punto de que puede ir rápidamente desde un nivel muy bajo de intensidad, hasta uno muy alto, y quedarse allí prolongadamente o regresar de inmediato al bajo volumen, todas estas oscilaciones en un cortísimo espacio de tiempo.

Un choque eléctrico como el que le ocurrió al autor pudo no haber tenido el mismo efecto con diferencia de hora, o tal vez con diferencia de unos minutos.

Esta explicación tiene su importancia, porque en el caso de *cura-*

ciones magnéticas con las manos sobre la parte enferma, explicaría por qué algunas veces esta técnica sí funciona, mientras que otras no produce ningún efecto apreciable.

Coincidiendo con todo lo dicho, sucede que en la región de los Tuxtlas, donde se encuentra la mencionada piedra *«mágica»*, es donde probablemente más abundan los brujos curanderos y que tienen fama de curar precisamente con las manos. Esta práctica todavía existe, no tanto por ignorancia o credulidad de quienes buscan a los brujos, cuanto porque los solicitantes efectivamente sienten algún alivio al someterse a tan antigua tradición olmeca. ¿Será acaso que toda la región de los Tuxtlas, y muy particularmente *Tres Zapotes*, es una zona magnética y que de allí viene el *magnetismo animal* –así llamado por J. Anton Mesmer– que se desprende de las manos de los brujos curanderos?

La explicación de la carga eléctrica contenida en la piedra será asunto que la Física podrá expresar satisfactoriamente, así como la Medicina podrá decir el porqué de la repentina baja de presión arterial y el acelerado aumento de las palpitaciones del corazón. Mientras tanto, podemos suponer que dicha piedra es capaz de captar las partículas de alto voltaje llamadas rayos cósmicos, así como los rayos ultravioletas solares, capacidad natural que debe estar en la estructura molecular y atómica de la misma.

Por otra parte existen métodos como la acupuntura, que explican cómo reacciona el cerebro, el sistema nervioso y todo el organismo humano en general al aplicársele una corriente eléctrica. La fotografía Kirlian exhibe en colores las respectivas reacciones de lo que hoy todavía se entiende por *aura*. Así pues, el fenómeno antes relatado está muy lejos de ser misterioso y como toda aplicación eléctrica, no produce los mismos efectos en todas las personas.

En síntesis, que todo este asunto es explicable en la actualidad por lo que pierde el valor mágico, misterioso o milagroso que antaño se le adjudicaba. Quizá ahora podamos comprender mejor a los llamados *brujos*, que todo lo que hacen es captar la energía cósmica y transmitirla a los pacientes, nivelando de esta manera los posibles desequilibrios de polaridad. En otras palabras: lo que hacen es transmitir la energía que falta o absorber la energía que sobra. ¿Tiene esto algo de misterio? La rápida contestación de muchas personas es que hay demasiados embaucadores y falsos brujos, pero ese ya no es asunto de la ciencia sino de la policía, además de que siempre cabría preguntarse: ¿existe acaso alguna actividad humana en la que no aparezcan los embaucadores?

En fin, que a cambio de la frialdad científica alrededor de estos problemas, la susodicha piedra viene a convertirse en ejemplo objetivo, absolutamente tangible, que permite entender la mentalidad llamada *primitiva* de los pueblos antiguos, de sus creencias, leyendas y mitos, de sus idolatrías y milagros.

Efectivamente, los pueblos antiguos, seguramente más sensibles que los pueblos modernos por haber estado en más contacto con la naturaleza y, además, por ser desconocedores de la electricidad, al sentir en las manos o en el cuerpo el choque eléctrico y los consiguientes efectos, debieron de efectuar un sin fin de conjeturas, todas ellas encaminadas hacia lo religioso y hacia la adoración de deidades imaginarias.

Los antiguos olmecas no fueron excepción a este respecto. Todo hace suponer que la cara de *El Negro* pudo ser la cara de algún brujo olmeca, quien, usando la piedra como símbolo y viva manifestación de sus personales poderes sobrenaturales, se ganó un prestigio, de donde tal vez resultó deificado. Después los creyentes labrarían en la piedra su cara, convirtiéndola en sagrada.

El autor, siguiendo el hábito de investigar todo tratando de obtener respuestas, después de haber sufrido el fenómeno descrito, pidió a varias personas le permitieran acercar la mano a sus caras y para propia sorpresa, sucedió que algunas de esas personas afirmaron haber sentido claramente en el rostro cierta vibración que calificaron de eléctrica. Una dama hasta entró bruscamente en trance y comenzó a hablar, estando de pie y oscilando su cuerpo, haciendo que quienes la rodeaban estiraran sus brazos para evitar que cayera al suelo. Hubo otros fenómenos parecidos, incluso colectivos.

Imagine el lector todo esto efectuado por un sacerdote o brujo olmeca de hace seis o más siglos. ¿Cuál sería la reacción de cada persona y en todo el pueblo, enfermos o no?

Estos experimentos, tan empíricos como se los quiera juzgar, vienen a comprobar y a demostrar que la carga eléctrica de que se trate *permanece activa en el cuerpo,* particularmente en las manos, durante algún tiempo.

Otro notable efecto fue que en los días siguientes el autor sintió un agradable relajamiento físico y mental que lo estimuló a seguir trabajando de día, con profundo reposo por las noches, cosa que desde hacía tiempo no lograba disfrutar.

Reflexiones sobre el mismo tema

De lo escrito hasta ahora cabe deducir que la energía cósmica que se cree existe acumulada en la *Gran Pirámide,* viene a ser de alguna manera la misma energía acumulada en la piedra *El Negro* de Santiago Tuxtla. Y también que la técnica usada por los curanderos con las modalidades propias del practicante es muy antigua y también usada en Oriente por los sacerdotes y los brujos. (En la India, por ejemplo, se entendía como una manera de transmitir y recibir el *prana* y daba aureola de santidad milagrosa.)

Finalmente, demuestra que todo ser humano posee la facultad de recibir y luego transmitir la *energía vital,* pero que no todos saben cómo hacerlo.

Prana, palabra de origen sánscrito, significa según las enseñanzas ocultistas, energía vital, o sea la vida misma. En algunas de las disciplinas se la ha llamado *éter,* refiriéndose al espacio interestelar que se considera inundado de radiaciones cósmicas, de *energía vital.* En otros sitios ha sido entendida como *alma universal* y de ella se dice que se mueve en vibración ondulante.

En el *alma universal,* según el ocultismo, se alimenta la vida espiritual. Todas esas hipótesis y otras similares que no se mencionan para no agotar la paciencia del lector, intentan explicar qué es la vida y cómo se mueve en el Universo. Se afirma, por ejemplo, que cada espíritu es una partícula de energía de origen divino que para el cumplimiento de su misión toma del *alma universal* lo necesario, a fin de individualizarse cada vez más en sus interminables viajes de vida físi-

Arriba y abajo izquierda: *Nuestra galaxia, de forma semejante a la de esta figura, alimenta de energía una enorme área, en la que se encuentran muchos soles y seguramente otros sistemas planetarios, entre ellos el nuestro.* **Abajo derecha:** *El hombre recibe del cosmos la energía positiva y negativa llamada desde muy antiguo* alma universal.

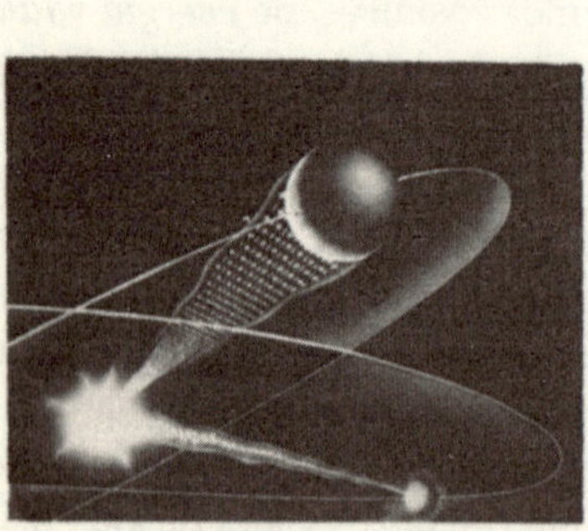

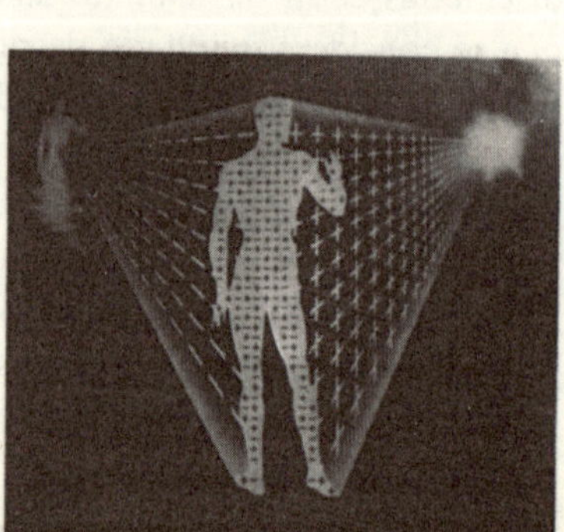

ca primero, luego solamente espiritual y de retorno a la vida física después... o dicho de otro modo, en las innumerables reencarnaciones del espíritu, siempre en eterno retorno, única manera de acumular la experiencia necesaria para llegar algún día, en algún planeta, a la maestría y al *nirvana,* o sea, fundirse con el Creador.

Naturalmente, todo esto es discutible, ya que son hipótesis de origen ocultista muy antiguas y tradicionales. No obstante, alguna explicación valedera puede encontrarse en ellas, especialmente si haciendo caso omiso del aparente significado que dan las palabras, se observan y analizan con mente abierta los efectos que se entienden como *efectos de magia o de brujería.*

Si una persona, por ejemplo, permaneciera durante un tiempo prolongado en contacto con una piedra como la que se ha descrito, seguramente que podría ejercer alguna influencia igualmente magnética en sus semejantes (lo que demostraría además que ha servido de *transistor*). Y si esa piedra tuviera solamente una polaridad eléctrica –iones de signo negativo por ejemplo, o de algún otro tipo siempre de origen eléctrico–, se impondría de inmediato la necesidad del equilibrio, para lo cual concurrirían los iones de signo positivo que normalmente se encuentran en la atmósfera. Pero ¿de dónde llega esa energía positiva? ¡Del Cosmos! ¡Del centro de nuestra galaxia!

En definitiva, que al hablar de iones positivos, estamos hablando de energía cósmica, galáctica, de *alma universal* o *prana.*

¿Cómo se obtiene o se recibe el *prana* según los orientalistas? Eso lo contestan varias disciplinas en occidente aunque todas ellas influenciadas de alguna manera por el pensamiento orientalista. La contestación es que el *prana* entra al cuerpo por la nariz mediante la respiración profunda, pues se dice que en la atmósfera se encuentran los iones positivos, mientras que en los productos de la tierra se encuentran los iones negativos, produciéndose así el equilibrio de *energía vital.*

Esta parece ser la explicación de muchas palabras que sugieren la misma idea: *alma universal, éter, energía vital,* etc.

Hay personas que, por sus personales características físicas y naturales, son capaces de captar y luego transmitir la energía eléctrica que de alguna manera reciben del exterior, o tal vez a consecuencia de la ingestión de determinados alimentos, en los que se encuentran esas cargas de que se habló anteriormente. Hay quienes resultan más aptos y eficaces en esta práctica, y a algunos de ellos se los moteja de *brujos,* en vez de estudiarlos para encontrar respuestas lógicas, acordes con el momento tecnológico que vivimos.

Estas consideraciones nos sugieren que tal vez no pasará mucho tiempo sin que nos llevemos alguna sorpresa, como podría ser la de encontrar cuál es la técnica de captación de la energía y cómo se transforma en el organismo humano para luego proyectarse en forma de *magnetismo animal,* según la designó Mesmer hacia el año 1800. Es decir que hace 180 años se hicieron muchas demostraciones de cómo opera la *energía vital* o *magnetismo animal,* intentándose desde entonces explicaciones a nivel científico, sin que sepamos nada definitivo todavía, tal vez porque preferimos reirnos o asustarnos.

Dos piedras mágicas

En Poona, una capital de la India al sureste de Bombay, al lado derecho de la carretera que sale de Satura, está Shivapur, pequeña aldea muy pobre, en la que lo único importante es el culto al santón Qamar Alí, de la religión Sufie. Le han dedicado una modesta mezquita frente a la cual hay dos rocas de granito aparentemente común, con sus aristas redondeadas, quizá por lo mucho que las han manoseado. Una de ellas pesa alrededor de cuarenta kilos y la otra tal vez unos cincuenta y cinco, según dicen los nativos.

Diariamente, con sentimiento profundamente religioso, grupos formados siempre por once personas van a visitar la mezquita. Luego se reúnen alrededor de una de las piedras, la tocan todos con el dedo índice y, mediante cánticos o simplemente voces, invocan la presencia de Qamar Alí. Entonces, a manera de respuesta, la piedra empieza a levantarse del suelo, sin intervención física visible de ninguna especie: como si la piedra hubiera perdido totalmente su peso, se eleva más de un metro y en algunos casos tanto cuanto los brazos de los presentes. Y así flotando, permanece durante varios segundos para luego comenzar a descender lentamente, hasta colocarse de nuevo en su sitio. Exactamente lo mismo sucede con la otra piedra si los visitantes lo desean.

Para lograr este fenómeno no es necesario que sean todos nativos del lugar, pues en el experimento pueden intervenir turistas. Este efecto sigue todavía sin explicación. No obstante, obviamente, esas piedras reaccionan a la influencia magnético-mental, quizá psíquica, de quienes intervienen.

Adoración a las piedras

Siguiendo con el tema de las piedras en su relación con la influencia de la mente humana, encontramos que es muy conocida la adoración que algunos pueblos antiguos dedicaron a ciertas piedras, especialmente señaladas, lo cual quiere decir que sólo algunas les produjeron especial impresión. Otro tanto se puede decir de ciertas montañas, motivo de adoración y creencias religiosas, prolongadas hasta nuestros días en algunos países.

Conviene citar aquí algunos casos notables y accesibles al lector, tomados de la Biblia:

> *Génesis* 31, 45: «Entonces Jacob tomó una piedra y levantóla».
> *Génesis* 49, 24: «Por las manos del fuerte Jacob (de allí el Pastor y la Piedra de Israel).»

Durante la odisea de Jacob por Canaán, cierta noche usó una piedra como almohada, quizá la misma que erigió como estela. Al dormir con la cabeza sobre esa piedra, soñó con ángeles, unos que subían y otros que bajaban.

Preguntamos: ¿mera fantasía? ¡tal vez no tanta! Algunas de las personas que han puesto las manos prolongadamente sobre la piedra *El Negro* de Santiago Tuxtla, sintieron un sueño intenso durante varios días, a la vez que les quedó una sensación de sopor, de desánimo. Y mientras dormían, según informaron al autor, soñaron intensamente, como nunca antes les había ocurrido.

La explicación de este fenómeno, seguramente de tipo psicosomático, no es precisamente el tema de este libro pero sirve para suponer justificadamente que la piedra citada por la Biblia a propósito de Jacob, así como otras muchas piedras motivo de adoración, pudieron haber sido de una estructura atómica y molecular semejante a la de Tuxtla, o si se prefiere, un acumulador de electricidad, al que en su tiempo se le dio un valor y sentido mágico-religioso: la mejor prueba es que la mencionada piedra de Jacob se convirtió con el tiempo en un dios muy temido por los pueblos enemigos de los hebreos, pues se dijo que era *un dios muy poderoso.*

Ejemplos como el anterior abundan en el mundo y se pueden extender a ciertas montañas, como la *montaña roja* en la India, hoy todavía adorada, porque –según se dice– a ella descendió uno de los dioses del hinduismo.

Podemos concluir diciendo que la tan mencionada piedra de Santiago Tuxtla parece explicar plenamente un sin fin de mitos y fenómenos antiguos, y hasta quizá llegue a explicar la presencia de viajeros extraterrestres, que han bajado a la Tierra, ya sea para estudiar tales campos o bien para aprovechar la energía en sus aparatos.

La Gran Pirámide y la Biblia

> *Salmo* 118, 22: «La piedra que desecharon los edificadores ha venido a ser cabeza del ángulo. De parte de Jehová es esto. Es maravilla en nuestros ojos.»

Esta cita bíblica ilustra acerca del pensamiento de aquella lejana época respecto a la *Gran Pirámide,* pues todo el versículo hace pensar que es en realidad una referencia al remate que falta en la *Gran Pirámide* desde que fue construida, y que las propias tradiciones egipcias mencionan como invocación a lo divino, a Dios.

Tanto por correspondencia con el autor, como en conferencias públicas o en pequeños grupos, siempre le efectúan la siguiente pregunta: ¿Es verdad que la *Gran Pirámide* efectivamente acumula y proyecta energía de algún tipo?

Se puede contestar diciendo que después de lo expuesto en este capítulo referente a las piedras cuya estructura atómica les hace acumular y proyectar energía, el lector seguramente habrá formado su propio juicio y formulada su respuesta al respecto.

Pueden surgir otros interrogantes. Por ejemplo: ¿por qué los constructores de la *Gran Pirámide* la levantaron precisamente en ese sitio y eso hasta el extremo de sospecharse que el río Nilo fue canalizado desde muy lejos a fin de hacerlo pasar cerca de la construcción?

Si aceptamos como premisa que los constructores sabían mucho de geodesia y de astronomía, es de suponer que escogieron aquellas coordenadas y no otras obedeciendo a un imperativo científico y no a un capricho personal. Tampoco debe haber influido la facilidad para la realización de la obra, sino más bien que ese sitio y quizá una amplia zona, además de la relación geodésica que exhibe, pudo haber sido un poderoso punto magnético, tan natural como la piedra mágica de que se habló en un principio. Por otra parte, la piedra granítica empleada es muy homogénea y extremadamente pulida en sus junturas, factores que contribuyeron a que en poco tiempo la pirámide se convirtiera en un verdadero monolito, fenómeno muy importante para acumular energía.

Estas condiciones y otras que seguramente tienen su razón en lo astronómico, podrían ser la lógica explicación a la acumulación de grandes cantidades de energía polarizada, la de la Tierra y la Cósmica. De aquí nace otra pregunta: ¿acumulan alguna energía las pirámides pequeñas, hechas de materiales diversos como papel, plástico, madera, etc.?

A favor de las pequeñas pirámides se argumenta que la fotografía Kirlian ha mostrado y puede mostrar en cualquier momento, de manera objetiva, las radiaciones que esos materiales producen. Esto es verdad, pero también lo es que todos los materiales tienen sus propias radiaciones. Se puede demostrar con la propia fotografía Kirlian. Según sea el material de que se trate tendrá sus radiaciones, sus propios colores de radiación, su propia luminosidad, etc. Ya se empiezan a clasificar los materiales por sus radiaciones del mismo modo que la Química clasifica los minerales por los cristales. Por tanto, no es comparable la energía que la *Gran Pirámide* ha acumulado a lo largo de cincuenta siglos, con la que pueda acumular una pequeña pirámide de madera o de plástico, por ejemplo.

Capítulo XV

LA TUMBA ABIERTA

Esta pieza es monolítica, de diorita, vaciada y pulida por dentro y por fuera. Tiene la forma de una gran caja. Se encuentra en el interior de la *Cámara del Juicio a las Naciones* y ocupa el sitio en que se supone debería estar el *Gran Juez* (Juez de las Naciones). Su simbolismo no ha sido todavía aclarado y se espera para cuando ello ocurra importantes sorpresas. El autor trabaja en esto precisamente.

Por el momento se puede decir que representa la tumba que recibirá a las multitudes previamente juzgadas y finalmente sentenciadas por el *Gran Juez*. Esto es lo que sugieren los textos egipcios.

Una realidad comprobada es que nunca contuvo cadáver alguno y no se le puede confundir en consecuencia con ningún vulgar sarcófago. Por otra parte, sus medidas son altamente significativas, siempre en estrecha relación con la *Gran Pirámide* y –lo que es más notable– con fenómenos cósmicos. Además se va confirmando la suposición de que en su origen contenía mercurio y tal vez alguna otra substancia química, quizá como parte de un complejo eléctrico.

Esto parecerá exageración. Sin embargo, hay importantes razones para pensar así: una de ellas es el hecho muy significativo de que las grandes piedras de cerramiento, trabes y techo de la *Cámara del Juicio a las Naciones,* así como de la llamada *Cámara de la Reina,* son de diorita, piedra durísima parecida al granito, muy rica en minerales ferromagnéticos como el cuarzo y otros, y por ello, buena conductora y acumuladora de electricidad.

Es bien sabido –y el autor ya lo ha dicho en otro de sus libros– que no se han encontrado huellas que sugieran que se haya usado algún

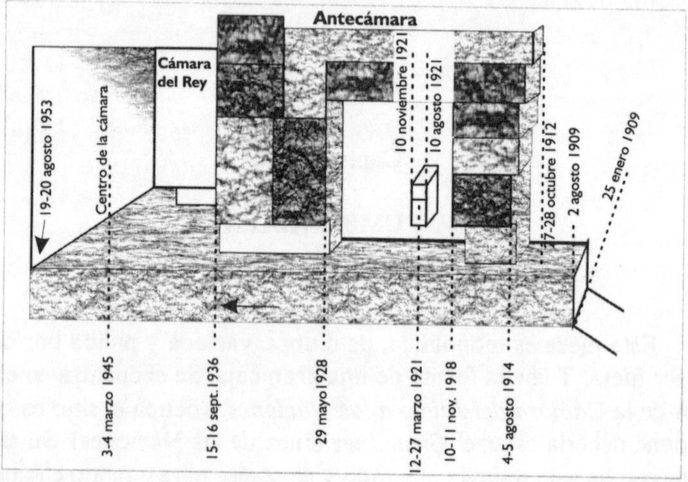

Arriba: *La flecha está indicando el sitio altamente simbólico en que se encuentra la* Tumba Abierta *o* El Cofre. **Abajo:** *La* Tumba Abierta.

sistema de alumbrado por combustión, de aceite por ejemplo, en la *Cámara del Juicio a las Naciones*. Por consiguiente, la electricidad parece ser la única explicación y tanto la *Tumba abierta* como las trabes parecen por lo menos sugerirlo.

Por absurda que parezca la idea, de lo dicho se desprende que los constructores conocían un sistema para producir electricidad y usarla como alumbrado artificial. Esto de la iluminación es de primera importancia, porque seguramente los antiguos sacerdotes egipcios se reunían precisamente en esa cámara para sus rituales de *Cámara interna,* o *tercera cámara,* para lo cual necesitaban luz. Curiosamente, el *Arca de la Alianza* de los hebreos, después del Exodo, parece venir a confirmar lo relativo a la probabilidad de que la *Tumba abierta* haya sido un generador o batería eléctrica.

El Arca de la Alianza ¿una batería eléctrica?

El Arca de la Alianza o *de los Testimonios* de que habla la Biblia resultó ser de la misma forma y tamaño que la *Tumba abierta.* ¿Casualidad? ¿Copia? Para mayor información al respecto véase en la Biblia *Exodo* 25, 15-29. En estos versículos aparece la descripción completa del *Arca de la Alianza* que era de madera de *sitim* (acacia), forrada por dentro y por fuera con láminas de oro puro.

En la descripción que hace la Biblia se habla hasta de alambres en abundancia. Algunas personas versadas en electrónica suponen que la caja, por su descripción y contenido, corresponde a un generador eléctrico que pudo haber tenido una carga eléctrica de mil voltios o más, suficientes para electrocutar a la persona que la tocara.

Es sabido que durante la odisea de Moisés por el Sinaí, se prohibió al pueblo, bajo pena de muerte, tocar la susodicha *Arca;* pero sucede que alguien la tocó y cayó instantáneamente muerto.

Estas importantes coincidencias nos recuerdan que Moisés, antes del Exodo, ocupó cargos importantes dentro del sacerdocio egipcio, y por ello, tenía pleno acceso a todos los templos, a las cámaras de las pirámides en general y en particular a las de la *Gran Pirámide.* También nos recuerda que, pasados los siglos, y cuando los ladrones de tumbas buscaban los tesoros de los difuntos faraones, dieron con la *Cámara del Juicio a las Naciones;* pero allí se llevaron la gran sorpresa al encontrarse con que el *Cofre* o *Tumba abierta* estaba completamente vacío. ¿No habrá sucedido que originalmente ese *Cofre* fue precisamente un acumulador eléctrico? ¡Eso vendría a explicar la razón de por qué no se ha encontrado en el interior de la *Gran Pirámide* ningún sistema de iluminación a base de combustibles que produzcan humo!

Si las cosas fueran así, habría que suponer que Moisés y los suyos vaciaron el *Cofre,* y luego con esos materiales, reconstruyeron el complejo eléctrico que naturalmente inspiraba gran respeto religioso a los hebreos, pero mucho más a sus enemigos, que pensaban en dioses poderosos. Esto, fantasioso como se quiera, vendría a explicar no solamente lo dicho, sino otros muchos fenómenos relatados en la Biblia y que por lo general, considerados a la ligera y sin análisis, resultan incomprensibles.

Pero queda todavía en pie el uso de acumuladores eléctricos en época tan antigua. El dato no es novedoso. El mismo autor, en otro de sus libros, relata que en Bagdad un ingeniero alemán encontró hace pocos años una pila eléctrica que tal vez corresponde en antigüedad a la época de la construcción de la *Gran Pirámide,* o sea hace unos cuarenta y siete siglos.

Al principio de este libro se dijo que Juan el teólogo, autor del *Apocalipsis,* de alguna manera –tal vez por tradición oral o por enseñanza directa de la escuela iniciática a la que pertenecía– recibió el conocimiento e interpretación del número 666. Ahora, con esta investigación de la *Tumba abierta* y su réplica en el *Arca de la Alianza,* se comienza a entender cómo recibió Juan esos conocimientos. Moisés bien pudo reproducir las medidas de la *Tumba abierta* y reorganizar su contenido, ya que dado su nivel sacerdotal dentro del clero egipcio tenía libre acceso al interior de la *Gran Pirámide* y además entendía todos los simbolismos existentes en el interior de las cámaras.

No es de extrañar que nada de esto haya aparecido en la Biblia, puesto que las enseñanzas de esas escuelas jamás fueron conocidas por el gran público. Todas ellas quedaron en los archivos en forma de símbolos, sólo comprensibles para los iniciados. Cuando alguno de esos símbolos salieron a la luz nadie los entendió, como por ejemplo no se ha entendido todavía el número 666.

Temperatura y ventilación interior

Se comprende que así como fue necesaria la luz en el interior de la *Cámara del Juicio a las Naciones* para la realización de rituales conocidos con el nombre de *Cámara interna,* o *tercera cámara,* fue necesaria también una ventilación y temperatura apropiadas. Esto explica el porqué del admirable sistema de ventilación que sirvió para mantener una atmósfera respirable y una temperatura uniforme de 20° C. (Curiosamente, tal temperatura es la quinta parte de la temperatura que se requiere para ir de 0° C, que es el punto de congelación del agua a nivel del mar, a 100° C., punto de ebullición del agua también a nivel del mar.)

Como fácilmente se puede apreciar, ellos contaban con un sistema termométrico que implícitamente contiene el concepto *cero,* sin el cual no se entenderían las bajas temperaturas. Se puntualiza sobre esto, porque se da la errónea creencia de que los antiguos egipcios no conocían el *cero,* y algunos autores suponen que fueron los mayas los primeros en aplicarlo.

El sistema de ventilación en la *Cámara del Juicio a las Naciones* consiste en cuatro tubos ventiladores, aproximadamente de diez centímetros de diámetro. Presentan una proyección oblicua: dos van a dar a la *Cámara del Juicio a las Naciones* y dos a la llamada *Cámara de la Reina.*

Para perforar esta tan estrecha cavidad en la roca, semejante a largos tubos metálicos, habrá sido necesario un taladro de dimensiones colosales y, para lograr tal perfección se habrán necesitado brocas con filo de diamante, única manera de perforar una roca tan dura como es la de la *Gran Pirámide.* ¿Nos es dable entender cómo pudo lograrse semejante perfección técnica hace más de 5,000 años, cuando apenas se comenzaba a conocer el hierro? Hay personas que opinan que esas perforaciones pudieron haberse efectuado con aplicación de rayos *laser,* o quizá con algún sistema de ultrasonido.

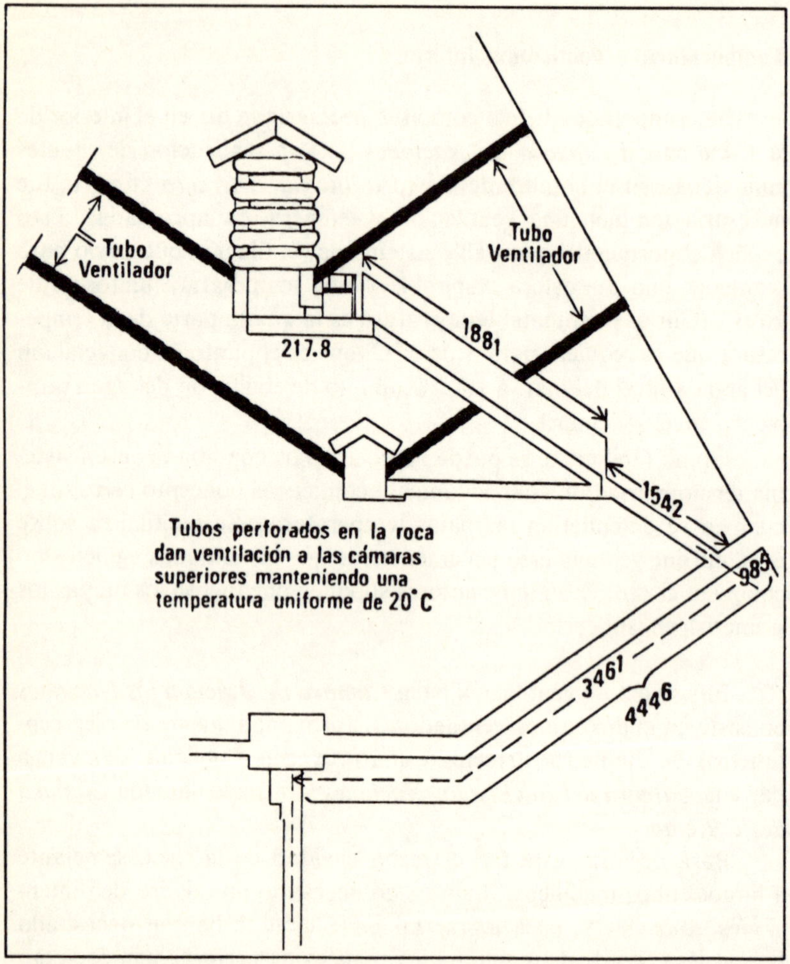

Los tubos de ventilación de las cámaras en la Gran Pirámide *son de precisa y admirable construcción y no se ha encontrado todavía explicación razonable que aclare cómo fueron perforados en la roca.*

Al determinar los egipcios una quinta parte de la temperatura de ebullición como promedio de temperatura en el interior de la *Cámara,* implícitamente queda considerado el número 5, que luego se repite con frecuencia en las medidas de la propia pirámide y que igualmente se encuentra en las antiguas culturas de Mesoamérica.

Los 20º centígrados es una temperatura media de la superficie terrestre, considerada ideal para lograr larga y buena vida vegetal, animal y humana. Reaparece entonces la idea de que alguien estudió quizá exhaustivamente al mundo en todas sus posibilidades de vida. Pero ¿quién o quiénes? y además ¿para qué?

Lo cierto es –y esto ya está comprobado– que las alteraciones de temperatura en uno u otro extremo de esos 20º centígrados producen trastornos de diversa índole. Esto se trata ampliamente en otros capítulos de este libro.

Reflexionando sobre las medidas de la *Tumba abierta,* nos encontramos con que la suma total del ancho, largo y alto de la misma, es igual a la suma parcial del ancho, del largo y del alto de la *Cámara del Juicio a las Naciones,* en el eje de la cual fue colocada desde su origen. De ese modo queda integrada en el mencionado *Juicio a las Naciones* y subrayado su simbolismo, que pasa a ser mucho más importante y serio de lo que generalmente se ha considerado. Conviene recordar aquí que en la *Gran Pirámide* no hay nada superfluo y que, en cambio, sí aparecen repetidos de manera distinta e insistente todos aquellos motivos que por su importancia y simbolismo quisieron hacer resaltar los constructores, como es el caso de la *Tumba abierta.*

Investigadores modernos altamente calificados han revisado y verificado las medidas de dicho *Cofre,* debido a que desde hace tiempo se ha intuido que contiene datos de máxima importancia y de significación matemática. Véase, por ejemplo, lo siguiente: el perímetro interior es de 209,23 pulgadas piramidales; al tratar de buscar alguna relación entre la *Tumba abierta* y el número 666 que aparece en el *Apocalipsis* como símbolo de muerte colectiva, como *Bestia de destrucción,* encontramos que los números que cuantifican la medida del perímetro interior de aquélla –2 0 9 2 3– son los mismos que cuanti-

La Tumba Abierta *o* El Cofre *se encuentra en el interior de la* Cámara del Juicio a las Naciones.

fican el perímetro de una circunferencia con un diámetro de 666. Ahora bien, la circunferencia es una representación o símbolo solar y el número 666, como ya dijimos, símbolo de muerte y destrucción. ¿Podría interpretarse que un cataclismo u otro fenómeno similar originado en el Sol produciría muerte, destrucción, aniquilamiento de la vida?

De acuerdo con los textos egipcios este *Cofre* alude directamente y de manera específica a la muerte. Al encontrarse en el centro de la *Cámara del Juicio a las Naciones*, en el punto en que simbólicamente debe estar el sitial del *Gran Juez*, obviamente significa que la humanidad tendrá que aceptar un juicio universal y recibir el castigo que corresponda en forma de muerte. ¿Habrá sido de aquí de donde se tomó la idea del *Juicio final*?

Hay en el *Cofre* otros datos que se refieren a símbolos diversos: uno de ellos alude a la altura total de la *Gran Pirámide,* otro a la medida del Ecuador terrestre, otro a la distancia del Sol, etc., todo lo cual da cierta validez científica y matemática al simbolismo imaginado de la *Tumba abierta.*

De todo lo expuesto se puede deducir que tan especiales indicaciones no fueron vanas, sino que tuvieron una significación importante no descifrada todavía: tal vez el anuncio de la muerte y posterior renacimiento de pueblos y culturas muy antiguos perdidos probablemente por un cataclismo, o tal vez la mención a seres extraterrestres que dejaron esos datos astronómicos para que la humanidad en tiempo oportuno los descifrara e interpretara.

Capítulo XVI

LA GRAN PIRAMIDE DE GIZEH

La *Gran Pirámide,* está situada exactamente en el meridiano 30° 9' al Este de Greenwich (Inglaterra) y en el 29° 58' 5" de latitud Norte: dato de gran importancia, porque dicho meridiano divide la Tierra habitable en dos partes iguales. Esto sugiere, aunque parezca exagerado, que hubo una visión anticipada del crecimiento y desarrollo de la humanidad, como si se hubiera conocido desde aquel lejano pasado con qué elementos útiles habría de contar en su futuro desenvolvimiento. Esto sugiere que una inteligencia superior, ya desde entonces, intuía el futuro del ser humano. ¿Exageración? Probablemente no, porque la ubicación misma de la pirámide parece sugerirlo de manera bastante clara. El punto geográfico que ocupa se encuentra a igual distancia del Polo Norte que del centro de la Tierra. ¿Casualidad?

Números relativos a la Gran Pirámide

La *Gran Pirámide* se encuentra tan perfectamente orientada N.-S. y E.-O., que el error conocido por la ciencia moderna es sólo de 4' 32". Está dentro de los cuatro minutos de grado respecto del verdadero Polo Norte o eje polar Norte.

La ciencia moderna a pesar de todos sus avances, no ha logrado una exactitud de orientación mayor de 6' respecto del mismo punto antes mencionado.

Esto hace pensar que probablemente, en su origen, no existiera ningún error en la *Gran Pirámide*. Si ahora existe, se debe a fenóme-

La Gran Pirámide de Gizeh
Museo de El Cairo, Egipto.

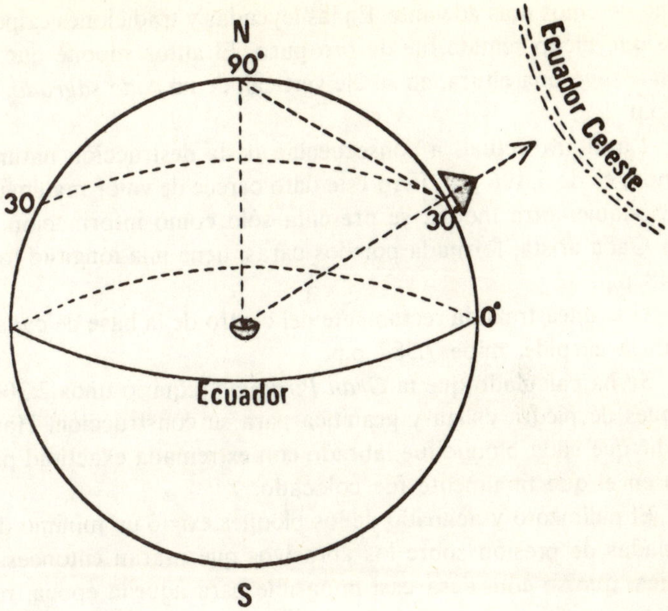

El punto geográfico que ocupa la Gran Pirámide, *se encuentra a igual distancia del polo norte que del centro de la Tierra. ¿Casualidad?*

nos diversos, asunto del que se habla en otro capítulo de este mismo libro.

El circuito de la base de la *Gran Pirámide* mide 36.524,24 pulgadas piramidales*.

La longitud de la base de cada uno de los lados mide 9.131,06 pulgadas piramidales, equivalentes a 365,2424 codos piramidales**. Es decir, que se dio un codo piramidal por cada día del año incluyendo la fracción de día que al acumularse produce el año bisiesto.

La altura original de la *Gran Pirámide,* geométricamente calculada, es de 5.813 p.p., pero el remate final nunca fue colocado,

* La pulgada piramidal fue la unidad de medida utilizada en la construcción de la *Gran Pirámide.* Equivale a 25,4264 milímetros.

** El codo sagrado equivale a 25 pulgadas piramidales y es igual a 635,66 milímetros.

como veremos más adelante. En las leyendas y tradiciones egipcias se dice que dicho remate fue de oro puro. El autor supone que dicho remate tuvo una altura, en su eje vertical, de un *codo sagrado*, o sea, 25 p.p.

La altura actual, a consecuencia de la destrucción natural del tiempo, es de 5.496 p.p. Pero este dato carece de valor matemático o de cualquier otra índole; se presenta sólo como información.

Cada arista, formada por dos caras, tiene una longitud total de 8.648 p.p.

Una línea trazada rectamente del centro de la base de cada cara hasta la cúspide, mide 7.387 p.p.

Se ha calculado que la *Gran Pirámide* requirió unos 2.300.000 bloques de piedra caliza y granítica para su construcción. Hay que añadir que cada bloque fue labrado con extremada exactitud para el sitio en el que finalmente fue colocado.

El pulimento y acabado de los bloques exigió un mínimo de dos toneladas de presión sobre los abrasivos que usaran entonces. Esta técnica, que se considera casi imposible para aquella época, resulta sumamente difícil en la actual.

El volumen total de la *Gran Pirámide* es de 30.000.000 de metros cúbicos aproximadamente.

El área que ocupa es de 54.000 metros cuadrados, área mayor que la ocupada por la basílica de San Pedro en Roma.

El peso total de la *Gran Pirámide*, calculado a partir del peso específico de la mayor parte del material usado, es de 5.955 toneladas, número que coincide admirablemente con los dígitos del peso de la Tierra: existe, pues, una muy estrecha relación y alusión geodésica.

Las caras de la *Gran Pirámide* fueron recubiertas con piedra de alabastro, sacada de la región de Jabal-Tura. Eran láminas de unos dos metros de espesor y tan perfectamente pulidas, que funcionaban como espejos, reflejando así la luz solar y lunar hasta grandes distancias.

Las piedras, casi en su totalidad, fueron colocadas sin ningún tipo de pegamento, pues el perfecto pulimentado hizo que, por razones naturales que la física explica, se unieran en poco tiempo sin necesidad de pegamento, convirtiéndose así la Pirámide en monolítica. No obstante, en algunos casos parece haberse usado una delgada película de pegamento, como una especie de pintura ligera. La química moderna no ha podido explicar todavía la composición de dicho pegamento. También se han encontrado delgadas láminas de mica.

Se ha especulado mucho en relación a los medios mecánicos, magnéticos o mágicos de que pudieron valerse los constructores para mover y colocar tantos y tan enormes bloques en la forma tan perfecta en que aparecen. Desde luego, se entiende que usaron rampas de arena que partían de canales derivados del río Nilo. Sobre la arena

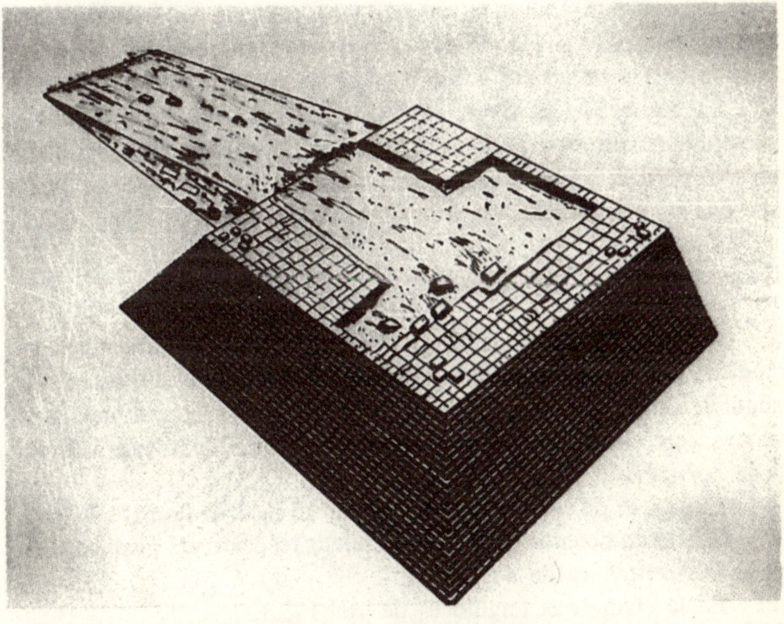

Para la construcción de la Gran Pirámide *se hicieron rampas de arena que partían de canales derivados del río Nilo. Sobre esa arena, constantemente humedecida, los hombres deslizaban los trineos de madera cargados con una o más piedras.*

constantemente mojada se deslizaban los trineos de madera cargados con las piedras. De estas rampas se han encontrado huellas en lugares diversos y alguno de esos canales existe todavía. En cambio hasta hoy no se ha encontrado vestigio alguno de maquinaria de ninguna clase.

La electrónica y la física modernas han descubierto, al menos en la teoría y en las investigaciones de laboratorio, la *energía anti-materia* o *anti-gravedad,* que probablemente es el campo magnético que se forma entre dos electrodos. Estas teorías y experimentos tal vez lleguen a aclarar el misterio de la construcción de la *Gran Pirámide;* pero seguramente también complicarán las ideas y crearán nuevos problemas. En efecto, habría que preguntarse entonces: ¿es que hace más de 5,000 años se conocía ya la *energía anti-material*, los *campos magnéticos* y todo eso que en nuestros días se encuentra todavía en las zonas de la teoría y de la hipótesis?

Es obvio que la *Gran Pirámide* fue planeada, proyectada y construida por seres pensantes, con tecnología altamente desarrollada no sólo para su propio tiempo, sino hasta para nuestros días. Quizá por eso no comprendamos todavía su simbolismo.

Geometría en la Gran Pirámide

Se ha mencionado que el numero 5 aparece repetidamente en las medidas de varios sitios de la *Gran Pirámide,* como son los cuatro ángulos formados por las cuatro caras que dan origen a las cuatro aristas, más el ángulo formado por la inclinación de la cara sobre la base horizontal.

El ángulo de las caras con relación al piso es de 51° 17' 14".

El ángulo de cada una de las esquinas respecto del piso, considerado horizontal, es de 41° 59' 50".

En la cúspide el ángulo es de 76° 17' 32".

Interior de la Gran Pirámide

La inclinación del pasillo descendente, que hace unos 5,000 años apuntaba astronómicamente hacia la estrella Alfa del Dragón, es de

26° 18' 95", o sea que este pasillo descendente es paralelo al eje polar terrestre. Este trazo y esta orientación tan exactos, de ninguna manera pudieron haber sido logrados por medios ópticos empíricos: fue necesario un cálculo astronómico muy avanzado.

La pulgada piramidal y el radio polar

La *pulgada piramidal* es la unidad de medida usada en toda la construcción de la *Gran Pirámide*. Por tanto, con ella se hicieron todos los cálculos astronómicos y geodésicos.

Para mejor comprender la idea, téngase en cuenta que la pulgada piramidal tiene 0'0254264 metros, o sea, 25 milímetros con la fracción 4264 de milímetro. La diferencia entre la pulgada piramidal y la pulgada inglesa, hoy todavía en uso en los países anglosajones, es de 1/10000 de pulgada. Esta diferencia es muy poco apreciable en cortas longitudes; pero es muy importante en grandes distancias, como son las astronómicas.

El Codo Sagrado

El *Codo Sagrado* consta de 25 p.p. (63'5 centímetros). Es la diezmillonésima parte del radio polar terrestre, dato comprobado con cálculos modernos. Quiere decirse que el *Codo Sagrado* es mucho más exacto que el metro hoy en uso, y que los constructores de la *Gran Pirámide* conocían la forma y tamaño de la Tierra, mucho mejor que nosotros.

Sistema métrico moderno

El metro actualmente en uso es –teóricamente– la diezmillonésima parte del meridiano terrestre, o sea que se funda en la curvatura de la corteza terrestre siguiendo el meridiano de Dunquerque (Francia), que al igual que todo meridiano norte, va del Polo norte hasta el Ecuador.

En la actualidad se sostiene la teoría de que la Tierra tiene forma similar a una pera, por consiguiente el metro tendría más alteraciones, mientras que la pulgada piramidal seguiría inalterada.

Actualmente se supone que la Tierra tiene una forma semejante a la pera.

La formulación y el concepto del metro patrón nacieron en Francia, pero ya está comprobado que no es ni puede ser una medida exacta o inalterable debido a que la Tierra no es una esfera perfecta ni mucho menos lisa. En consecuencia, la longitud del mencionado meridiano es puramente teórica.

En definitiva, que la *pulgada piramidal* y su múltiplo el *Codo Sagrado* son unidades de medida mucho más exactas que el sistema métrico, ya que se basaron en una línea recta casi inalterable durante millones de años: el radio polar norte.

Debido a estos problemas, se decidió cambiar la definición del *metro*, y hoy se define su longitud como 1.659.763'73 longitudes de onda de la radiación rojo-naranja del *Kripton* en condiciones específicas. Pero así resulta mucho más complicado que la línea recta del radio polar.

Capítulo XVII

DIVERSAS PIRAMIDES EN EL MUNDO

La palabra *pirámide* parece haber tenido su origen en el idioma fenicio, es decir época ya muy tardía, en el correspondiente vocablo *Pirimi-din,* cuya probable traducción es *luces y medidas divinas*. Si se aplica esta definición de manera particular a la *Gran Pirámide,* geométricamente hablando, diremos que es la única construcción que recibe apropiadamente dicho nombre.

Las pirámides construidas en América fueron hechas como plataformas que servían de base a un templo, de donde se deduce que la motivación psicológica de las mismas es completamente distinta a las egipcias.

Sin embargo, la pirámide de Sakara, en Egipto –por cierto gigantesca y anterior a la *Gran Pirámide–* está hecha de plataformas (*mastabas,* nombre por el que generalmente se las conoce) y presenta así la misma forma que todas las pirámides de América.

Por otra parte, existen pirámides americanas que nunca tuvieron templo alguno en su cima, como en Tikal (Guatemala).

Hay también pirámides con función de templos funerarios, como son las de Palenque, Monte Albán, Chichén Itzá, etc., en México.

No solamente en Egipto y en América se han construido pirámides, también en la Mesopotamia están los *Zigurats,* que sirvieron de base a templos y tumbas; en Asia, las de China y Java. Todas ellas posteriores a las egipcias. En fin, las hay en casi todo el mundo ¡hasta en Roma! Se puede suponer que todas ellas fueron copiadas unas de otras debido a la influencia de unos pueblos sobre otros.

Sucede con frecuencia que al hablar en público de la *Gran Pirámide,* siempre hay alguien que pregunta sobre la relación que puede existir o que se puede establecer desde un punto de vista psicológico o religioso entre las pirámides egipcias y las de Teotihuacán o las mayas en México, las de Macchu-Picchu en Perú, etc.

Desde luego, es notorio que existe una enorme diferencia tanto en el tiempo como en la distancia, ya que las pirámides egipcias son unos 3.000 años más antiguas que las americanas, por cuya razón podría asegurarse que no es factible influencia alguna de las egipcias sobre las de América.

Sin embargo, mirando el tema desde nuestro particular punto de vista, quizá lleguemos a comprobar que las más antiguas pirámides podrían tener un origen único, a partir de una misma religión y una misma cultura, un día dispersadas por causas que todavía se ignoran.

Muchos investigadores se han preguntado, sin encontrar todavía una respuesta clara y definitiva, cuándo y de dónde llegaron los teotihuacanos, creadores de las grandes construcciones de Teotihuacán, todavía hoy existentes.

Y es que cuando los aztecas llegaron a la región, encontraron que todo aquello, antes sagrado, había sido abandonado desde mucho tiempo antes. ¿Cuál fue la razón? ¡Nadie la conoce! Los mismos interrogantes pueden plantearse respecto a los mayas, que abandonaron Chichén Itzá sin que hasta hoy se conozcan los motivos, aunque hayan muchas hipótesis que intentan explicarlo.

Al ahondar en las investigaciones suelen encontrarse antropólogos e incluso historiadores que ligan la cultura teotihuacana con la cultura de Tiahuanaco, próspera ciudad que antiguamente se hallaba a la orilla del lago Titicaca, a unos 4.000 metros de altura sobre el nivel del mar y a poco más de 500 kilómetros de Nazca, Perú (a propósito, en este lugar se encuentra la ya famosa y antigua *pista de aterrizaje de naves espaciales,* que por cierto todavía no ha recibido una clara explicación científica, muy por el contrario ha habido muchas contradicciones y dudas al respecto).

Si aceptamos aquella teoría aunque sólo sea como hipótesis y la hacemos extensiva a Nazca, resultaría que Teotihuacán, Tiahuanaco y Nazca tal vez estuvieron de alguna manera ligadas cultural y hasta racialmente.

Cuando se observa el detalle superior de la Puerta del Sol de Tiahuanaco, la primera impresión que se recibe es que se trata de un trabajo maya, tolteca o azteca. En todo caso, las variaciones podrían ser consecuencia del tiempo o de la distancia.

Cualquier explicación que se intenta parece muy difícil; en Tiahuanaco por ejemplo, se han encontrado dibujos con técnicas muy avanzadas respecto de su época.

Uno de esos dibujos enigmáticos es un *tozodon,* de cuyo esqueleto se han encontrado partes. Esos esqueletos pertenecieron a especies que vivieron hace 250,000 años, o sea cuando el ser humano aún no había aparecido sobre el planeta o al menos sin que se sepa con certeza que existiera entonces. ¿Quiénes hicieron esos dibujos que implican la presencia de seres inteligentes, poseedores de la técnica necesaria para hacer las construcciones y esculpir los dibujos en la piedra y que además conocían la existencia del *tozodon*?

Hay quienes complican más el problema sosteniendo que se ha encontrado estrecha relación entre las antiguas culturas de Abisinia, la de Tiahuanaco, la teotihuacana y la incaica. Esta teoría hasta hoy no parece haber recibido aprobación científica, sin embargo algo habrán encontrado esos investigadores para opinar así. Quizá pudiera ser un buen indicio la escritura incaica. Según los investigadores Carlos Chewander, Ernesto von Wedemayer, Francisco Valencia y otros, existen en Pantiacollo, departamento de Madre de Dios, Perú, ciertos grabados en piedra de más de 20 metros de largo por unos 2 metros de ancho. Estos grabados son de tipo jeroglífico, presentan mucha semejanza con los encontrados en Ur —ciudad bíblica de la Mesopotamia— y datan de más de 3,000 años a. C. Es decir, que coinciden con la llegada a Egipto de la primera dinastía, con el brusco despertar de los sumerios y quizá con la llegada de los mayas a Centroamérica.

En caso de confirmarse que estos signos de escritura son idénticos o muy parecidos entre sí y que formaron parte de un mismo lenguaje y de una misma cultura, significaría que esos pueblos a pesar de la enorme distancia geográfica que los separa actualmente, tuvieron su origen en un mismo tronco cultural.

Otro motivo de incógnita y de misterio son las enormes cabezas de serpientes emplumadas esculpidas en piedra, que abundan en Teotihuacán y que representan a Quetzalcóatl; otras parecidas representan a Kukulkan entre los mayas y otras también semejantes en Tiahuanaco representan quizá a Kon-Tiki.

Los tres personajes representados con las cabezas de serpiente eran entendidos como de tez blanca y muy barbados, o sea de tipo nórdico.

Por su parte los incas en Perú tenían como deidad a Viracocha, entendido igualmente como un hombre blanco y barbado.

Ahora bien, si se unen con cierta imaginación esotérica los fragmentos un tanto dispersos de muy antiguos mitos, leyendas, tradiciones religiosas, etc., con este conjunto de dioses de nombres tan dispares como Quetzalcóatl, Kukulkán, Kon-Tiki, Viracocha en América o Ra, Rama, Krishna, Osiris, etc. en Oriente, podría inducir a considerarlos como seres de una misma raza y apariencia física, que llegados del espacio exterior, visitaron todos los pueblos que en ese entonces existían. De haber ocurrido así las cosas, habría razón suficiente para que los deificaran y los perpetuaran en las religiones. Esos personajes habrían sido los maestros inspiradores de las ciclópeas construcciones más antiguas, lo que explicaría el sentido y el simbolismo astronómico de casi todas ellas.

Pero esos monumentos no fueron construidos de manera simultánea o en la misma época. De ahí quizá pueda sospecharse que fueran varias las visitas de los misteriosos viajeros de aspecto nórdico llegados del cielo.

Esto parece posible cuando se observan construcciones como la Puerta del Sol, enorme pórtico en Tiahuanaco que señala con gran exactitud fenómenos astronómicos, como son los solsticios y equinoccios, las fases lunares y el transcurso de las horas igual que lo haría un reloj de sol, además de representar el año venusino de 225 días terrestres y meses de 24 días cada uno.

El motivo de serpiente esculpido en piedra, tan frecuente en Mesoamérica, fue durante milenios un símbolo extendido a todo el mundo.

Fue edificada además con piedras tan enormes que muchos investigadores han supuesto que la construyeran gigantes, única manera de explicar el empleo y la utilización de piedras de más de veinte toneladas de peso.

El acarreo y acomodo de piedras de tanta dimensión y peso es todavía una incógnita, lo mismo en Tiahuanaco que en Stonehenge, Wiltshire (Inglaterra). Las más recientes investigaciones sugieren que estos dólmenes megalíticos tuvieron una finalidad absolutamente astronómica, por cierto de gran precisión.

El tema ha quedado envuelto en una aureola de misterio, porque llama la atención que pueblos tan antiguos y que siempre fueron juzgados como primitivos, hayan manifestado tanto conocimiento de la astronomía y un grado de aplicación de la misma tan altamente científico.

Caballero Aguila, relacionado con el Sol y con la guerra. Lo que cubre su cabeza, ¿habrá sido inspirado en algún viajero del espacio?

Arriba: *Maqueta de la construcción de Stonehenge, levantada con fines astronómicos y tal vez religiosos, atribuida a los druidas, aunque no se sabe con certeza qué pueblo la construyó.* (British Museum of London, *Inglaterra*). **Abajo:** *Estado actual de Stonehenge. Obsérvese el enorme tamaño de las piedras que fueron llevadas desde muy lejos.*

Capítulo XVIII

EL ZODIACO DEL TEMPLO DE HATHOR, EN DENDERAH

Algo sobre las constelaciones zodiacales

Antes de hablar del Zodíaco del Templo de Hathor, también llamado de Denderah, conviene mencionar aunque sea muy brevemente todo lo relativo a las constelaciones zodiacales, que ciertamente no existen en la forma física con que se las representa fuera de los medios científicos.

Observando las estrellas a simple vista, sin conocimientos previos al respecto, vemos que aparecen sin perspectiva en la bóveda celeste: no se pueden apreciar sus dimensiones reales ni mucho menos las distancias laterales ni las de profundidad, tan grandes en todos los casos que ni siquiera las podemos imaginar aunque se nos proporcionen datos y cifras.

Algunos autores han apuntado que la observación constante de la aparente e invariable posición de estos puntos luminosos en el cielo, sin distinguir distancias, sugirió a los antiguos pueblos nómadas —los cazadores e incluso los agricultores— formas imaginarias flotantes que vigilaban la vida humana, a la que castigaban o premiaban a capricho. Después se creyó que de esas tan primitivas como defectuosas observaciones nacieron las fantasías y leyendas que acabaron por atribuir poderes mágicos y divinos a ciertos supuestos agrupamientos de estrellas.

Igualmente en alas de la fantasía, se creyó ver en esos aparentes agrupamientos formas definidas, figuras tanto de animales como de

Fotografía del* ZODIACO DE DENDERAH. *En el que se observan las constelaciones zodiacales.

1. Piscis
2. Aries
3. Tauro
4. Géminis
5. Cáncer
6. Leo
7. Virgo
8. Libra
9. Escorpión
10. Sagitario
11. Capricornio
12. Acuario

seres humanos y se dice que fue así como la imaginación primitiva pobló el cielo de formas de dioses y de animales fabulosos. Este fenómeno se dio de manera especial en el caso de las constelaciones zodiacales, o sea las que se encuentran en la franja celeste correspondiente a la proyección ideal del plano de la eclíptica terrestre, franja que se conoce con el nombre de *Zodíaco,* así llamada porque los nombres dados a las constelaciones que allí se mueven son en su mayoría de animales.

En definitiva, las constelaciones zodiacales fueron en su origen figuras solamente imaginarias que servían para facilitar la identificación de las estrellas. ¿Intentaban con ello solucionar una necesidad de orientación en la navegación marítima? ¿Acaso también en la aérea? Esas observaciones fueron realizadas hace unos 14,000 años aproximadamente lo que demuestra que está equivocada la tan generalizada suposición que atribuye a los caldeos o a los sumerios, la invención de la astrología.

El Zodiaco de Denderah

El *Zodíaco de Denderah* es una enorme piedra que actualmente se encuentra a la vista en el museo del Louvre en París (Francia), a la entrada de la sala egipcia, y que sirvió de techo al templo de Hathor.

Al observarlo detenidamente se advierte que fue tallado por manos expertas y dirigido el trabajo por mentes muy avanzadas en astronomía, a juzgar por los detalles que presenta la piedra, que tiene cincelados en relieve los signos astronómicos en forma de espiral. Según los cálculos matemáticos y astronómicos realizados por los expertos, este zodíaco indica que la constelación de *Leo* aparece en el equinoccio vernal hacia el año 12,907 antes del reciente año 1953 de la era actual.

Hacia el año 484 a. C., los sacerdotes egipcios informaron a Heródoto, el llamado padre de la historia, que los textos egipcios más antiguos fueron escritos 12,000 años antes, o sea hace ahora 14,000 años. Y sucede que el zodíaco mencionado coincide curiosa y admirablemente en lo astronómico con la información dada a Heródoto por los sacerdotes egipcios.

Los cálculos han resultado bastante exactos debido a que la piedra contiene además del zodíaco, otras constelaciones y estrellas no zodiacales que han sido magníficos puntos de referencia astronómica. Así pues, aunque a esa piedra se la siga llamando *Zodíaco,* en realidad es un plano astronómico correspondiente al hemisferio Norte, lo cual complica mucho las ideas, pues no hay manera de entender cómo pudo realizarse esa labor tan compleja hace 14,000 años aproximadamente.

Ahora bien, nosotros entendemos que un trabajo tan pulcro y preciso como el efectuado en dicha piedra no pudo haber sido hecho hace 14,000 años o más sino por gentes de una cultura muy elevada, pues según lo que hasta hoy se sabe, en ninguna parte del mundo existían ni las herramientas ni la tecnología indispensables entonces para poder simbolizar con dibujos de animales y de seres humanos la situación en que se encontraban en el cielo los agrupamientos de estrellas.

Hay autores que afirman que dicha piedra no es de Egipto y que seguramente fue llevada desde muy lejos. ¿Desde dónde fue arrancada y de qué medios se valieron para transportarla hasta Hathor, en Egipto?

Como se podrá comprobar, el *Zodíaco de Denderah,* la *Gran Esfinge* y la *Gran Pirámide,* correspondientes las tres a la época más antigua de Egipto, forman un complejo y admirable sistema astronómico-geométrico-simbólico, al que hasta hoy se había prestado ninguna atención. Y, sin embargo, la *Gran Pirámide,* tan majestuosa en su construcción como profunda en la ciencia astronómica coincide con los conocimientos igualmente astronómicos que aparecen en la enorme piedra de Denderah.

¿Qué pueblo concibió y realizó el Zodíaco de Denderah?

Quizá resulte importante saber que la observación de las constelaciones zodiacales solamente pudo efectuarse de manera natural y fácil desde el hemisferio Norte, particularmente hacia el paralelo 45 norte, que precisamente en esa época estaba cubierto de pantanos y estepas. Por consiguiente, si alguna vez existió una cultura semejante a la actual debió desarrollarse hacia el sur del paralelo 45 norte, y cuanto más hacia el Ecuador la situemos, más difícil resultaría la observación zodiacal.

Tal sería el caso de Sumeria, que para poder efectuar un estudio tan particular y detallado se encontraba muy hacia el Ecuador. No se han encontrado huellas de elevada cultura en época tan temprana en región alguna sobre la línea del Ecuador, ni hacia el hemisferio Sur. A este respecto obsérvese que el cultivo de la tierra comenzó, según la opinión más generalizada, hace 12,000-15,000 años, o sea durante la *Era de Leo,* en la que el nivel científico era francamente bajo.

Entre los paralelos 43 y 44 norte, encontramos la provincia de Santander (España), donde hay varias cuevas con claros vestigios de culturas correspondientes a unos 12,000 años atrás. Particularmente la cueva de Altamira es muy importante por las figuras de animales y seres humanos magistralmente trazados sobre la roca.

¿Qué fue del pueblo que trazó dibujos tan interesantes? ¡Nada se sabe al respecto! Si se sucedieron las generaciones en la región fue sin dejar ninguna otra huella de su existencia. Cabe pensar que se tratara de muy reducidos grupos que estuvieron solamente de paso, mientras emigraban hacia tierras menos frías. En todo caso, esa cultura no pudo haber ideado ni mucho menos tallado el *Zodíaco de Denderah.* Entonces la humanidad vivía en el período paleolítico secundario y por lo tanto aún no se conocían los metales. En esas condiciones era prácticamente imposible realizar un trabajo de tan alta tecnología.

En conclusión, podría decirse o que existió una cultura muy superior de la que lamentablemente nada se sabe o que desde el espacio exterior vinieron seres inteligentes que esculpieron esa piedra para dejar clara huella de su visita.

En fin, por el camino de lo hipotético se puede llegar muy lejos y hasta quizá perderse, sin embargo, puesto que el zodíaco existe, lo entendamos o no, algo querrá decir a nuestra conciencia. Conviene entonces ver el asunto con sentido crítico y mente abierta.

Sistemas calendáricos americanos

Al hablar de las edades registradas en el *Zodíaco de Denderah*, conviene recordar que en América fueron los mayas los primeros en desarrollar un sistema calendárico capaz de prever con mucha antelación y acercamiento a la realidad visual los acontecimientos naturales, o si se prefiere, de conocer por anticipado el futuro. En cierto modo, esto debió dar a los sacerdotes astrónomos una aureola profética a la vez que fomentaba una mentalidad y una tendencia fatalista en el pueblo. En efecto, al no poder evitar los acontecimientos todo quedaba sometido a la voluntad de los dioses considerados como causantes directos de todos los fenómenos de tipo cíclico, tanto favorables –las buenas cosechas por ejemplo– como desfavorables –las sequías u otro cualquier desastre–.

La afición a querer conocer por anticipado lo que ocurriría en el futuro seguramente partió del recuerdo vivo, consignado en las tradiciones, de algo catastrófico y muy doloroso acaecido en el pasado lejano. Esto puede apreciarse con facilidad tanto en el *Popol Vuh*, como en el *Chilam Balam* de los mayas o en el *Zodíaco de Denderah* de los egipcios.

En todos pareciera existir un casi idéntico sentimiento de tragedia.

Sin duda todo partió de una misma y muy amarga experiencia en el pasado, que impulsaba a los mayas a querer conocer el porvenir, ya que de esa manera estarían mejor preparados comenzando por halagar con ofrendas a los dioses ancestrales.

En función de esta manera de pensar tuvieron pasión por fechar todos los acontecimientos que revistieran alguna importancia para ellos. En primer lugar, los fenómenos naturales que de alguna manera hubieran afectado su vida, pues creían que todo acontecimiento sucedido fatalmente volvería a repetirse, como el día y la noche, las estaciones del año, la aparición del sol, de la luna, de las estrellas, de los eclipses y –muy importante– el período cíclico undecimal de actividad solar (que es una pulsación rítmica de la energía solar que afecta a la forma de la «corona solar», más conocido actualmente como «mareas solares»), cuyos efectos sobre la mente del hombre –según los mayas– eran más notables cada 22-23 años, hasta el punto de que ellos temían a ese ciclo, al que llamaron *nefasto*.

¿Cómo adquirieron tales conocimientos? ¡Es todavía un misterio! Algo más se podrá saber si se comprueba que desarrollaron su cultura en otro sitio, muchos siglos antes de su llegada a Centroamérica.

Y bien, pensando ahora como los mayas y otros pueblos de su misma epoca, se podría generalizar diciendo que si en el universo todo se mueve a ritmo cíclico, ¿por qué los cataclismos no habrían de obedecer a esa misma ley? ¿por qué los desastres de origen cósmico, sucedidos en la tierra, no habrían de repetirse?

El problema quizá no reside tanto en confirmar que ciertos cataclismos y desastres han sido periódicos, cuanto en identificar las causas que los han producido para luego intentar determinar aproximadamente las fechas de una probable repetición en el cercano futuro.

En este aspecto se puede afirmar que la *Gran Pirámide* y la *Gran Esfinge,* combinados sus símbolos, resultan un buen auxiliar para despejar incógnitas.

Capítulo XIX

UN RELOJ COSMICO INALTERABLE. LAS ERAS Y LAS EDADES

¿Se inició lo que hoy se conoce como astrología por mero sentimiento religioso primitivo o por una necesidad y deliberada intención científica? ¿Es posible aceptar, siquiera hipotéticamente, que tal cosa haya podido suceder hace más de 6,000 años y, más aún, hace 9,000 o 12,000 años?

Aceptar sin más investigación que la astrología empezó en los sumerios y que luego fue continuada y desarrollada por los caldeos, asirios, etc. –que es la opinión más generalizada–, significa que no se está partiendo del origen mismo, sino de un tiempo intermedio, y hasta quizá de un momento ya decadente de la propia astrología. Algunas rápidas consideraciones parecen demostrarlo: por ejemplo, que el país de Sumer se encontraba demasiado hacia el sur como para poder observar completamente todas las constelaciones zodiacales.

Por otra parte, si la astrología nació como religión o dentro de alguna religión hoy desconocida, entonces igualmente se les habría concedido valor religioso a otras muchas constelaciones y, sobre todo, a otras estrellas que por encontrarse situadas en el hemisferio celeste más hacia el sur terrestre, estaban a mejor alcance de la observación visual de los sumerios.

Estas consideraciones sugieren que el estudio y conocimiento de las constelaciones zodiacales tuvo su origen en observaciones realizadas necesariamente en puntos geográficos mucho más hacia el norte de donde se encontraba el país de Sumer o de los asirios o caldeos.

Pero es que además hay que tener en cuenta que este estudio siempre tuvo una intención científico-astronómica de primer orden, y la realidad es que ni los sumerios ni otro pueblo de la Mesopotamia se encontraban en condiciones de hacerlo. Como luego se verá, tampoco los egipcios pudieron haber dado principio a ese trabajo.

Normalmente se piensa que en aquella época la vida humana, hablando en términos generales, era todavía un tanto primitiva y que el hombre se enfrentaba a los fenómenos naturales simplemente lamentándose o agradeciendo, pero sin entenderlos. Por esta razón las estrellas y las constelaciones zodiacales llamaron su atención, considerándolas como dioses en movimiento, causantes de los fenómenos naturales específicamente repetitivos. Posteriormente las observaciones zodiacales obedecieron más que a una abstracta y primitiva concepción religiosa a la imperiosa necesidad de encontrar un medio que permitiera señalar, si no fechas precisas, al menos épocas. De ahí resultaría que las constelaciones zodiacales habrían pasado a convertirse en un *calendario-reloj cósmico inalterable,* que además de señalar edades en la infinitud del tiempo, permitían señalar acontecimientos de trascendencia especialmente de origen astronómico o planetario.

* * *

La ilustración que aparece en la página siguiente, muestra la forma gráfica que la astrología usó tradicionalmente desde muy antiguo para representar las constelaciones zodiacales.

Como ya se dijo, se trata de un círculo dividido en 12 partes iguales, división arbitraria si se la juzga desde el punto de vista astronómico, pues la vigencia de cada constelación no es ni puede ser uniforme, debido a que las más extendidas, como *Escorpión, Virgo,* etc., invaden áreas correspondientes a constelaciones vecinas. Análogamente, las hay tan reducidas, que no llenan su propia área, como son *Cáncer, Libra,* etc. Esto hace que cada una tenga su propia longitud en grados y su propia duración en tiempo, lo que en varios de los casos hace imposible una perfecta, clara y definida separación para establecer exactamente el principio y fin de cada una. Así también,

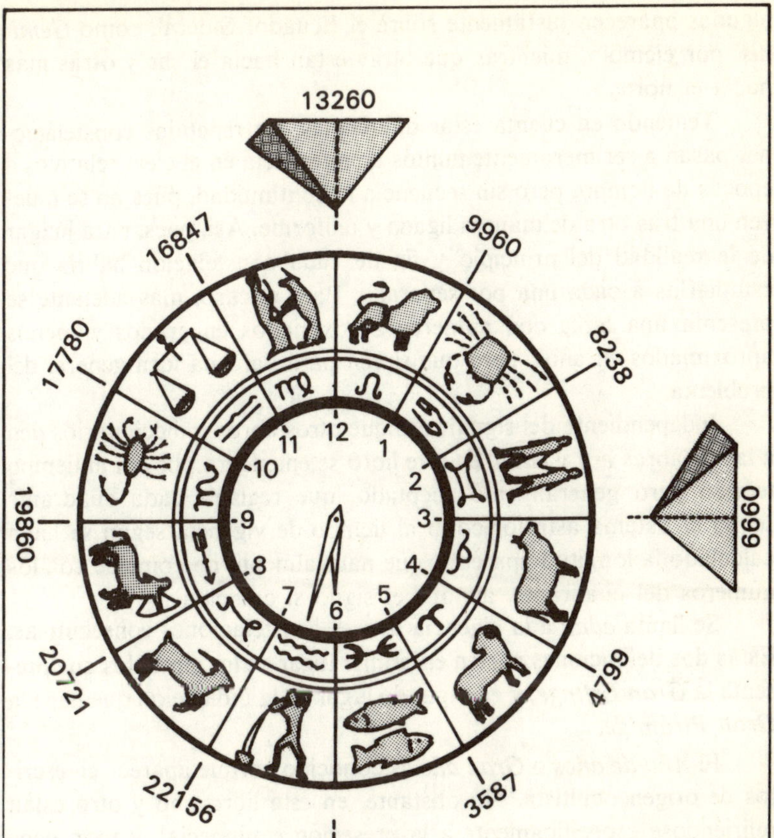

Las constelaciones zodiacales quizá sirvan para fijar fechas aproximadas acerca de acontecimientos de origen cósmico sucedidos a lo largo de 26,000 años, susceptibles de repetición en nuestro tiempo.

algunas aparecen justamente sobre el Ecuador Sideral, como *Géminis*, por ejemplo, mientras que otras están hacia el sur y otras más hacia el norte.

Teniendo en cuenta estas diferencias, las repetidas constelaciones pasan a ser meramente puntos de referencia en el cielo relativos a épocas de tiempo, pero sin secuencia ni continuidad, pues no se mueven una tras otra de manera ligada y uniforme. Así, pues, para juzgar de la realidad del principio y fin de cada constelación habría que estudiarlas a cada una por separado. Para el caso, más adelante se presenta una tabla con números aproximados en grados y menos aproximados en años, pero que sirven para dar una idea general del problema.

Independiente del significado que otros libros y diccionarios den a las palabras *era* y *edad,* en este libro se entenderá por *era* al tiempo teórico pero generalmente aceptado, que registra cada cuadrante según el sistema astrológico, o al tiempo de vigencia según se haya calculado la longitud aparente, que naturalmente no coincide con los números del cuadrante, aunque el signo sí coincida.

Se llama *edad* a la vigencia de tres constelaciones consecutivas. Estas dos definiciones parten en primer lugar de los símbolos que presenta la *Gran Esfinge,* y en segundo lugar de la indicación que hace la *Gran Pirámide.*

El *Año de años* o *Gran año* es conocido porque aparece en escritos de origen ocultista. No obstante, en este libro uno y otro están refiriéndose específicamente a la preseción equinoccial, y todo hace pensar que hace mucho más de 6,000 años este fenómeno ya era conocido. ¿Cómo y cuándo supieron lo relativo al movimiento equinoccial en su totalidad?

Véase este asunto, aunque sólo sea a muy grandes rasgos: para que una constelación sea vista en el mismo sitio del espacio (relativo) en que antes fue observada, preferentemente desde el hemisferio norte, se requieren cerca de 26,000 años.

La precesión equinoccial o *Gran año* se debe a que el eje polar tiene un movimiento oscilatorio, como si su extremo sur estuviera fijo en un punto y su extremo norte estuviera describiendo una circunferencia en el espacio, produciéndose un movimiento de balanceo, de modo que, para volver el eje a un punto antes tocado, necesita 25,827 años (teóricamente muy aproximados). Sin embargo, no se repite ninguno de los doce signos, aunque cada estrella conserva su particular movimiento, que hace que las figuras vayan cambiando de forma a lo largo del tiempo.

Para mejor comprender lo expuesto, al final de este capítulo aparece un cuadro sinóptico que permitirá al lector distinguir con facilidad y aceptable aproximación la real extensión aparente de cada

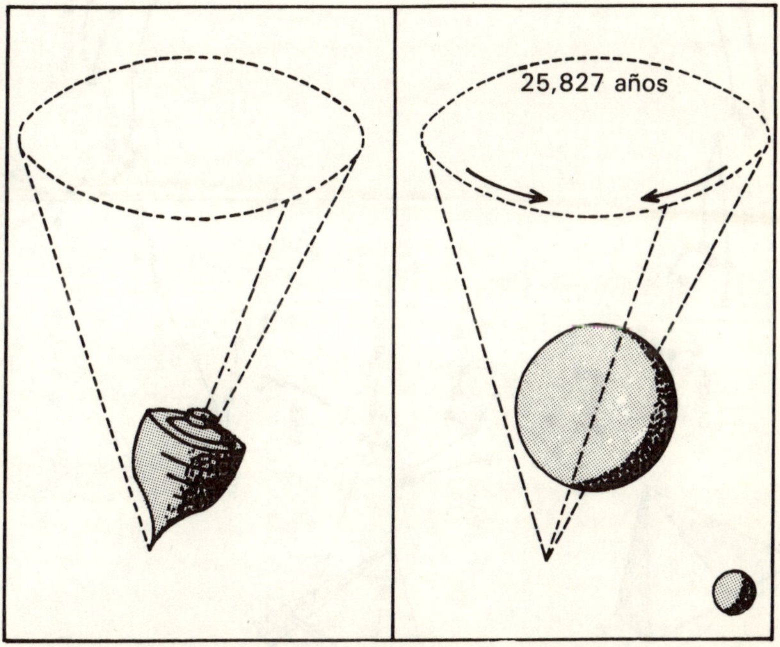

Cuando una peonza pierde velocidad, adquiere un movimiento de balanceo que obliga a su eje a describir en el espacio una circunferencia. Este movimiento, igual al de la Tierra, se llama precesión equinoccial, *o* año de años, *y tarda en cada retorno a un mismo punto 25,827 años aproximadamente. Este dato aparece claramente anotado en el interior de la* Gran Pirámide.

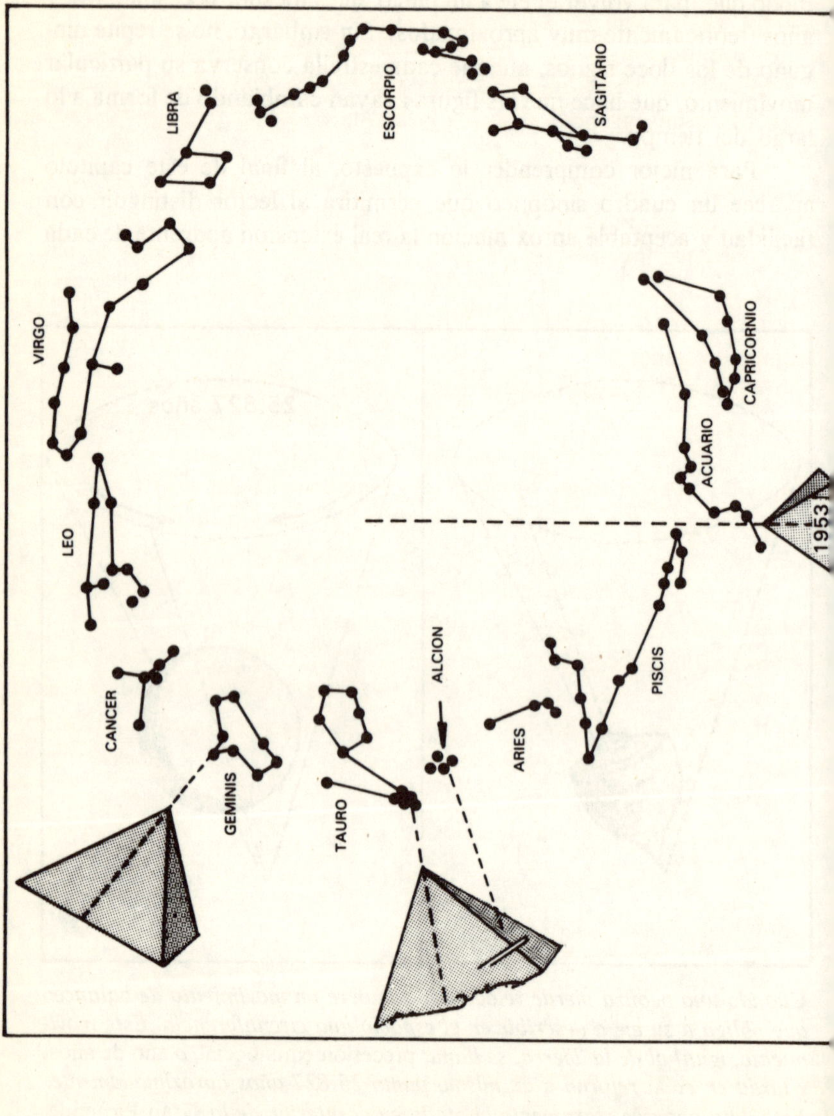
LIBRA
ESCORPIO
SAGITARIO
VIRGO
CAPRICORNIO
ACUARIO
LEO
1953
ALCION
PISCIS
CANCER
GEMINIS
TAURO
ARIES

constelación y de cada *edad,* tanto en grados sobre el ecuador celeste, como las respectivas vigencias en años.

Las diferencias que aparecen en grados y años se deben a la diferencia de extensión de las constelaciones, además de que en algunos casos hay grandes espacios vacíos que sólo fueron considerados en la *Edad de Leo,* porque esa constelación está muy claramente simbolizada en la *Gran Esfinge.* En las otras edades los espacios vacíos fueron promediados o no se tuvieron en cuenta. Asimismo, no se consideraron ni las fracciones de grado ni las fracciones de año, todo lo cual, como es natural, produce diferencias. Pero, en todo caso, son tan insignificantes dentro del tema, que en nada afectan al concepto general.

El zodíaco, que aparece con un reloj en el centro, fue acomodado a las fechas del cuadro sinóptico, y por ello no son las mismas que daría un zodíaco astrológico. Se ha hecho así, para que al considerarse como *Reloj cósmico* se noten las coincidencias que puede haber en el tiempo con acontecimientos terrestres ya sean los que en este libro se mencionan o los que el lector investigue por sí mismo.

Como fácilmente puede apreciarse en esta tabla comparativa, existe una notable diferencia en la extensión de unas a otras constelaciones, con la consiguiente diferencia de duración en años. No obstante, esta realidad astronómica no se toma en consideración cuando se divide el ecuador celeste en 12 partes iguales, que es como acostumbra a hacerlo la astrología para calcular *grosso modo* cuándo estuvo vigente la constelación de que se trate.

ste mapa zodiacal tiene por objeto mostrar gráficamente la spectiva extensión astronómica de cada constelación zodial. Algunas de ellas son tan alargadas, que invaden el área cina, impidiendo una secuencia uniforme.

Edades	*Constelaciones*	*Grados de extensión*	*Años de vigencia*
	Piscis	50º	3.587
TAURO	Aries	17º	1.212
	Tauro	26º	1.861
		93º	6.660
	Géminis	22º	1.578
	Espacio vacío	12º	861
LEO	Cáncer	12º	861
	Espacio vacío	14º	1.004
	Leo	32º	2.296
		92º	6.600
	Virgo	50º	3.587
ESCORPIO	Libra	13º	933
	Escorpio	29º	2.080
		92º	6.600
	Sagitario	12º	861
ACUARIO	Capricornio	20º	1.435
	Acuario	34º	2.439
		66º	4.735
	SUMAS	343º	24.595
	DIFERENCIAS	17º	1.232
		360º	25.827

Segunda parte

Capítulo XX

CATACLISMOS EN LA TIERRA

Que hubieron muchos cataclismos en la Tierra a lo largo de los milenios es harto sabido. Existen huellas diversas, algunas muy visibles, como por ejemplo el estrecho de Bering que sugiere una brusca fractura entre los continentes.

El estrecho de Gibraltar sugiere exactamente el mismo fenómeno y otro tanto se puede decir del Mar Rojo, ya que la región del Sinaí –por donde anduvo Moisés– corresponde a la misma formación geológica en ambas orillas.

Hay todavía otras huellas en las tradiciones y leyendas de origen ocultista que hablan de hundimientos gigantescos como por ejemplo, el *continente de Mu* en el océano Pacífico, o una gran isla que se cree estuvo en el océano Indico. También figura en esas tradiciones *Atlántida,* porción de tierra que se cree que estuvo alguna vez en el Atlántico, cerca de donde éste se encuentra con el mar Caribe, sitio en donde habría existido una importante cultura de la que se han ido encontrando más y más huellas en el fondo del mar Atlántico, pese a negarse repetidamente su existencia.

Hoy, cada vez con mayor frecuencia, se repite que *Atlántida* existió en realidad y precisamente en la región que ha sido señalada con el nombre de *Triángulo de las Bermudas*. Las cosas han llegado al punto de que en los días en que este libro se estaba preparando también se estaba organizando una importante expedición submarina para investigar unas pirámides que alguien descubrió en el fondo del mismo océano.

Las escuelas ocultistas mencionan también el continente de *Ra,* que se cree formaba parte del continente europeo, tal vez como península o como prolongación del mismo. Parece que se hundió, originando lo que hoy es el mar Mediterráneo, del fondo del cual han sido sacados en distintas ocasiones objetos que no corresponden a cualquiera de las culturas hasta hoy conocidas.

Hasta el presente se ignora si los cataclismos conocidos y estudiados, incluso las glaciaciones, han sido de repetición periódica.

Hace unos 25,000 años hubo un período glacial en el que los hielos llegaron hasta el paralelo 60 norte y las estepas inhabitables llegaban aproximadamente hasta el paralelo 50 o quizá 45 norte. Estas estepas pantanosas y semiheladas cubrían toda Francia hasta muy cerca del mar Mediterráneo. Naturalmente otro tanto sucedía en Asia y en América, pues casi todo Canadá y los Estados Unidos hasta muy cerca del Mississippi eran igualmente estepas heladas y por ello deshabitadas. Asia, toda Rusia y buena parte del norte de China eran también regiones inhóspitas.

Pues bien, a pesar de esto recientemente se ha encontrado nada menos que en Siberia, un poblado —o ciudad, como la llamaron los medios informativos— cuya existencia activa se ha hecho remontar a unos 35,000 años. Esto significaría que el ser humano vivió antes del comienzo de la glaciación susodicha. En tal caso debió sufrir ese gigantesco problema, sin que se sepa qué por ciento de seres sucumbió: lo único que sabemos es que mucho después reaparece el hombre nuevamente como cazador primitivo y recolector de frutos silvestres.

Tampoco se sabe con certeza si las fracturas de la corteza terrestre, lo mismo que el hundimiento de penínsulas, islas o continentes, ocurrió alguna vez de manera simultánea o si la desaparición de cada uno de ellos sucedió de manera independiente, en tiempos y por razones diversas sin conexión de unas con otros.

En cualquiera de estos casos, para producirse tales fracturas de tierra o esos gigantescos hundimientos, tuvieron que intervenir muy poderosas fuerzas de la naturaleza, que quizá estén en estrecha relación con ciertas teorías astronómicas modernas que hablan de cómo probablemente se formó la Tierra.

De esas teorías, la que parece haber recibido mayor aceptación es la propuesta por Jaens y Jeffreys. Sugiere la misma que el origen de todos los planetas de nuestro sistema solar se debió al desprendimiento de materia solar, a consecuencia del paso de una estrella, hasta hoy todavía desconocida, por las cercanías del Sol. Dicho fenómeno habría provocado tremendas mareas en la masa solar, mareas luego convertidas en enormes protuberancias que se fueron alargando hasta la estrella visitante, acabando por desprenderse del Sol, para luego ir adquiriendo su órbita propia e irse condensando en partes desiguales. Una de ellas sería la Tierra que, como gota ígnea, comenzó a girar sobre su eje y en órbita alrededor del Sol. De igual manera se habrían originado los otros planetas de nuestro sistema solar.

A esta teoría se le ha concedido validez científica, porque se funda en observaciones de universos en los que se observa un similar fenómeno: aparecen en el espacio, claramente visibles, masas alargadas como nubes proyectadas por evolución nebular, con la apariencia de nubes en forma de llama de una vela o de un huso que empieza a girar sobre su propio eje, adquiriendo después forma espiral.

Quienes más saben de estas cosas del cielo oponen fuertes objeciones. No obstante, mientras no aparezca una teoría mejor, ésta es la más aceptada, al menos por el momento. Pero es que además ésta teoría plantea una cuestión estrechamente relacionada con el tema de este libro, pues si ya una vez pasó una estrella por las cercanías de nuestro Sol para arrancarle parte de su masa, seguramente ha vuelto o volverá a pasar otras veces sin que podamos imaginar la frecuencia. En efecto, las estrellas no se desplazan en línea recta en eterno alejamiento hacia el infinito, sino que todas viajan en forma parabólica describiendo una órbita alrededor de su propio centro de gravitación, en cuyo caso uno o más planetas pudieron haber nacido en cada acercamiento.

Es posible que el centro de gravitación de la estrella aludida se desplace de manera divergente a nuestro Sol. Ello habría dado como resultado un menor acercamiento en cada visita y, como consecuencia, efectos subsidiarios también menores.

Volviendo a la teoría del nacimiento de la Tierra, supongamos

Esta nebulosa sugiere el comienzo del aglutinamiento nebular, así como el principio del movimiento giratorio alrededor de un centro gravitatorio, que con el tiempo la transformará en una espiral semejante a la Vía Láctea. La ilustración se utiliza exclusivamente con el fin de dar una idea gráfica relacionada con la teoría que en este libro se ha mencionado.

que ya estuvieran formados los planetas o por lo menos el nuestro, que es el que más nos interesa: ¿qué habrá sucedido en cada uno de los acercamientos? ¡Seguramente cataclismos de dimensiones todavía desconocidas!

Es obvio que si un cuerpo estelar pudo producir grandes mareas en la masa solar y gigantescas protuberancias en el Sol, hasta el punto de arrancarle parte importante de su masa, igual pudo modificar a los planetas, producir –entre otros cambios posibles, tal vez el menos peligroso– la variación de la inclinación del eje polar terrestre. Según Wegener, ésta habría sido la causa de las cuatro glaciaciones conocidas, esto es, las llamadas *Eras glaciales.*

Hay científicos que niegan rotundamente que alguna vez el eje polar haya tenido otra inclinación que la que hoy se le conoce. Pero también los hay, muy importantes y serios, que afirman justamente lo contrario. Incluso llegan a proponer la teoría de que en el transcurso de los 4,500 millones de años que tiene de existencia el planeta Tierra, éste ha cambiado la inclinación de su eje de rotación hasta alcanzar los 90°, pero que eso ha sucedido muy lentamente en algunos lapsos, mientras que otras veces pudo ocurrir por un salto brusco para volver luego al movimiento lento. En cada uno de esos saltos bruscos, como es fácil de imaginar, se produjeron uno o varios cataclismos de dimensiones y trascendencia colosales, determinando en cada caso cambios fundamentales en todas las manifestaciones de la vida.

Uno de los más recientes saltos, según teóricos modernos, ocurrió entre los 6,000 y 7,000 años, coincidiendo esta teoría moderna con el número 666 señalado en la *Cámara de las reflexiones,* así como con el número astronómico 6,660 a que alude el eje-meridiano de la *Gran Pirámide* y a la vez con la línea cronológico-profética y con el símbolo *Tauro* de la *Gran Esfinge.* Evidentemente algo importante sucedió hace 6,660 años aproximadamente, ya no sólo por lo que sugieren Esfinge y Pirámide, sino por lo que dicen ciertas teorías modernas totalmente ajenas a lo egipcio.

Parece ser que la Tierra no gira sobre su eje de manera suave como lo haría un giróscopo bien lubricado, sino que tiene constantes variaciones debidas a múltiples causas. Algunas de ellas –las más visibles– son las atracciones lunares, que producen las mareas en el exterior y el movimiento no menos importante del magma en el interior.

Otro motivo es la acumulación de hielos polares y el descomunal peso de las cadenas de montañas. Las variaciones susodichas son consecuencia de que no exista sobre la superficie una distribución equilibrada de volúmenes y pesos estables.

Según el científico Runcorn, al cambiar el eje polar de sitio no ha cambiado la posición del mundo: sólo ha variado el giro; mecánica muy difícil de entender a nivel profano, aunque se comprende que si eso ha sucedido a saltos debe de haber producido catastróficos resultados en cada uno de ellos.

Según algunos autores, lo dicho es perfectamente posible dentro de la mecánica celeste. Esto vendría a apoyar la teoría del deslizamiento de los continentes y, como natural consecuencia, el choque brusco de los continentes a muy elevadas presiones contra las placas submarinas en todos los mares. Tales placas son mucho más delgadas que la corteza terrestre en «tierra firme», o sea fuera del mar, lo que hace posible una constante redistribución de los pesos y volúmenes en la superficie terrestre. Dos de esos grandes pesos que existen de manera excéntrica respecto del eje polar, son los hielos en ambos polos, a los que se culpa de los desequilibrios mencionados, puesto que los hielos no tienen la consistencia, cohesión y firmeza de las rocas de «tierra firme».

En el caso de los deslizamientos de cadenas de montañas hay choques que sentimos como terremotos más o menos soportables. En el caso de los hielos polares se producen fracturas de hielos que, flotantes y de diversos tamaños, entran en las corrientes marinas alterando el clima por donde van pasando, hasta el punto de que en algunos casos se puede hablar de *diluvio.*

Si se acepta como real esta mecánica del mundo implícitamente queda explicada la fractura de los continentes, comentada al principio de este capítulo y, a la vez queda sugerido el porqué y el cómo del hundimiento de porciones de tierra como el tan negado *continente de Mu* y la *Atlántida,* desaparecida más recientemente.

Como es natural ha habido quienes se han opuesto a estas hipótesis y teorías. Alguno de ellos niega toda probabilidad de que la excesiva acumulación de hielo en las regiones polares pueda producir semejantes desequilibrios. Así pues, será el tiempo quien dirá la última palabra.

Algunos autores modernos coinciden en que en los últimos 100,000 años ha habido por lo menos tres de estos cataclismos, el más reciente de los cuales y a la vez el mayor, habría que situarlo hace 15 o 16,000 años. Ahora bien esta fecha coincide con el principio de la constelación zodiacal de *Virgo,* que aparece simbolizada en la cabeza de la *Gran Esfinge,* señalada astronómicamente por el eje meridiano de la *Gran Pirámide* y contenida en el *Zodíaco de Denderah.* Todo esto coincide, además con los documentos de una antigüedad superior a 12,000 años que los sacerdotes egipcios poseían, según afirmaron a Heródoto.

Otra hipótesis científica dice que la propia fuerza físico-magnética de la Tierra es la que permite el equilibrio al hacer que los hielos polares se mantengan compactos. Según esta hipótesis, el Sol, en su viaje sideral obligado por el movimiento de la galaxia a la que pertenecemos, hace que los planetas de su sistema –entre ellos la Tierra– crucen periódicamente por una amplia zona *no magnética* (carente o escasa de energía). Naturalmente ello originaría fenómenos diversos, entre otros el que los hielos pierdan su cohesión y se fraccionen primero, licuándose después, lo que en cada caso haría crecer enormemente los mares que invadirían en consecuencia grandes extensiones costeras.

Esta hipótesis, sin ser precisamente la misma, nos recuerda la de Paul Otto Hesse que aparece en el libro *Dramáticas Profecías de la Gran Pirámide.*

Por el momento lo importante es que dichas zonas *no magnéticas,* en caso de existir, deben encontrarse distribuidas en el espacio de tal manera, que hacen que el fenómeno aparezca en la Tierra de forma periódica. Pero lo más emocionante es que el paso por dicha zona *no magnética* ocurrirá entre los próximos 20 y 200 años.

Opinamos que lo más probable es que dicho paso ocurra en los primeros 20 años, principalmente debido a que hacia el próximo año 1999 y el año 2000 (5 de mayo del año 2000), habrá un relativo alineamiento, no muy riguroso, de los planetas Mercurio, Venus, Marte, Júpiter y Saturno, todos ellos a un lado del sol y casi en oposición con la Tierra, naturalmente con la Luna y con Neptuno, Urano y Plutón.

Para algunos autores, este fenómeno astronómico es inquietante, pues suponen que producirá tremendas atracciones al estar la Tierra en el centro de la alineación magnética. Llegan a suponer que podría producirse un gigantesco cataclismo mundial.

A pesar de las probabilidades que pueda haber a este respecto es de notar que estos fenómenos astronómicos —como el que ocurrió en el año 1985 y otro hacia el año 2000— han ocurrido ya innumerables veces a lo largo de la vida del mundo y a lo largo de la historia de la humanidad. Sin embargo, nuestro planeta ha seguido rodando, aunque a veces dando tumbos. ¿Por qué habrá de ser distinto en nuestro cercano futuro? A esta proposición hay quienes contestan con un refrán popular que dice: *tanto va el cántaro al pozo, que acaba quedándose dentro, sobre todo, cuando la cuerda ya está podrida.*

Como quiera que sea, está fuera de discusión que ha habido varios cataclismos más o menos importantes y que todos ellos han obedecido a leyes naturales, inviolables, pero susceptibles de predecir cuando se encuentre el método adecuado. Para entender mejor esto, se pueden poner algunos ejemplos: si comparamos el tamaño de la Tierra con uno de esos globos de colores que venden en los parques para los niños —y conservando las respectivas proporciones de tamaño y peso— encontraremos que la corteza terrestre es más delgada que la goma que da forma al globo... y ya conocemos la facilidad con que revientan estos juguetes, produciendo una explosión al escapar el aire o gas con que fueron inflados.

Pues bien, en la Tierra la explosión la producen los volcanes al dejar escapar las altas presiones internas. Nuestro planeta es tan endeble en el concierto universal como el globo en la atmósfera terrestre.

La corteza terrestre es lo suficientemente sólida como para resistir la caída de meteoritos de cierto peso y tamaño, pero no lo es para recibir el impacto de un asteroide de grandes dimensiones, cuyo choque produciría seguramente una gran catástrofe.

Por otra parte, la probabilidad de uno de estos choques no es precisamente imposible o improbable, pues recuérdese que, en el mes de octubre del año 1937, nuestro planeta estuvo a punto de chocar con un planetoide: no sucedió tan sólo por cinco horas y media de diferencia en las respectivas trayectorias. A menor tiempo de diferencia, mayores probabilidades de un encuentro sumamente peligroso.

La ciencia moderna nos va acercando cada día más a realidades que antes eran por completo desconocidas. El físico ruso Veltkovsky afirmó hace poco tiempo en conferencias públicas, que la Tierra estuvo varias veces expuesta a chocar con Marte y en otra ocasión con Venus —aunque de esto hace ya varios milenios—, debido a variaciones en las respectivas órbitas. Tales variaciones produjeron naturalmente en el planeta Tierra gigantescos cataclismos, que explican muchos fenómenos terrestres, como son los deslizamientos y hundimientos de islas y hasta continentes, el derrumbe de montañas y la brusca formación de otras, el estallido de todas las presiones internas del globo terráqueo y, como es lógico suponer, la muerte en gran escala de todas las especies vivientes, incluido el ser humano, cualquiera que fuese el grado de evolución en que se encontrara. En efecto, algunos de los casos citados ocurrieron cuando el ser humano ya existía, razón por la cual muchos de esos desastres quedaron grabados en el alma y en la memoria del hombre, quien los señaló en diversos tipos de obras, que después fueron considerados mitos y leyendas.

Todo esto choca bruscamente con nuestros conceptos habituales, productos de una rígida formación mental dentro de determinado medio. Creemos a pies juntillas en la absoluta solidez e inmovilidad del suelo que pisamos, porque nuestra particular fragilidad y diminuto tamaño físico humano, en comparación con las montañas que nos rodean y la inmensidad de los mares, así nos hace pensar.

Analicemos otras cuestiones. Por cada 33 metros de profundidad (promedio aproximado para todo el mundo) aumenta la temperatura geotérmica en un grado centígrado. La corteza terrestre tiene un espesor medio de unos 60 kilómetros o sea, la centésima parte del radio polar. Pero después de este límite teórico, la temperatura sigue aumentando y se ha calculado que a los 100 kilómetros de profundidad la misma tal vez sea de más de 3,000 grados centígrados. No existe ningún material conocido que resista tan elevada temperatura sin licuarse y en la mayor parte de ellos sin convertirse en gas. Esto implica que las primeras capas concéntricas en que descansa la frágil parte sólida o semisólida de la corteza terrestre, está flotando sobre gas y éste –a muy elevada temperatura y presión– está recubriendo el magma, o sea la materia líquida candente.

El magma, en su parte más alejada del centro de la Tierra y por ello, a menor presión, probablemente sea un material pastoso, pero lo suficientemente dúctil o semilíquido como para obedecer en su movimiento a las atracciones estelares, lunares en particular y planetarias en general, exactamente como sucede normalmente con el agua en los mares y lagos. Como es natural, deben producirse variaciones en el planeta aunque no las sintamos, y de hecho ocurren diariamente en gran cantidad.

Así pues, teniendo en cuenta que estamos flotando en gas o en un líquido más o menos pastoso, pero siempre candente, a unos 3,000 grados centígrados de temperatura mínima, es lógico que ocurran deslizamientos, acomodamientos en las diversas capas concéntricas, que luego repercuten en la superficie como sismos, algunos muy ligeros y hasta imperceptibles, otros alarmantes y catastróficos: por ejemplo, el terremoto de Mesina, el no menos destructor de la Lisboa antigua y más recientemente, en el año 1883, la explosión del volcán Krakatoa, isla del estrecho de la Sonda en el océano Pacífico.

Estos terremotos, sin ser los únicos de los que se puede hablar, parecen haber obedecido a atracciones estelares. El Krakatoa por ejemplo, produjo ondas sísmicas que fueron registradas a grandes distancias y los elevados oleajes llegaron a todos los puertos de mar del océano Pacífico hasta el cabo Horn, casi en la Antártida. La humanidad esos días se alarmó y algunas personas de mentalidad sumamente religiosa aseguraban que había llegado el fin del mundo. Fue entonces cuando el famoso astrónomo francés, Camino Flammarión, explicó el fenómeno y le creyeran o no, lo cierto es que los mares regresaron a su normalidad.

¿Qué es lo que sucede en esos casos? Pues que se produce un rápido reajuste de tensiones internas, por lo general rebasando enormemente el límite de la elasticidad de las capas afectadas, que acaban por quebrarse, liberando bruscamente toda la energía acumulada. El fenómeno se manifiesta en forma de sacudida, es decir, terremoto, tan violento en algunos casos, que destruye islas enteras o devasta regiones, como sucedió con el Paricutín, en Michoacán (México), dejando siempre como huella final millones de toneladas de roca y ceniza volcánica y grietas por donde suelen escapar vapores de agua y gases. La Tierra ofrece a la vista muchas de estas cicatrices, efecto de antiguas resquebrajaduras, llamadas *fallas* del terreno, que aparece fragmentado profundamente y de manera irregular.

Cuando las sacudidas ocurren en el mar —maremotos— se producen gigantescas oleadas hasta tierra firme.

Ahora resulta fácil entender cómo es que las atracciones estelares pueden producir uno de esos fenómenos catastróficos: basta que se reúnan las condiciones necesarias para el caso, como son las presiones y tensiones internas y una atracción estelar lo suficientemente fuerte como para producir el escape de energía.

Así, pues, si flotamos en gas o en magma, fluido, movible y a tremendas presiones, es lógico suponer que se produzcan movimientos de acomodamiento de las capas terrestres: benigno en algunos casos, verdaderos cataclismos en otros, especialmente si se recibe la tremenda atracción por el paso de una estrella, según la teoría de Jaens y Jeffreys que se expuso al principio.

Lo dicho nos induce a suponer que muchos de estos fenómenos son periódicos y repetitivos, como ocurre con las manchas solares cada 11 años y fracción y más notablemente cada 22-23 años, estas últimas tan advertidas por los mayas.

Ahora nos faltaría saber si la estrella de la teoría mencionada estará acercándose a nosotros nuevamente en el tiempo presente, en cuyo caso el *Apocalipsis* tendría razón cuando dice:

> Ap. 8, 10-11: «Y el tercer ángel tocó la trompeta y cayó del cielo una gran estrella ardiendo como una antorcha, y cayó una tercera parte en los ríos, y en las fuentes de las aguas. Y el nombre de la estrella se dice Ajenjo.»

Lo dicho en el *Apocalipsis* ¿fue una profecía, o existía ya en las tradiciones como relato de una experiencia pasada? Eso solamente el tiempo lo podrá aclarar.

Si se entiende lo explicado en este capítulo, seguramente se comprenderá mejor lo relatado en el *Popol Vuh* de los maya-quichés, que sugieren haber sufrido varios cataclismos, uno de ellos semejante o tal vez peor que el Krakatoa. Pero esa vez ocurrió en el Atlántico y fue tan devastador que casi desapareció todo el pueblo maya. Este rehizo su vida, pero sin olvidar, y la mejor prueba es que dio principio a su cronología en la época en que sufrieron tal desastre. Véase el relato maya presentado aquí de manera condensada.

Creación y muerte del hombre según el "Popol Vuh"

1. El primer intento de creación del hombre por los dioses, según el relato del *Popol Vuh,* fue de tierra y lodo. Pero viendo los dioses que se deshacía fácilmente, decidieron destruirlo.

Es fácil suponer que, si se deshacía, fue porque intervino el agua en abundancia: ¿un diluvio tal vez, que destruyó a los seres humanos entonces existentes?

2. El segundo intento de creación del hombre consistió en hacerlo de madera, pero no gustó a los dioses. Véase lo que dice el relato:

> «En seguida fueron aniquilados los muñecos de palo, y deshechos... y recibieron la muerte... una inundación fue producida por el corazón del cielo, un gran diluvio se formó, que cayó sobre las cabezas de los muñecos de palo...»

3. En la tercera creación, apareció el hombre hecho de carne. Pero no pensaba, ni hablaba, ni adoraba a sus creadores, que lo habían creado precisamente para que dijera sus nombres y los adorara.

«... y por esta razón fueron muertos, fueron anegados. Una resina abundante vino del cielo...»

Claramente se ve que hubo nuevamente un diluvio, combinado esta vez con actividad volcánica, pues más adelante se lee refiriéndose al gigante dios destructor:

«... Cabracán movía los montes y por él temblaban las montañas grandes y pequeñas...»

¿No es todo esto una excelente descripción de un cataclismo destructor? En él murieron seguramente muchos seres humanos, pero sin llegar a ser aniquilada la especie.

4. Cuarta creación del hombre.

«... Había muy poca claridad sobre la faz de la tierra, aún no había sol. Sin embargo, había un ser orgulloso de sí mismo que se llamaba Vucub-Caquix...»

Este personaje, según sugiere el propio relato, era un dios gigante, muy malo, perverso y destructor.

«... Existía ya el cielo y la Tierra; pero estaba cubierta la faz del Sol y de la Luna...»

Esta parte del relato sugiere el final de un cataclismo: los elementos ya habían entrado en calma y se insinuaba el principio de una nueva vida.

«... Este es el principio de la derrota y de la ruina de la gloria de Vucub-Caquix [el gigante destructor] por los dos muchachos [gemelos], el primero de los cuales se llamaba Hunab Ku y el segundo Ixbalanqué. Estos eran dioses verdaderamente. Como veían el mal que hacía el soberbio y que quería hacerlo en presencia del Corazón del Cielo, se dijeron los muchachos:
—No está bien que esto sea así...»

En otra parte del *Popol Vuh*, aparece el relato de cómo vinieron al mundo los gemelos Hunab Ku e Ixbalanqué: se debió al acto mágico de dioses que antes fueron sacrificados por la maldad y que, ya en forma de calavera, al escupir saliva en la mano de una hermosa joven, quedó fecundada y de ella nacieron dichos gemelos. El final del relato dice así:

> «... Cuando llegó el día de su nacimiento, dio a luz la joven, que se llamaba Ixquic... En un instante fueron dados a la luz los dos muchachos llamados Hunab Ku e Ixbalanqué. Allá en el monte fueron dados a luz...»

Estos dos personajes realizaron desde un principio actos mágicos propios de dioses buenos, que derrotaron la maldad de los poderosos.

Obsérvese que estos muchachos aparecen en escena precisamente cuando el cataclismo destructor había ya terminado. Debió, pues, ocurrir alrededor del año 6,660, según la indicación que hace el eje-meridiano de la *Gran Pirámide.*

Desde el primer capítulo del *Popol Vuh* aparecen con frecuencia dos personajes como dioses buenos, que, aunque a lo largo del tiempo cambian de nombre y de edad, siempre siguen siendo dos y en todo actúan de común acuerdo, como dioses buenos.

La notable insistencia sobre los dos personajes que siempre están de acuerdo, y finalmente sobre los gemelos, hace pensar que en la mente de aquel pueblo vibraba alguna antigua tradición relativa a las estrellas Cástor y Pólux, que desaparecieron de la vista en cada cataclismo, debido a los nublados de vapor de agua o de humo volcánico. Por esta razón en el relato figuran como muertos; pero vuelven a renacer al despejarse las nubes y aparecer las dos estrellas en el cielo, significando el triunfo de los dos dioses buenos sobre toda la maldad y destrucción.

Sea cierta o no esta opinión propia del autor, es una realidad que parece tener estrecha relación con la indicación tan especial que hace el meridiano de la *Gran Pirámide* hacia las estrellas *Cástor* y *Pólux* de la constelación zodiacal *Géminis,* como final de una era y principio de otra. La validez del símbolo de la *Gran Pirámide* viene apoyada por el símbolo de la *Gran Esfinge,* y todo ello coincide con el relato maya-quiché. Por lo demás, se sugiere muy claramente que todas esas tradiciones arrancaron de un mismo tronco cultural, que en su origen no estuvo ni en Sumer, ni en Egipto ni en la región maya-quiché en América.

Pero el relato muestra algo más: que hubo varios grandes desastres a lo largo del tiempo, los cuales nos inducen a pensar en otras coincidencias, como los tres símbolos de la *Gran Esfinge,* que hablan a su vez, de tres edades. También nos invita a pensar en las cuatro glaciaciones conocidas que ha sufrido el mundo, cada una de las cuales produjo importantes cambios en la vida vegetal, animal y naturalmente en los seres humanos (ello explicaría también los éxodos, como son los asiáticos por el Estrecho de Bering hacia América). También hay que pensar en las llamadas razas-raíz de Lemuria, que algunos ocultistas dicen que fueron cuatro, otros que fueron cinco, y otros más que fueron siete. Pero en todos los casos, como final de la meditación, queda siempre sólo un gran interrogante, que se supone ya deberíamos haber contestado.

Por ahora lo importante sería conocer si aquello que en otras ocasiones sucedió, esto es, el acercamiento de una gran estrella o de un gigantesco planeta oscuro con su secuela de muerte sobre nuestro mundo, volverá a repetirse y cuándo... He ahí un anhelo de este libro ¡tratar de averiguar cuándo!

Cataclismo y diluvio en Tíbet

Como una evidencia más de que el mundo entero sufrió alguna vez un tremendo cataclismo en una época en la que el ser humano ya existía en vida social, están las leyendas tibetanas, que revelan haber arrancado de una cultura ya muy avanzada. Por su antigüedad fácilmente pudieron coincidir con el cataclismo que hundió a la *Atlántida* o a lo sumo, corresponder a los días de auge y muerte del *continente de Mu* o *Lemuria* o *Naa.* Son las leyendas de ese pueblo las que respaldan ampliamente esta idea apoyada en las huellas encontradas en las montañas del Tíbet.

Las mencionadas leyendas aseguran que antes de que el Tíbet tuviera la topografía que hoy se le conoce, o sea cuando era orilla de mar, estaba habitado por gigantes. Las mujeres alcanzaban tres

Cabezas gigantes en la isla de Pascua. Estas cabezas son famosas sobre todo por el tamaño y la rareza de sus facciones. Se asemejan mucho a la figura de seres que habitaron el Tibet y que aparecen descritos en las antiguas leyendas tibetanas, cuando este territorio estaba al nivel del mar.

metros de estatura y los hombres hasta cuatro. Sus características parecen haber sido: cabeza grande proporcionada a la estatura y de forma cónica; mentón muy angosto, boca pequeña, labios delgados, nariz muy alargada y delgada y ojos hundidos.

Si el lector compara esta descripción dada en las leyendas tibetanas con las cabezas de piedra de la isla de Pascua en el océano Pacífico, encontrará que existe un enorme parecido, mientras que no guarda ninguna semejanza con el pueblo tibetano actual, que es básicamente chino. Entre esa descripción y los tibetanos actuales no existe ningún punto de contacto. Cabe pensar que si en verdad existieron en el Tíbet, eran seres extraños en la apariencia física, distintos al resto de la humanidad, pues no se parecen a ser humano alguno de cualquiera de las razas hasta hoy conocidas.

En fin, ojalá se lleguen a encontrar fósiles que demuestren la realidad de la antigua existencia de esos seres en el Tíbet, aunque entonces se plantearán otros problemas: ¿Fueron estos gigantes quienes se trasladaron desde el Tíbet hasta la isla de Pascua en el océano Pacífico? ¿O fue a la inversa? ¿Cómo y por qué se trasladaron?

Las mismas leyendas aludidas aseguran que *los cielos de ese entonces eran completamente distintos*. Naturalmente esa afirmación se está refiriendo a las estrellas y probablemente al Sol y a la Luna. En tal caso, se debería a que el eje polar tenía otra inclinación, tal vez muy distinta de la que hoy tiene.

En esas mismas leyendas aparece la idea y afirmación de que hace milenios un meteorito –que por la descripción pudo haber sido un enorme asteroide– chocó con la Tierra produciendo muchos cambios, entre otros, la alteración en su órbita alrededor del Sol, haciendo que la Tierra girase alrededor de su eje en sentido contrario a como hoy lo hace.

Si todo esto aparece en las leyendas, puede tener algo de cierto, aunque las apariencias no sean muy exactas, como lo es el girar la Tierra en sentido contrario a como hoy lo hace. Recuérdese que los mayas y algunos otros pueblos de América hablaban de que el Sol se detuvo en un sitio durante un día entero. Pero además, no todos los planetas de nuestro sistema giran alrededor de su eje en el mismo sentido que lo hace la Tierra.

Si se juzga el asunto a la vista de la actual topografía de Tibet tan tremendamente montañosa y con cimas de cerca de 8,000 metros de altura sobre el nivel del mar, ciertamente dicho cataclismo no pudo haber sido meramente local, sino que necesariamente tuvo que haber tenido una proyección mundial. Nuevamente viene a coincidir con todo lo que al respecto se ha dicho en este libro, incluyendo los enormes pedruscos procedentes de la Luna, que es lo que insinúan también las leyendas tibetanas, o tal vez la tremenda atracción de algún cuerpo estelar gigantesco.

Continuando con las leyendas tibetanas, éstas relatan que hace muchos siglos, seguramente milenios, el actual Tibet era una costa bañada por el oleaje del mar (y desde luego, los chinos creen lo mismo respecto a esta región). Por ejemplo, la tablilla de *«Yu»*, que en otro tiempo estuvo en el pico de Kou-lou, del monte Heng, en la provincia de Hü-pei, dice *que el Gran Yu reposó en el solar, después de haber drenado Las Aguas del Diluvio,* que habían sumergido a China con excepción de las tierras más altas y las montañas. Dicha *Tablilla* original fue sacada de su sitio, pero existen imitaciones en Wu-ehang-Fu, cerca de Hankow. Asimismo, existe otra copia en el templo de Yulia, cerca de Shao-shing, en Chekiang.

De todas estas leyendas se infiere que Tibet fue efectivamente en otro tiempo tierra llana a orillas del mar: por circunstancias que todavía se ignoran, se transformó en las elevadas montañas de hoy, al mismo tiempo que otras tierras se hundirían en el mar.

Las elevadas tierras de Chang-Tang son muy ricas en fósiles diversos, especialmente marinos, prueba de que toda esa área alguna vez estuvo no sólo junto al mar, sino que también fue fondo marino. Y prueba asimismo, que las leyendas no deben tomarse demasiado a la ligera, simplemente porque nuestra vanidad nos diga que fueron solamente producto de la imaginación primitiva. ¿Cómo se puede combatir esa leyenda cuando en la zona se encuentran en abundancia gigantescas conchas de hermosos colores, raras esponjas marinas, así como cantidades de coral?

En las leyendas tibetanas, lo mismo que en las egipcias, se habla de abundancia de oro. Las tibetanas dicen que las pepitas de oro se podían recoger del suelo con gran facilidad. Y algo semejante debió de suceder en Egipto, aunque todavía no se sabe si existieron minas ni dónde pudieron haber estado.

Otra cosa muy importante que dicen las leyendas tibetanas, es que las aguas brotaban de la tierra como surtidores y que las había de todas las temperaturas, desde vapores producidos por ebullición, hasta el casi congelamiento: o sea, que había muy fuertes contrastes en los manantiales de agua. En una zona la temperatura era sumamente cálida y húmeda y, en contraste, a muy corta distancia, se levantaba espesa niebla porque el frío era intensísimo, tal vez congelante, tanto que podía enfriar un cuerpo humano y hasta cristalizarlo en pocos minutos.

Por lo que hace a la flora, existían hierbas sumamente raras que se utilizaban como alimento y en aplicaciones medicinales, pero que solamente los monjes sabían seleccionar y para ello tenían que hacer muy largos viajes.

Elena Blavasky dice en algunos de sus libros que ciertos peregrinos de la religión budista, procedentes del Tibet, le informaron que en la cordillera de Altyn Tagh existen cuevas muy profundas que desde antiguo fueron acondicionadas para contener gran cantidad de documentos originales de culturas que existieron milenios atrás, es decir antes del diluvio, sugiriendo la idea de que hay documentos referentes a la primera edad de la humanidad.

Según el mismo relato, la entrada a dichas cuevas fue conocida por muy pocas personas, todas ellas de alta jerarquía dentro del budismo tibetano, y no se darán a conocer mientras los monjes o lamas no lo juzguen conveniente.

En Mongolia se tiene por verídico que en montañas de muy difícil acceso existen cuevas del tipo de las anteriores y existe una región que en otro tiempo llevó el nombre de Shambala, limitada en uno de sus lados por el río Syr-Daria, entre los 45 y 50 grados de latitud norte (latitud ésta ya citada antes en relación con las glaciaciones), indicada en las leyendas desde muchos siglos atrás como residencia de dioses, de genios, de personajes misteriosos, que de vez en cuando bajaban —¿y que tal vez sigan bajando?— para aconsejar a los hombres. No siempre se identifica a estos seres como personas de carne y hueso, sino que con frecuencia se habla de ellos como de seres espirituales.

Shambala, palabra del taoísmo chino, significa ***morada de los hombres llegados de las estrellas.*** Podría interpretarse que se trata de viajeros del espacio, interpretación parecida al significado del nombre azteca Teotihuacán, que significa ***donde los hombres se hacen dioses.***

Capítulo XXI

CONTINENTE DE MU O LEMURIA O NAA O NAACAL

Siguiendo con el tema de los cataclismos mundiales, debemos advertir al lector que hasta hoy ningún investigador científico ha aceptado que alguna vez haya existido en el océano Pacífico, un continente o isla habitada a la que se le pueda o deba llamar *continente de Mu* o *Lemuria* o cualquier otro nombre.

A pesar de todo se sigue afirmando que si se mira desde gran altura en avión y con la atmósfera apropiada, se puede advertir el contorno de un continente que se encontraría hundido en el océano Pacífico y que, como es natural, hace pensar en el legendario *Mu* o *Lemuria.* Por lo demás, ni los diccionarios ni las enciclopedias tienen esas voces en sentido geográfico.

Algunos autores niegan con énfasis que haya existido *Mu* o *Lemuria;* pero todos ellos parten del principio antes señalado, a saber: que la ciencia oficial no acepta que haya existido dicho continente, asegurando que se trata de meras leyendas sin ningún fundamento real ni verdadero.

Quienes hablan afirmativamente de *Lemuria,* al referirse a sus probables habitantes los llaman *lemures.* A este respecto, es de notar que así se llaman unos pequeños mamíferos de Madagascar, del tamaño aproximado de un gato doméstico.

En algunos países se da el nombre de *lemures* a los fantasmas.

En la antigua Roma se llamaba *lemures* a los espíritus del mal y de la muerte, y así se sigue llamando en algunas regiones a los espíritus errantes que durante la noche se dedican a atormentar a los vivos.

En Roma, se relacionaba la creencia de los *lemures* con la leyenda de Remo, muerto por su hermano Rómulo, el cual, para apaciguar a los *lemures,* instituyó la fiesta pagana nocturna que se llamó la *fiesta lemuria,* prohibida después por el cristianismo.

Es comprensible que datos tan dispersos por todo el mundo acaben por producir confusión. Sin embargo, empiezan a adquirir validez cuando se someten los nombres, mitos y leyendas a juicio crítico, pues ¿de dónde y por qué aparecen en los sitios en que se los ha encontrado? ¿No será que todos ellos tienen sus raíces precisamente en el continente hundido en el Océano Pacífico?

Todo el mundo sabe que en los medios ocultistas y esotéricos, sin entenderse esto como religioso, se insiste en que realmente existió muy atrás en el tiempo, en lo que hoy es el océano Pacífico, un continente o al menos una isla muy grande que, por gozar de un clima permanente ideal —un verdadero paraíso— se prestó para el desarrollo de las especies y que finalmente dio nacimiento al ser humano. A esos seres que a lo largo de muchos milenios tal vez superaron la edad de piedra siempre se les ha llamado *primera raza-raíz* en los medios ocultistas.

Por cierto que en estos medios ocultistas y esotéricos se ha dicho también desde muy antiguo, que en la época de auge del *continente de Mu* no había Luna; es decir que entonces no se veía el satélite que hoy tenemos permanentemente a la vista durante las noches.

Y la tradición sigue diciendo que cuando por primera vez apareció la Luna —o sea cuando la Tierra la atrajo— fue cuando se produjo el cataclismo que cambió la inclinación del eje polar terrestre y modificó toda la geografía mundial, pero muy particularmente la de Oceanía.

Los hombres de ciencia aceptan, en términos generales, que el ser humano partió de una rama simiesca, tal vez del tipo *Tarsius* encontrado en Borneo. Pero, por otra parte, no se ponen de acuerdo en lo que respecta a los cambios progresivos ni a la dinámica que produjo la evolución.

Asimismo, se acepta con pocas reservas que los fósiles encontrados en Trinil por el profesor Eugène Subois en el año 1891, corresponden al *humano* más antiguo hasta hoy descubierto. A ese *humano* se le conoce con el nombre de ***Hombre de Java*** y, según parece, vivía cuando se produjo la dispersión de los seres humanos debida a la caída en el Antártico de un asteroide gigantesco, a una velocidad no menor de 40,000 kilómetros por hora.

El choque de este cuerpo debió producir necesariamente un enorme cráter, lo que explicaría fenómenos como la forma continental de Oceanía, las rugosidades llamadas cordilleras en regiones diversas, el rompimiento entre continentes, el cambio general de la geografía y, naturalmente, la desaparición del continente de *Mu* o *Lemuria*. Se produciría así el éxodo de los supervivientes, que habrían alcanzado en primer lugar lo que hoy es Java, Borneo, etc., y más tarde Africa, Asia, y quizá América.

Por lo visto, la rama de origen, el principio de la evolución del hombre, estuvo en Borneo y Java y esto da la razón a las tradiciones ocultistas iniciáticas, más aún si se comprueba que Borneo y Java fueron elevadas montañas antes del hundimiento de la tierra firme a la que pertenecían. Así se explicaría el haberse encontrado allí los fósiles y demás huellas del hombre primitivo.

Es de suponer que fenómenos como los antes citados —desde luego sin que sean los únicos—, ya sea la captura de la Luna, o la caída de uno o varios asteroides más o menos grandes, llegarían acompañados de otros muchos elementos de tamaños y formas diversos.

Efectivamente, en algunas partes del mundo se han encontrado varias toneladas de *tactitas*. Se ha llegado a la conclusión de que todas ellas han llegado del espacio exterior sin poderse precisar con exactitud el origen. Curiosamente ocurre ahora que, entre las piedras recogidas en la Luna y que están siendo tan minuciosamente estudiadas, se han encontrado *tactitas* semejantes a las que hace muchos siglos cayeron en la Tierra. Como es natural, eso está haciendo pensar muy seriamente a los investigadores hasta qué punto las antiguas leyendas conservadas como tradición en las escuelas ocultistas son un reflejo de la verdadera realidad, sobrepasando la simple condición de mito a que se las había relegado.

Lo más curioso e intrigante es que entre esas *tactitas* se han encontrado algunas piedras de forma piramidal: pero su simetría hace pensar que fueron especialmente labradas. Además han aparecido en ellas líneas grabadas como si fueran dibujos hechos a mano, quizá simbólicos, lo que ha sugerido la idea de que tal vez se trate de mensajes de origen desconocido.

Se podría poner esto en duda si se tratara solamente de una hipótesis. Pero es innegable que han caído en la Tierra muchos cuerpos pétreos más o menos grandes procedentes del exterior. Evidentemente se trata de cuerpos flotantes en el espacio atraídos por la Tierra, asunto que nada tiene de novedoso: por ejemplo, los indios navajos de Arizona conservan en sus leyendas el recuerdo de la caída de un enorme meteorito o asteroide que, según cálculos que se han hecho, cayó en Norteamérica hace 6,000 o 7,000 años, dejando como huella un enorme cráter que el tiempo ha venido llenando de arena.

La verdad es que siempre existe la posibilidad de que se repitan casos como éstos. Por ejemplo, en el año 1977 la prensa informó que varios países entre ellos Chile, habían descubierto varios asteroides, algunos de ellos de varios kilómetros de diámetro, que se mueven en órbitas muy elípticas alrededor de la Tierra. Por eso temporalmente se alejan tanto que no se los puede observar, pero después vuelven a acercarse a la Tierra hasta tal punto que cada acercamiento representa peligro.

Esta noticia fue plenamente confirmada al principio del año 1978 y entonces se informó que los mencionados asteroides ya localizados, identificados y calculados, tal vez sean más de 12. Se asegura incluso que se considera posible que alguno de estos cuerpos, debido a imprevisibles desequilibrios gravitatorios, puedan chocar con planetas cuya fuerza de atracción sea suficiente como para arrebatarlos de su órbita actual. Así pues, no es improbable que uno o varios de esos asteroides un día cualquiera pierda su equilibrio gravitatorio y se precipite sobre la Tierra, lo cual podría ocurrir muy bien durante uno de los alineamientos planetarios, como el que hubo en el año 1982, o el de fin de siglo, o más probablemente en el de mayo del año 2000.

Todo ello convierte en aceptable y posible lo relativo al asteroide que cayó en Oceanía en la época del hombre de Java y que originó el fin de la primera y principio de la *segunda raza-raíz* de que hablan las tradiciones esotéricas y ocultistas.

En efecto, tal vez a consecuencia de esos catastróficos fenómenos, ya se trate de lunas o asteroides, los seres humanos que lograron sobrevivir huyeron como náufragos dispersándose por el mundo. A estos náufragos, en los medios ocultistas se los llama *hombre de la Luna* o *segunda raza-raíz*.

Horbiger, el famoso teórico de Hitler, presentó, entre otras, una teoría que coincide con esta tradición, y que muy probablemente de alguna manera se fundamentó en las repetidas tradiciones ocultistas, como gran parte de las teorías del hitlerismo, según se ha explicado ampliamente en el libro *El Tarot Profético* del mismo autor.

Abundando en el tema, el muy conocido investigador, profesor Churchward, destacado etnólogo, descubrió unas tablillas de barro muy antiguas que se conocen con el nombre de *tablas Naacal,* simplemente porque hablan del *continente de Naacal* o *Mu.*

Ahora se trata de encontrarles el significado, ya que dichas tabletas de barro, entre otras características, presentan figuras que sugieren símbolos geométricos correspondientes a una mentalidad muy formada: algunas muestran una cruz de brazos iguales en el centro; en otras la cruz aparece torcida a la manera de la svástica de Hitler y en varias más la circunferencia está contenida en un cuadrado.

Estos mismos dibujos han sido encontrados en otras partes del mundo, correspondientes a épocas muy posteriores, pero siempre con valores simbólicos importantes y a la vez coincidentes entre sí, lo que hace pensar en un mismo origen. Por ejemplo, la circunferencia dentro del cuadrado es un símbolo y a la vez fórmula de la *Gran Pirámide:* el cuadrado se refiere a la base rectangular de dicha pirámide e implícitamente al año solar. La circunferencia se refiere igualmente al año solar y es la representación de la precesión equinoccial.

Pero más admirable todavía resulta cuando se sabe que este mismo símbolo de una circunferencia dentro de un cuadrado es el símbolo tradicional representativo de *Hunab Ku,* el máximo dios maya,

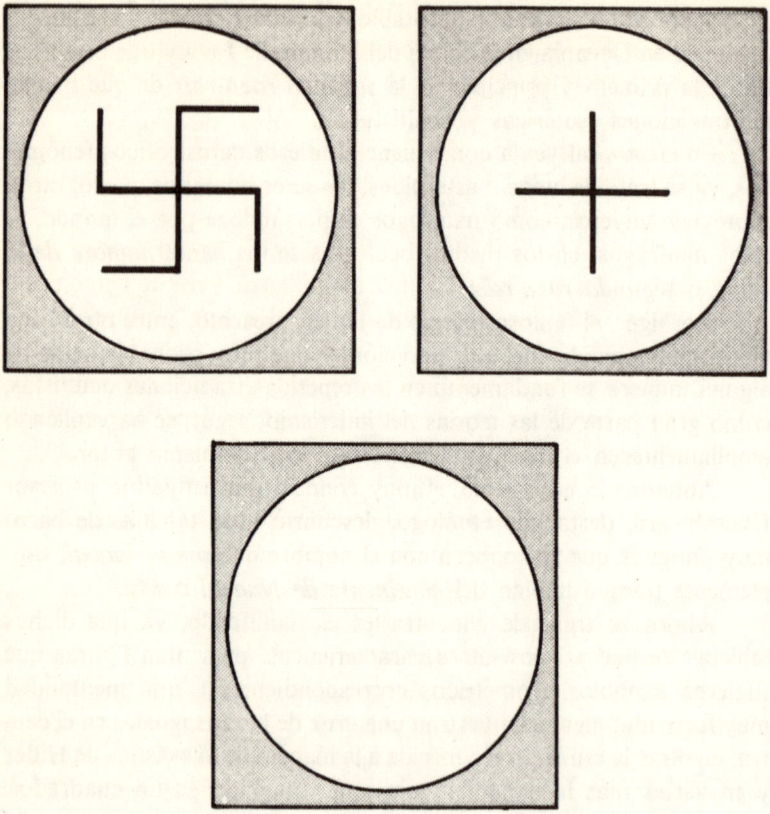

Se han encontrado figuras como la de estos grabados en tablas **Naacal *de barro, correspondientes a una época muy cercana al*** **Hombre de Java *o lo que se entiende por*** **primera raza-raiz.**

interpretado como *único dador del movimiento y la medida,* según afirma el mayólogo profesor Domingo Martínez Paredes.

El círculo con una cruz torcida a la manera de la svástica ha sido encontrado en la región que milenios atrás fue el país de Sumer. Este mismo símbolo existe tradicionalmente entre los pieles rojas de Norteamérica.

Así pues, las *tablas Naacal* parecen ser una raíz y una base cultural de muchos pueblos hoy dispersos por el mundo.

La antropología oficial ha dividido a la humanidad en tres grupos principales o razas básicas:

1. La caucásica.
2. La negroide.
3. La mongoloide.

Reconocemos que este agrupamiento es válido si sólo se clasifica en función de características físicas similares, pero no como principio u origen de la humanidad. ¿Cuál fue el origen y principio de la vida humana?

La teoría más generalizada y aceptada dice que el hombre hizo su aparición como ser pensante, no de manera repentina ni mucho menos milagrosa, sino a consecuencia de una muy larga evolución, cuyo proceso podría haberse iniciado hace mucho más de 500,000 años, y que esta evolución tuvo lugar principalmente en Asia, de donde salió en migraciones, separadas unas de otras por largos periodos. De esta teoría parte la aceptación científica que dice que todos los seres humanos partieron de un tronco común. Curiosamente, las *tablas Naacal* así parecen demostrarlo.

Ha habido muchas discusiones acerca del lugar de origen del ser humano. Con pocas diferencias siempre se ha llegado a la conclusión de que ese lugar debe de haber estado en Oceanía, en la región indomalaya, o en Borneo, Java o Sumatra. Y aunque no se ha llegado todavía a ninguna confirmación definitiva, se sigue señalando a Oceanía como la zona más probable para situar la existencia de alguna isla o continente donde evolucionó la especie animal que finalmente dio origen al hombre, por supuesto no como hoy se le conoce. Lo natural es que dicha isla o lo que haya sido, al haberse hundido en el océano, se haya llevado el secreto. Quizá, al menos en este punto las enseñanzas ocultistas no estén tan lejos de la verdad.

Pero, complicando más el problema, aparecen hipótesis de origen científico, en verdad desconcertantes, como la siguiente:

El antropólogo Zaitsev sugiere la posibilidad de que el ser humano hubiera tenido su principio de evolución en otro planeta y que, una

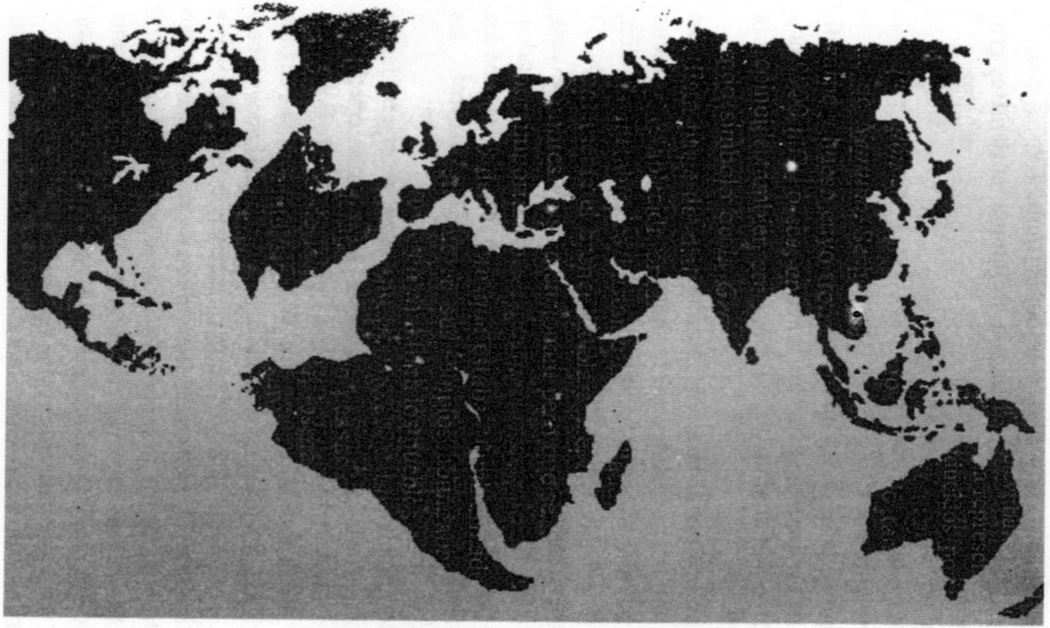

MAPAMUNDI IMAGINADO

Obsérvese cómo los contornos de Sudáfrica y Sudamérica coinciden admirablemente. América del Norte quizá estuvo más cerca de África, pero el choque con un gran asteroide o planetoide pudo haberla alejado, formándose entonces el Golfo de México. La región intermedia que aparece en el grabado es imaginaria. La ha colocado el autor para sugerir la posible ubicación de la Atlántida.

vez formado, llegó de alguna manera a la Tierra para continuar su proceso hacia *ser humano*. En apoyo a lo dicho, Zaitsev –que no da la impresión de estar influenciado por el ocultismo, pues se trata de un científico positivista– afirma que el planeta Tierra es demasiado joven y que la evolución de la vida es bastante lenta para que la misma pudiera haberse desarrollado en ella espontáneamente, desde los más simples principios a las más complejas formas que hoy conocemos.

El resumen de esta hipótesis es que el hombre está sólo de paso en este mundo y que un día se irá hacia otro, donde los organismos y la vida sean apropiados y más perfectos, es decir, que se encuentren en un grado superior al hasta hoy alcanzado por el ser humano.

Esta hipótesis plantea un sinfín de interrogantes. Por ejemplo, ¿cómo llegó el ser humano primitivo, pero ya formado, a la Tierra? ¿y cómo se irá hacia otro planeta a continuar evolucionando? La verdad es que estas preguntas y otras muchas que puedan formularse al respecto, solamente el ocultismo puede responderlas con una cierta lógica.

Hay otro interrogante: ¿cómo se extendió la especie humana por todo el planeta desde el principio de su vida primitiva? Este fenómeno de la dispersión es lo que ha hecho pensar a algunos teóricos que la aparición del hombre ocurrió de manera más o menos simultánea en muchos sitios del planeta.

Quienes contestan indirectamente a la anterior pregunta son los geólogos, cuando afirman que la corteza terrestre ha sufrido innumerables modificaciones lo mismo en su interior que en su exterior. Esto permitiría suponer las causas de la desaparición de *Lemuria* y de la dispersión de sus habitantes, dispersión que en su más remoto origen debió efectuarse sobre tierra firme. En efecto, podría imaginarse que hacia la era terciaria, cuando el hombre ya existía, los continentes que hoy conocemos estaban conectados entre sí: Asia y América estaban unidas por tierra; Groenlandia, Islandia, las islas Feroes y Escocia estaban también unidas por tierra firme, al igual que Suráfrica y América del Sur, tal como sus contornos lo insinúan. Quedaría una gran porción de tierra firme entre Africa del Norte y América del Norte, ya desaparecida, la legendaria *Atlántida.*

En síntesis: que estas modificaciones bruscas de la corteza terrestre habrían originado las migraciones y emigraciones de todos los seres vivos y explicaría la simultánea aparición del hombre en sitios diversos.

Capítulo XXII

LA LUNA, INFLUENCIA PASADA, PRESENTE Y FUTURA

La Luna apedrea a la Tierra

La Luna, ese satélite nuestro que ha motivado tanta poesía, cantos, leyendas, suspiros de amor y hasta concepciones religiosas, no parece ser tan inocente como podría creerse: de vez en cuando nos ha mandado gigantescos pedruscos que han ocasionado calamidades. Por tanto, tal vez no sea completamente ajena a los problemas que ha habido, que hay y que habrá en la Tierra.

A este respecto hay teorías muy importantes algunas de las cuales pasaron a ser en los últimos años científicamente comprobadas, especialmente a partir de la primera visita que los astronautas norteamericanos hicieron a la Luna.

Varias de dichas teorías con sus posteriores comprobaciones aparecen explicadas en la revista *Scientific American*, en un artículo firmado por Virgil E. Barmes, quien asegura que se ha investigado sobre las llamadas *tactitas* de que antes se habló y que se han encontrado abundantemente en diversas regiones del mundo, especialmente en Africa y Asia. Pues bien, después de haber sido analizadas, resultaron ser de la misma estructura y composición que los residuos vitrificados a consecuencia de las explosiones atómicas y a la vez, de la misma composición química que las rocas traídas de la Luna.

Como consecuencia de tales coincidencias materiales plenamente objetivas, se formó una nueva teoría aparentemente aceptable y aceptada en el medio científico. Según ella, hace 700,000 años cayó

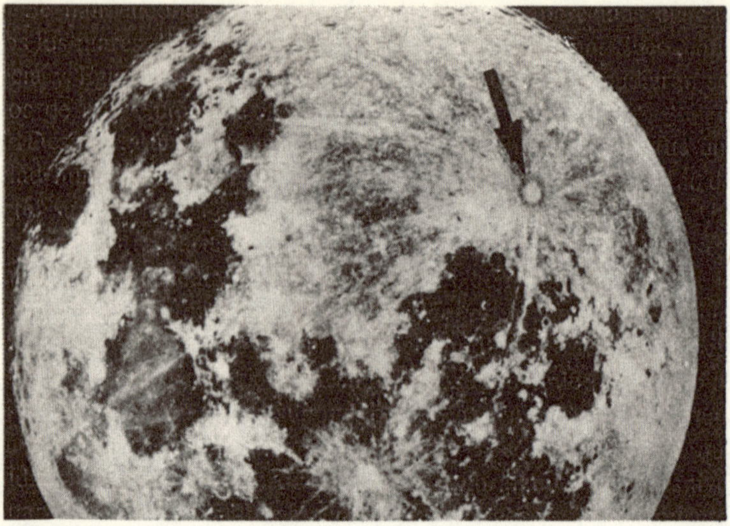

Cráter lunar indicado por la flecha, llamado Ticho Brahe. Es el mencionado en este capítulo.

en la Luna un gigantesco asteroide de muchos kilómetros de diámetro y de origen desconocido, cuyo tremendo impacto produjo el enorme cráter hoy conocido como Ticho Brahe. A consecuencia del impacto, saltaron rocas lunares de todos los tamaños y a tal velocidad, que escaparon a la fuerza de atracción lunar, acabando por entrar en la zona de atracción terrestre, que les produjo una velocidad mínima de 40,000 kilómetros por hora, o sea más de 11 kilómetros por segundo.

Uno de estos pedruscos disparados desde la Luna, quizá el de mayor tamaño –se supone de más de 20 kilómetros de diámetro– habría caído en el Antártico, probablemente en las cercanías del Polo Sur. Otro de tamaño igualmente descomunal, también de muchos kilómetros de diámetro, habría golpeado en América por el lado del océano Atlántico, dando origen a la forma que hoy tiene el Golfo de México y formando las cordilleras llamadas Madre Oriental y Madre Occidental, que presentan rugosidades a consecuencia del choque.

Del mismo modo habrían caído infinidad de otros muchos

fragmentos de roca, de todos los tamaños y pesos imaginables, en diversas regiones del globo, dependiendo su dispersión de la resistencia que ofreciera la atmósfera.

En las investigaciones realizadas se formulan teorías e hipótesis sobre cómo pudo suceder ese extraordinario acontecimiento a partir del impacto en la Luna, luego la despedida de los fragmentos, su recorrido de unos tres días o menos por el espacio exterior y finalmente la fantástica lluvia de estrellas que debió de formarse al entrar en nuestra atmósfera para luego chocar contra la corteza terrestre.

Todos estos son datos teóricos desde luego, pero no por eso dejan de ser importantes para un estudio especializado, debido a que fundamentan científicamente las respectivas hipótesis.

En nuestro tema interesa que vayan encontrando verdaderos puntos de apoyo, poco a poco y por distintos canales, algunas de las más antiguas tradiciones ocultistas, leyendas populares y hasta mitos.

El gigantesco tamaño del asteroide que cayó en la Antártida, produciría un enorme cráter en la Tierra: todavía no ha sido localizado, aunque tal vez se deba a que ocasionó algún golfo, como el llamado *Mar de Ross,* o alguno de los de la *Tierra de Wilkins.*

Todos estos impactos, especialmente si se produjeron en forma simultánea en regiones diversas, trastornaron la geografía mundial produciendo muy serios desequilibrios en la mecánica de la Tierra y afectaron también la vida en todas sus manifestaciones.

Todo esto tal vez llegue a explicar muchos fenómenos que todavía están entre signos de interrogación, como la desaparición de *Mu* o *Lemuria* en el océano Pacífico, el hundimiento de *Atlántida,* la fractura del continente en Bering o las ocurridas en Gibraltar por un lado y en el Mar Rojo por otro.

Todo esto plantea otra cuestión: ¿es periódico, o sea repetitivo, este tipo de fenómenos? Muy probablemente no, o por lo menos no los de ese mismo tipo, pues no se sabe de ningún caso más o menos reciente dentro del período ya histórico. Sin embargo, sí han caído muchos meteoritos, más conocidos como aerolitos, cuyo origen se desconoce, pero afortunadamente hasta hoy no han producido mayores consecuencias. Todo esto pertenece a la mecánica celeste contra la cual, por el momento y tal vez por siempre, nada se puede hacer.

La Luna produce gigantes en la Tierra, y otras mutaciones

Primera Luna que se acercó demasiado

El científico alemán Horbiger, mencionado antes, dijo que a veces, por razones de gravitación y de origen cósmico, la Luna unas veces se ha acercado demasiado a nuestro planeta y otras se ha alejado excesivamente. En ambos casos ha creado serios problemas y trastornos diversos a nuestra Tierra.

Según dicho científico, ya se han calculado las épocas en las que la Luna se ha acercado a una distancia de cuatro a seis radios terrestres, distancia mucho menor de la normal. Pues bien, siempre ha sucedido que, en la medida en que se ha dado dicho acercamiento, se ha producido un *gigantismo* en todas las especies vivas, vegetales y animales, fenómeno que ocurrió en la época primaria con la vegetación, los insectos y todos los animales, terrestres y acuáticos. O dicho de otro modo, se produjeron muchas e importantes mutaciones, como el hecho conocido de que los cuadrúpedos se irguieran enormemente a la vez que les crecían los cráneos en forma alargada. Los peces, ya en evolución hacia aves, empezaron a volar. Y la tierra entró en un período de gran actividad sísmica, volcánica y de acomodamientos que modificaron la geografía anterior.

Segunda Luna

Horbiger sigue diciendo que hubo una segunda Luna que se aproximó excesivamente a la Tierra. Durante ese acercamiento, se produjo nuevamente el gigantismo, así como nuevas y muy importantes mutaciones en las especies animales y vegetales, acomodamientos geológicos, etc.

Tercera Luna

Siguiendo con la misma teoría, parece ser que hacia la época terciaria hubo un tercer acercamiento lunar, que volvió a producir gigantismo, alargamiento de los cráneos y otras muchas mutaciones. Una de ellas, la más importante para nosostros, fue la aparición del *Homo sapiens,* o sea, el principio del ser humano.

Lo opuesto al acercamiento de la Luna es su alejamiento, que según Horbiger también ha ocurrido. Entonces, obviamente, vendría a suceder el fenómeno contrario al gigantismo: la disminución de estatura, el ensanchamiento de los cuerpos y el aplastamiento de las cabezas, que en el caso de los seres humanos se traduce evidentemente en enanismo.

Esta teoría de Horbiger explicaría con cierta lógica la razón de las razas agigantadas de que tanto se ha hablado y de las que quedan todavía algunos ejemplares, así como el porqué de las razas de baja estatura hasta llegar a los pigmeos.

Ignoramos qué acierto pueda tener esta teoría de las lunas de Horbiger. Como quiera que sea el gigantismo y el enanismo han existido y existen todavía.

La importancia de los expuesto para nuestro tema consiste en obtener una posible respuesta satisfactoria a la incógnita de los gigantes de que hablan las leyendas tibetanas, cuya imagen o representación en piedra parece encontrarse en la isla de Pascua, en el océano Pacífico. La apariencia de estas figuras gigantescas coincide por una parte con tales leyendas y por otra —la forma alargada de la cara y el cráneo, por ejemplo— se ajusta a la teoría de Horbiger. Todo esto quizá llegue a justificar también otras leyendas que existen en pueblos diversos de Oceanía, que hablan del *hombre de la Luna.*

Son estas múltiples coincidencias las que impulsan a recordar y reflexionar en ciertas antiguas leyendas y tradiciones, que parecen tener una base de verdad.

Con estos antecedentes podemos preguntarnos: ¿habrá comenzado la Luna a acercarse hacia nosotros en el tiempo presente? ¿habrá comenzado ya a producir mutaciones?

Decimos esto porque está ocurriendo algo muy notable y tal vez importante, a saber: la generación a partir de la década de los años sesenta aproximadamente, produce personas con una estatura mucho mayor al promedio de las generaciones anteriores dentro del mismo pueblo o grupo étnico y en muchos de los casos desproporcionadas dentro de la misma familia. Este fenómeno es muy notable en México y en otros países que el autor ha visitado, en los que frecuentemente se ven jóvenes de veinte o menos años cuya estatura resulta ser mucho más elevada que la de sus familiares.

Al comentar el caso con médicos, éstos han dado como explicación posible el importante avance de la medicina, los deportes, la alimentación, hoy mucho más equilibrada que en tiempos pasados, lo cual seguramente tiene mucho de verdad. Sin embargo, quedan en pie otros factores como éste del probable acercamiento de la Luna a la Tierra.

Riesgos estelares diversos

Otro fenómeno estelar que podría tornarse importante por sus posibles consecuencias o trastornos, es el caso del enorme asteroide del que han venido hablando publicaciones especializadas.

Dicho asteroide describe una órbita, muy alargada por cierto, entre la Luna y la Tierra. Este alargamiento de la órbita hace que en ocasiones se aleje mucho de nosotros, mientras que en otras se acerca tanto, que podría resultar peligroso: por ejemplo, durante los próximos alineamientos planetarios que se esperan para los años 1982, 1984 y a finales del presente siglo.

Otro riesgo, como ya se explicó en un capítulo anterior, está en el acercamiento del gigantesco planeta *Barnard-1,* cuyo Sol, debido a su centro gravitatorio, viaja de manera convergente a la de nuestro Sol, y ambos, hacia la estrella *Vega* de la constelación de la *Lira.*

Este último fenómeno es el que más se presta para especular y suponer que puedan producirse trastornos de toda índole en nuestro sistema planetario, incluyendo especialmente al Sol, que probablemente comenzará por aumentar las manchas solares, signo evidente de aumento de la actividad solar. Ya sabemos lo que los mayas decían de ese aumento de actividad producido cada once años y medio y más aún cada 22-23 años. También sabemos de los efectos negativos que ejerce sobre las comunicaciones eléctricas, sobre la corteza terrestre y sobre la mente y psiquis humanas.

La aparente locura que en estos momentos pareciera estar viviendo la humanidad tal vez sea el principio de importantes mutaciones, a causa de cuanto acabamos de decir: la Luna que acorta su distancia, el *Barnard-1* que se acerca invisible como un fantasma, el Sol que se activa...

Capítulo XXIII

LA CUARTA RAZA-RAIZ: LOS ATLANTES

A lo largo del tiempo se ha escrito mucho relativo a la *Atlántida.* No obstante, los datos más genuinos que pudieran servir de base verdadera para hacer afirmaciones se han encontrado de manera tan dispersa y fragmentada, que no es posible darles la fiabilidad que sería de desear. A pesar de todo, y partiendo de lo que sigue, el lector podrá sacar sus propias conclusiones.

El día 7 de junio del año 8498 antes de Cristo, se hundió la *Atlántida.* Ese es el día que algunos autores señalan como fecha en que ocurrió la gran catástrofe, fecha que coincide, de modo muy aproximado con el principio del calendario maya. Como puede suponer el lector, no sabemos cómo se llegó a dar con tanta exactitud esa fecha. Pero aunque podría ser solamente una especulación, en todo caso tal vez llegue a servir a la ciencia para buscar, y quizá, con un poco de suerte, para localizar algún fenómeno que necesariamente debe de haber sido de gran trascendencia.

Diego de Landa escribió en el año 1566 que los mayas señalaban como principio de su cronología el año 3113 a.C., pero agregaba que antes de esa fecha ya habían vivido como raza y como pueblo 5125 años. ¿Por qué hicieron esa división del tiempo en su vida los mayas?

Dicha división del tiempo en la vida de los mayas está insinuando que vivieron una vida normal durante el primer período de 5,125 años y que luego sucedió algo que los obligó a empezar de nuevo la cuenta de su cronología. Resulta muy interesante encontrar que, sumando los 5,125 años a los 3,113, obtenemos la cifra 8,238, que es justamente el final exacto de la constelación zodiacal de *Cáncer* y el principio de la constelación de *Géminis*, a la que se alude en otra parte de este libro cuando se habla de *Hunab Ku* e *Ixbalanqué* como dioses buenos visibles en el cielo. Recuérdese que esos dioses buenos aparecieron al final del desastre que obligó a los mayas a emigrar a tierras desconocidas.

La fecha 8,238, que figura en el zodíaco incluido en este libro, fue sacada por los grados con que aparece en el Ecuador Celeste y no por cuadrantes a la manera astrológica. Es por lo tanto un dato de suma importancia.

Abundando en las coincidencias imposibles de explicar, si agregamos a los 8,238 años de la vida de los mayas el tiempo transcurrido de la era actual, llegamos a más de 10,000 años, que admirablemente vienen a equivaler a la época consignada por el *Zodíaco de Dendera*h. En una palabra: hay completa concordancia entre los fechamientos mayas y egipcios, lo que hace pensar que ambos pueblos sufrieron las consecuencias de un mismo cataclismo, probablemente en una misma región, que supuestamente fue *Atlántida.*

El *Popol Vuh*, como ya varias veces se ha dicho en este libro, habla de un cataclismo que obligó al pueblo maya —y seguramente a muchos otros pueblos— a trasladarse a otro sitio, Centroamérica, región que les resultó ser desconocida hasta en sus frutos. Asimismo, la insistente afirmación de que la catástrofe ocurrió *hacia donde el Sol se levanta,* sugiere que el cataclismo que hizo desaparecer la tierra donde antes vivieron ocurrió precisamente en el océano Atlántico. Todas las referencias están señalando hacia la desaparecida *Atlántida,* considerada hasta hace poco tiempo por los escépticos como mera leyenda.

Y hablando de escepticismo poco o nada fundamentado, los exploradores y arqueólogos Dimitri Rabikoff y Manson Valentine descubrieron hacia el año 1972 en el fondo marino de la plataforma de las islas Bimini, de las Bahamas, a más de 500 metros de profundidad, varios restos de muros pertenecientes a construcciones diversas y un dique de alrededor de 300 metros de largo.

Los científicos de la Universidad de Miami que estudiaron el hallazgo, sugirieron que todas esas huellas de trabajo humano correspondientes a una cultura muy elevada, revelan una antigüedad que se remonta a 8 ó 10,000 años. Tales fechas coinciden plena y absoluta mente con la antigüedad de los mayas según su propia cronología y coinciden también con las otras fechas antes dadas: el repentino despertar de los sumerios en la Mesopotamia, la llegada de los primeros faraones a Egipto y la época en que ocurrió el hundimiento de la *Atlántida.*

Finalmente, estando este libro para ser entregado al editor, los periódicos informaron escuetamente que se acababan de descubrir los restos de una gran pirámide en el fondo del Atlántico. La noticia no agregaba más detalles pero existe el proyecto de una exploración submarina para confirmarla. Habrá que esperar algún tiempo para conocer los resultados finales, pero desde ahora podemos asegurar que el informe no dejará muy boyantes a los escépticos gratuitos.

Thoth - Hermes Trismegisto

Thoth, según dice el *Libro de los muertos* egipcio, llegó a Egipto en una embarcación, procedente de una isla lejana de Occidente: por eso se le conoce también como *Señor de más allá de los mares*, y también como *Guardián de las tierras.* Según esa tradición, *Thoth* abandonó su lugar de origen cuando la luz del sol se oscureció. Podemos pensar en un probable eclipse; pero más probablemente en una erupción volcánica tan gigantesca, que las nubes de humo y ceniza impidieron el paso de la luz solar durante largo tiempo. Obsérvese que algo muy semejante aparece en el relato del *Popol Vuh.*

Según L. Filipoff, sabio astrónomo argelino, existen datos en viejos escritos egipcios, correspondientes a las dinastías V y VI, en los que *Thoth* se encuentra muy estrechamente relacionado con el signo astrológico de *Cáncer.* Se ha deducido de ahí que el viaje de *Thoth* debió de ocurrir en el equinoccio vernal, cuando estaba *Cáncer* como signo vigente, o sea, en el año 7256 a. C. Serían en la actualidad más de 9,000 años, fecha que de nuevo coincide con el *Zodíaco de Denderah.*

Otro dato importante sobre el mismo tema lo proporcionó en el siglo IV a.C. Jámbilo de Alejandría, quién afirmó en algunos de sus escritos que los 42 libros sagrados conservados por los sacerdotes egipcios fueron originalmente escritos por *Thoth*.

Estaban divididos en dos grupos principales: 36 relataban la historia y el grado de cultura a que se había llegado hasta esos días, y los seis libros restantes se referían exclusivamente a los altos conocimientos filosóficos y científicos en que se encontraban.

Imaginemos por un instante que *Thoth* haya salido de la *Atlántida*, ¿no saldrían también de allí *Quetzalcóatl, Viracocha*, el gran personaje del Perú y *Krishna*, el gran filósofo cuyas enseñanzas han llegado hasta nuestros días absolutamente vigentes? ¿Fueron todos esos grandes maestros un mismo ser pensante que de alguna manera pudo recorrer el mundo en el transcurso de una vida, o fueron tal vez varios que de alguna manera y en tiempos distintos vinieron al mundo a dejar sus enseñanzas?

Hermes Trismegisto y Thoth están ya identificados como una misma persona. Se dice que, al llegar a Egipto, enseñó a los nativos artes, ciencias, filosofía, religión, escritura, matemáticas, astronomía, música, medicina. metalurgia, etc., de modo muy semejante a lo que hizo Quetzalcóatl o Kukulkán en América y Krishna en India.

Thoth, según la leyenda egipcia, esculpió la *Tabla esmeralda* antes de emprender su regreso al reino de los dioses. Pero prometió volver, exactamente como también lo prometió *Quetzalcóatl*.

En la mitología griega se encuentra también al dios *Hermes* griego, mensajero de los dioses, muy posterior al *Hermes* egipcio y que presenta muchas de las características de éste.

Hermes Trismegisto o *Thoth* dijo:

> «Lo que está arriba es igual a lo que está abajo, y lo que está abajo es idéntico a lo que está arriba, todo, para realizar las maravillas del Unico. Puesto que todas las cosas existen debido a la voluntad del Unico, tienen consecuentemente su origen en la cosa Unica.»

Seguramente habrá notado ya el lector la admirable coincidencia que este tan antiguo pensamiento tiene con las más modernas concepciones científicas referentes a la unidad de la materia, al menos dentro de la dimensión de la velocidad de la luz. Cabe suponer que un concepto tan avanzado solamente pudo haber sido expresado por alguien procedente de una cultura incluso mejor a la que hoy, en pleno final del siglo XX estamos viviendo.

En consecuencia, todo lo relativo a *Thoth* o *Hermes Trismegisto* hace pensar en un personaje superior, procedente de alguna región muy apartada de Egipto. *¿No habrá tenido su origen en la legendaria Atlántida*?

De los «Diálogos» de Platón

Ya se dejó dicho en *Dramáticas Profecías de la Gran Pirámide,* que en Egipto existió el oro en cantidades importantes, sin que hasta hoy se hayan encontrado las minas de donde fue extraido. ¿De dónde provino ese oro?

Pues bien, veamos lo que se dice en los *Diálogos* de Platón:

> «... De Atlas, rey de la Atlántida, surgió, pues, una estirpe numerosa y muy considerada y, como de costumbre, el más anciano de la familia transfería el dominio al más viejo de los descendientes. Así fue como estos llegaron a reunir en aquel lugar, a través de muchas generaciones, tal cantidad de riquezas como jamás se habían visto acumuladas en reino alguno ni se verían en el porvenir, pues andaban provistos de todo cuanto necesitaban en la ciudad y en el resto del país. Mucho de ello les era enviado desde el exterior como tributo al soberano; pero la mayor parte de lo que era necesario para el sustento era producido por la propia isla, sobre todo lo que se refiere a metales, los cuales eran extraídos de las montañas de la tierra, ya fueran sólidos o fusibles (¿mercurio?), y entre aquella especie de metales que ahora sólo se recuerdan por su nombre, estaba el bronce, que se encontraba en muchas partes de la isla y que, después del oro, era lo más apreciado para aquellos hombres...»

En otra parte de los mismos *Diálogos,* Platón dice:

> «... El templo de Poseidón (Neptuno) tenía la longitud de un estadio, tres plétoras de ancho e igual altura, mientras la propia imagen del

dios tenía un aspecto algo bárbaro. Todo el templo estaba revestido de plata, excepto sus cúpulas que lo estaban de oro. En su interior podían admirarse el techo de marfil con adornos de oro, plata y bronce, mientras todo lo demás, las paredes, las columnas y el suelo lo estaban de bronce. En su interior se elevaban esculturas de oro, también era de ese metal el dios que estaba representado de pie sobre un carro tirado por seis hipógrifos conducidos por él...»

Poseidón fue un dios griego conocido también con el nombre latino de *Neptuno*. Se ha insistido mucho que en realidad fue un rey de carne y hueso cuyo trono estuvo en *Atlántida* y que vivió hacia el año 9900 a.C., o sea, en plena era de la constelación de *Leo*. Dato que coincide también con el *Zodíaco de Denderah* y corresponde al segundo símbolo de la *Gran Esfinge.*

Esta parte del diálogo nos habla claramente de la existencia de una bien establecida organización social, política y económica, una industria metalúrgica bastante desarrollada, en la que se trabajaba abundantemente el bronce, la plata y el oro, así como otros metales cuyos nombres no se mencionan, pero que se insinúan como metales de menor importancia.

El relato demuestra que estaban familiarizados con gran parte de Africa, puesto que en sus templos abundaba el marfil, y hasta podría ser que estuvieran en Africa los pueblos que les pagaban tributo, según dicen los propios *diálogos*.

Estas consideraciones hacen pensar que, en el caso del hundimiento repentino de la *Atlántida*, los náufragos no caminaron a la aventura ciegamente, sino que pisaron sobre brechas ya bien conocidas, aunque tal vez enfangadas.

Y si existían ya tan grandes monumentos en *Atlántida*, es fácil entender que lograran proyectar y construir en poco tiempo otros monumentos del tipo de la *Gran Esfinge* y la *Gran Pirámide,* con toda la sabiduría que contienen.

Casi a continuación del texto transcrito anteriormente encontramos lo siguiente:

«... tenían unas fuentes de cuyas aguas calientes y frías, debido a su espléndido caudal y a las magníficas cualidades que las hacían maravillosas para su utilización, hacían uso una vez abastecidas de ellas los edificios y los campos que los rodeaban y que eran adecuadamente regados, quedando aún caudal suficiente para llenar los depósitos dispuestos en parte a cielo abierto y en parte en piscinas bajo techo para permitir tomar baños calientes en invierno, situando aparte las piscinas reales...»

Esta parte de los *Diálogos* nos habla de una muy avanzada organización social, así como de la existencia de edificios propiamente dichos, y no de chozas primitivas; todo ello implica urbanización debidamente programada.

Además, y complementando muchas ideas respecto de la *Atlántida*, leemos que había *aguas calientes de magníficas cualidades*, que sugieren la cercanía de una zona volcánica productora de *aguas termales*. Esta geografía volcánica explicaría implícitamente la repentina desaparición de *Atlántida* en un día y una noche. Y si se desea entender mejor el problema, bastará con leer lo que sucedió con la isla *Krakatoa* en el año 1883, cuando estalló el volcán produciendo marejadas en casi todas las costas del mundo y ondas vibratorias en todos los sismógrafos entonces existentes. Si esto ocurrió tratándose de una isla tan pequeña, ¿qué sucedería en el caso de un volcán varias veces mayor que el Krakatoa, o tal vez varios volcanes cercanos entre sí y todos en actividad?

En el relato anterior se habla de piscinas bajo techo, a fin de poder tomar baños calientes durante el invierno. Esto sugiere por lo menos dos hipótesis igualmente posibles:

a) Que aquella ciudad no estaba en tierra baja cercana al nivel del mar, sino a muchos metros por encima de ese nivel, quizá en región montañosa.

b) Al hablar de *invierno*, implícitamente se está hablando de frío y de estaciones del año. Es decir, que no se encontraba en las cercanías del Ecuador, sino muy hacia el hemisferio norte, en donde las estaciones del año son perfectamente definidas. Y efectivamente, más adelante el propio diálogo, sin aparente contacto con lo precedente lo aclara todo diciendo:

«... Ante todo, el conjunto del país parece que no era muy elevado, surgiendo abruptamente del mar y toda la llanura alrededor de la ciudad, rodeada de montañas, que extendían sus laderas hasta aquél...»

Para cualquier mente un poco analítica y lógica, tantas confirmaciones y coincidencias dentro de un mismo relato en comparación con otros relatos completamente distintos, tienen todas las características de la verdad, de una realidad vivida, que si no la consideramos histórica por no haberse escrito como entendemos debe escribirse la historia, igualmente pudo haber sido real y susceptible de llegar a confirmarse.

Y ahora viene algo que los escépticos llamarían simple casualidad a falta de mejor explicación: el paralelo 30 en que está situada la *Gran Pirámide* y que pasa entre México y Estados Unidos de Norteamérica, casi como frontera, reúne precisamente las condiciones de clima a que se refieren los *Diálogos* de Platón. En ellos también se cuenta que cuando Solón visitó la ciudad egipcia de Sais, los sacerdotes egipcios le dijeron:

«... vosotros los helenos, no tenéis herencia, porque los cataclismos arrasaron las herencias...»

Esta frase demuestra que los egipcios conocían la historia y tragedia de los griegos o helenos, seguramente debido a que vivieron en un mismo continente que fue destruido parcialmente. Quizá eso obligaría a los egipcios a emigrar llegando entonces el primer faraón al Alto Nilo con un estado constituido.

Más adelante se lee:

«... ciertas perturbaciones en el movimiento de los Cuerpos Celestes ocurren periódicamente causando las destrucciones...»

Obsérvese que habla de *Cuerpos Celestes*, no de dioses. Semejante afirmación implica conocimientos astronómicos, tal vez sin intervención religiosa y demuestra que aquella gente conocía que los trastornos de nuestra Tierra tienen su motivación en los cuerpos celestes. De este modo resultaría lógico suponer que tuvieran un plano astronómico que incluyera el zodiaco, tal como aparece esculpido en la piedra *Zodíaco de Denderah*.

La última parte del relato se refiere a unos 10,000 años a. C., coincidiendo así con la época de la constelación de *Virgo*, primer símbolo de la *Gran Esfinge*. Como se verá más adelante coinciden también con las descripciones de dicho relato los recientes hallazgos submarinos en el Atlántico, lo que no puede ser simple casualidad.

Otra confirmación más está en los escritos de Proclus, quien relató que un griego llamado Krantor viajó igualmente a Sais, en donde los sacerdotes le mostraron ciertas inscripciones en un templo, coincidentes y similares con la versión antes proporcionada a Solón.

Independientemente de estos datos antiguos, los arqueólogos modernos encontraron en Egipto un papiro de la segunda dinastía —o sea, unos 3,000 años a. C.—, que habla de una expedición enviada al Atlántico en busca de la *tierra de los antepasados*. En realidad, cuando salió esta expedición todavía no habían transcurrido muchos años después de Menes, el primer faraón; de manera que tal vez se la pueda considerar como expedición de rescate. Esto quiere decir que la *Atlántida* se había hundido por etapas. En tal caso, dicha expedición de rescate pudo encontrar restos de la población, refugiados en distintos sitios, lo que explicaría de manera natural la presencia de los sabios que durante la tercera dinastía prepararon los proyectos y planos para construir las primeras pirámides y esculpir la *Gran Esfinge*.

Esto mismo ya se insinúa en el libro *Dramáticas profecías de la Gran Pirámide*. Ahora solamente estamos insistiendo en la probabilidad de que en las cercanías del paralelo 30, o entre éste y el 20, a su paso por el Atlántico, se halle el sitio aproximado donde estuvo la *Atlántida* o algunas de sus ciudades importantes, antecedente de los egipcios y de los griegos. En esa región deberían efectuarse las investigaciones, pues tal vez por allí esté la ciudad con sus templos de plata, oro y bronce.

De esta manera quizá se esclarezcan viejos misterios que hasta hace poco tiempo se creyeron mitos y leyendas.

Opiniones diferentes y a la vez coincidentes

Cada vez que se han descubierto vestigios de culturas en algún fondo marino, en seguida se ha pensado que eso pudo haber sido la

Atlántida. Por supuesto, los escépticos inmediatamente contradicen y hasta llegan a negar lo evidente.

Se han encontrado huellas de culturas desaparecidas en casi todos los mares. Entre las más recientes están las del mar Egeo, entre Grecia y Egipto, de las que se dijo en un principio que pudieran ser restos de una ciudad de *Atlántida*.

Después, Jüngen Spant, al descubrir huellas de lo que fue una ciudad hundida en las cercanías de la isla Heligoland, en el Mar del Norte, supuso haber encontrado la *Atlántida*.

Por nuestra parte, a la vez que diferimos con cada una de estas opiniones en particular, coincidimos en el conjunto, o sea que lo encontrado, algo tuvo que ver con *Atlántida*, ya que no se debe suponer que el fenómeno que produjo el hundimiento fuera tan local y de extensión tan reducida, que no afectase más que a los propios habitantes de su isla. Es de suponer que un cataclismo capaz de hundir una gran isla posiblemente de la superficie de Australia, tuvo que sacudir a todo el mundo, produciendo resquebrajamientos y desniveles capaces de alterar fundamentalmente la geografía del mismo. Todos esos hallazgos en los fondos marinos ponen al investigador frente a la insoslayable realidad de *un tremendo cataclismo*.

Un ejemplo perfectamente posible puede dar ideas: hoy conocemos un continente llamado América que va desde Tierra del Fuego hasta Canadá y aún más al norte. Supongamos (sin desearlo) que un cataclismo, provocado por el Cinturón de Fuego que corre paralelo a la costa del Océano Pacífico y que ha venido produciendo tantos sismos, quebrara y hundiera las partes débiles del continente, por ejemplo, Panamá, Nicaragua, Tehuantepec, California, etc. Un cataclismo así dejaría fuera del agua porciones de tierra más o menos alejadas entre sí; pero a la vez tendría serias repercusiones en todo el mundo.

Pues bien, pasan los siglos y milenios, y entonces vienen los escépticos —que siempre los ha habido— y no aceptan que América haya existido toda unida, ni admiten que a ninguna de las islas existentes —una parte de California, de Panamá, o de Nicaragua, pongamos por caso— se las deban considerar de origen americano.

Algo similar a lo imaginado en este ejemplo ocurre con la *Atlántida.*

Los *Diálogos* de Platón dicen que *Atlántida*

«... tenía una extensión superior a Libia y Asia Menor juntas...»

Una extensión, por tanto, quizá superior a la de Australia. No obstante, los escépticos quieren aplicar ese nombre a una extensión del tamaño de un estadio deportivo.

Atlántida dio la cultura que produjo la Gran Pirámide

Solón, uno de los siete sabios de Grecia, vivió desde el año 640 al 559 a. C. y fue tío de Platón, cuyos famosos *Diálogos* parecen despejar la incógnita del origen y procedencia de la gran cultura que fue capaz de concebir y construir la *Gran Pirámide* y la *Gran Esfinge,* de esculpir el *Zodíaco de Denderah,* y de levantar la Pirámide de Sakara y otros monumentos de época prehistórica. El texto que sigue tal vez nos oriente y ayude a descubrir y entender mejor el asunto.

> «... En esta isla del Atlántico había un reino inmenso y admirable que no sólo dominaba sobre la parte de aquella tierra firme; también ejercía su soberanía sobre las tierras de Libia hasta Egipto y Europa hasta el mar Tirreno.
> Esta gran potencia trató una vez de someter tanto vuestra nación como la nuestra y cuanto se hallaba a la parte de acá del estrecho, para lo cual emprendió una atrevida expedición guerrera. Fue entonces, ¡oh, Solón! cuando vuestro pueblo hizo patente todo su poder dejando admiradas a las gentes por su valor y por su energía. Pues excediendo a todos en bravura y en capacidad guerrera, puesto a la cabeza de todos los helenos, aleccionado por la caída de todos los demás, solo y viéndose en inmenso peligro, por una parte derrotó al enemigo alcanzando señaladas victorias y por otra impidió que los pueblos que aún no se habían sometido lo fueran. Y a los demás que vivían dentro de las fronteras heráclicas les dio, sin envidia, la libertad. Pero más tarde, cuando se produjeron inmensos terremotos y unas grandes inundaciones en el transcurso de un solo y aciago día y una noche, sola toda la numerosa y aguerrida generación de vuestro

pueblo quedó sepultada en tierra y también desapareció *Atlántida* hundiéndose en las profundidades del mar. Por esto el mar en aquellas regiones no es hoy en día navegable, no siendo posible que lo atraviesen las naves porque lo impide el lodo que dejó la isla al hundirse y que alcanza una gran altura.

No quiero ocultarte, ¡oh Solón! –y no sólo para darte gusto a ti y a vuestro estado y al nuestro, educándonos y elevándonos– que el vuestro (estado) se constituyó unos mil años antes que el nuestro, después que las estirpes de Gea y Hefesto fuesen recibidas por vosotros mucho antes de que lo fueran por los nuestros.

Para la fecha de esta fundación figura en nuestros libros sagrados la cifra *nueve mil años*. Así, pues, de vuestros ciudadanos que vivieron hace unos nueve mil años, dentro de poco te explicaré las leyes y las más notables hazañas que realizaron...»

Siguiendo con los *Diálogos* de Platón, encontramos que Critias decía:

«... Pero algo tenemos que advertir someramente antes de empezar nuestro relato a fin de que no os cause extrañeza el oir mencionar vuestros nombres helénicos por los hombres bárbaros; escuchad, pues, el origen de este hecho; Solón, al investigar el significado de los nombres –pues pensaba utilizarlos para su poema–, descubrió que los primitivos egipcios, al registrar en sus anales aquellos nombres, los habían traducido a su idioma. Y precisamente esta traducción obraba en poder de mi abuelo y ahora en mi poder.

Así también, refería que Poseidón (Neptuno) había recibido la isla *Atlántida*. Este dios permitió que la descendencia que tuvo con su mujer mortal se estableciera en un lugar de la isla *Atlántida*, que ofrecía las siguientes características: era una isla en cuyo centro había una llanura que seguramente era la más hermosa y fértil jamás conocida. En sus proximidades, pero también hacia el centro, a unos 50 estadios (10 kilómetros) de distancia, había una montaña que caía por todos lados en suaves pendientes. En ella vivió uno de los primeros hombres de la Tierra, que había nacido allí...»

Los textos transcritos y otras citas que aparecen en los *Diálogos* de Platón, confirman que tanto Grecia como Egipto fueron invadidos y fuertemente influenciados por la cultura y tal vez hasta el lenguaje de los atlantes. En efecto, es harto sabido que los sacerdotes de la diosa Neith, de Sais, la protectora de la sabiduría, revelaron a Solón que sus archivos se remontaban a millares de años, en los que se hablaba de un continente ya perdido que estuvo más allá de las Columnas de Hércules (Gibraltar) y que fue engullido por los mares hacia el año 9560 a. C. o sea, hace ahora unos 12,000 años.

Es verdaderamente admirable la persistente coincidencia en el tiempo de tan dispersas referencias al mismo asunto. Las diferencias en años que se pueden notar, son en verdad insignificantes, y bien podrían deberse a errores en los cálculos. Todos los datos recogidos en lugares tan apartados unos de otros, en el tiempo y en el espacio, redundan en fechas muy aproximadas unas de otras, lo cual revela que en esa época verdaderamente sucedió algo muy importante que afectó a toda la humanidad.

De los textos de Platón se desprende que *Poseidón,* posteriormente dios griego, fue en realidad un rey de *Atlántida* que vivió hacia el año 9650 a. C. En la actualidad serían casi 12,000 años. Esta fecha es importante porque se deduce de un texto de procedencia griega, que vendría a apoyar todo lo encontrado en Egipto.

Como se dijo antes, en el relato hecho a Solón se habla de una gran cultura. Desde luego, un *Zodíaco* tan perfectamente esculpido como el *Zodíaco de Denderah* necesariamente requería una gran cultura previa, así como un instrumental de primer orden para grabar los detalles y calcular la posición de las estrellas en el cielo y también verdadera sabiduría para expresar y perpetuar símbolos tallando la *Gran Esfinge* o determinando un matemático y completo simbolismo astronómico construyendo la *Gran Pirámide.*

Conclusiones:

a) Toda la cultura prehistórica de Egipto tuvo su origen y se desarrolló en una primera etapa en *Atlántida.*
b) Un «dios», entendiendo como tal a un ser llegado del espacio exterior, se unió en matrimonio con una mujer terrícola,

de cuya descendencia nacieron los reyes, el último de los cuales sería *Poseidón* (rey dios).

c) El sistema hoy conocido como astrología nació en *Atlántida* tal vez hace más de 20,000 años.

d) El hundimiento de la *Atlántida* debió producirse hace 11,500 o 12,000 años.

e) Como consecuencia de uno o varios gigantescos cataclismos ocurridos en la *Atlántida,* se produjeron éxodos: en uno de ellos los atlantes irían a Egipto; en otro a Sumeria; en otro tal vez a Grecia. En alguno de ellos quizá llegaron hasta Centroamérica.

Epoca moderna

Heinrich Schliemann, arqueólogo alemán, que vivió de 1822 a 1890, se hizo famoso por sus descubrimientos de las ruinas de Troya. Durante muchos años la existencia de Troya había sido tenazmente negada por los eruditos, pero Schliemann la encontró. Pues bien, él siempre creyó que así como se negó tanto tiempo el relato de Homero, no obstante estar basado en la realidad, así también se insistiría en negar el relato de la *Atlántida,* al que se consideraba producto de la imaginación y la leyenda.

La opinión de Schliemann no fue gratuita y sin fundamento pues dijo haber encontrado en San Petersburgo un papiro, cuya antigüedad se remontaba por lo menos a 3,350 años a. C., correspondiente a la dinastía tal vez del faraón Sent. Según dicho papiro, el faraón Sent había enviado una expedición a buscar nada menos que el sitio donde antes estuvo *Atlántida*, ya que la reconocía como «madre patria de Egipto».

Schliemann afirmó que ni los egipcios ni los mayas fueron notables navegantes, y por tanto, ninguno de los dos pueblos en aquella época pudieron atravesar el Atlántico en viajes regulares. No obstante, las similitudes que a su juicio existen entre las civilizaciones y culturas egipcia y maya son tantas, que es muy razonable considerar a los dos pueblos como procedentes de un mismo origen geográfico y quizá hasta genético, o sea que ambos grupos étnicos parecen pertenecer al mismo árbol genealógico. Esto podría entenderse si alguna vez el continente africano y el americano hubieran estado unidos, o por lo menos muy cercanos entre sí, o quizá unidos por delgadas franjas de tierra o por archipiélagos que permitieran el fácil traslado en las embarcaciones de aquella época.

A nuestro juicio y a juzgar por los muelles recientemente descubiertos en el Atlántico, cerca de las islas Bimini, como ya se dijo en otro capítulo, los barcos atlantes no parecen haber sido pequeños. De modo que aunque solamente haya habido navegación de cabotaje debió tener cierta importancia.

En el libro *Dramáticas profecías de la Gran Pirámide* hicimos referencia al hecho de que en el Atlántico, por donde pasa el cable submarino, el fondo del mar parece estar emergiendo y noticias más recientes confirman que viene apreciándose este hecho desde hace más de 18 años. ¿Qué está sucediendo realmente en esa región? Asimismo, hay muchas opiniones sobre que la isla de Puerto Rico fue en otro tiempo un fondo marino que emergió, pero que ahora parece estar hundiéndose de nuevo, y esto es tan notable que se aprecia a simple vista de año en año. Puerto Rico está muy cerca del paralelo 30 al que se refiere la localización de la *Gran Pirámide.*

Proporcionando mayor información al respecto, el autor guatemalteco Batres Jáuregui, dice en su libro *La América Central ante la Historia*

> «... el más trascendental fue el hallazgo de un gran jarro de bronce que contenía medallas, monedas, piezas de barro y objetos de hueso fósil, que reproducían las encontradas en el bronce que se halló en el tesoro de Príamo. Los vasos de Centroamérica eran incuestionablemente de la misma mano de obra que los descubiertos en Troya...»

En dicho libro se lee que todos esos objetos fueron sometidos al análisis químico y a otros exámenes científicos, resultando ser todos del mismo barro, que por cierto no era de Fenicia ni de la América Central. Los utensilios metálicos contenían una aleación de platino, aluminio y cobre, combinación nunca encontrada en alguna otra parte.

A su vez, el profesor Schliemann se refiere a esto mismo en sus escritos, lo cual permite concluir que los antepasados de los egipcios llegaron al país de las pirámides llevando consigo la sabiduría y muchos elementos de su tierra nativa, que se supone fue la *Atlántida.*

Un templo submarino

De todas las investigaciones hasta hoy efectuadas en relación con la *Atlántida,* la más reciente e importante empezó en el año 1971 y la última palabra se dirá en un futuro cercano. En dicho año, la revista *Science et Vie* relata que mediante fotografías aéreas se descubrió en el fondo marino de Great Bahama Bank, aproximadamente en el paralelo 26, la existencia de una ciudad que desde muy antiguo fue engullida por el Atlántico. (La *Gran Pirámide* y la *Gran Esfinge* están en el paralelo 30, del que se ha hablado repetidamente.)

Posteriores investigaciones submarinas descubrieron que en ese sitio hoy llamado *Ciudad* hay muros, restos de construcciones, y un templo de 25 metros de ancho por 33 de largo.

En ese laborioso trabajo intervinieron el profesor Manson Valentine, del museo de ciencias de Miami, Florida, y el profesor Dimitri Rebiokoff, especializado en exploraciones submarinas. Con sorpresa ambos profesores encontraron que en ninguno de los restos de construcción, ni en el llamado *Templo*, había zoofitos, madréporas, corales, algas, ni ningún otro vestigio de vida vegetal o animal, en contra de lo que sucede normalmente en cualquier fondo marino. Esto los llevó a la conclusión lógica de que tanto el templo como los demás restos de construcción debieron de hundirse bruscamente, quedando de inmediato cubiertos por la arena y el lodo. Y así permanecieron durante milenios hasta que, recientemente, han empezado a emerger de ese fondo marino, haciendo que las corrientes y marejadas limpien la arena y el lodo.

El lector seguramente recuerda que en los *Diálogos* de Platón es eso precisamente lo que se dice:

«... pero más tarde, cuando se produjeron inmensos terremotos y unas grandes inundaciones en el transcurso de *un solo y aciago día y*

> *una noche sola,* toda la numerosa y aguerrida generación de vuestro pueblo quedó sepultada en tierra, y también desapareció Atlántida, hundiéndose en las profundidades del mar. Por esto, el mar en aquellas regiones no es hoy día navegable, no siendo posible que lo atraviesen las naves, porque lo impide el lodo que dejó la isla al hundirse y que alcanza una gran altura...»

Al someter los restos de dichas contrucciones a la prueba radioactiva del Carbón 14, se encontró –según declaración de Dimitri Rebiokoff– que:

> «... la estimación quedó confirmada, aplicando el método radiactivo a las tumbas sumergidas próximas, que nos dieron un resultado de 6,000 años para cuatro metros de profundidad, y 10,000 años para los seis metros de profundidad...»

Estos resultados demuestran que el hundimiento no fue simultáneo en toda la superficie. Por lo que hasta hoy se ha descubierto, parece que obedeció al menos a dos cataclismos separados entre sí por varios milenios. El primero identificado resulta coincidir con gran exactitud con el *Zodíaco de Denderah*, así como con la constelación de *Virgo*, de lo que ya se ha hablado repetidamente en este libro.

La segunda edad, que tal vez corresponde al último cataclismo, es de 6,000 años, fecha que coincide exactamente con la cronología de la *Gran Pirámide*. ¿No es éste un lenguaje suficientemente claro?

Estas modernas investigaciones vienen a confirmar lo que respecto a fechas, éxodos y acontecimientos se dice en este libro, a la vez que justifican plenamente nuestro prolongado y laborioso trabajo de investigación.

Conclusión: ¡La *Atlántida* está emergiendo de su tumba líquida para exhibir su verdad!

El Gulf Stream o Corriente del Golfo

Es sabido que la *Corriente del Golfo* consta en realidad de dos corrientes que circulan en sentido opuesto entre sí. Una, la fría, viaja de norte a sur, empezando quizá en la bahía de Baffin, pero ya apreciable al pasar por Labrador. Se dirige siempre hacia el sur para compensar el desnivel de las aguas ocasionado por la evaporación de la zona tropical.

La otra corriente, originada al sur del Ecuador, en su viaje hacia el norte, pasa por el Golfo de Guinea primero y por el Mar Caribe después, recibiendo durante todo ese trayecto un fuerte calentamiento solar, de manera que al llegar a los hielos del norte los licúa parcialmente, evitando que se extiendan hacia el sur y manteniendo así el equilibrio. Esta corriente templada se divide, y un volumen muy importante pasa frente a Portugal, España, Inglaterra, Noruega, etc., dando a todos esos países un clima templado benigno. Es este fenómeno el que produce la famosa niebla londinense.

Pero, supongamos que el calentamiento de la Corriente del Golfo aumente en exceso por cualquier razón: entonces se rompería el equilibrio hasta hoy conocido y lo que antes era niebla se empezaría a condensar y a caer en forma de nieve. Si el supuesto calor excesivo continuara en Guinea, Ecuador y Caribe, la nieve se iría extendiendo cada vez más en el norte hasta constituirse en un enorme glaciar. Así, pues, en ese fenómeno el Sol jugaría un papel preponderante, independientemente de que en la propia Tierra aparecieran otros factores aumentativos.

Pero ¿a qué podría deberse ese supuesto calentamiento de los mares ecuatoriales?

La pregunta es importante porque ese pudo haber sido el principio al menos de la más reciente glaciación importante y del desastre mundial de que se ha venido hablando en este libro. La *Atlántida* viene a ser un punto de referencia inevitable dentro de nuestra teoría.

Veamos el caso. En el océano Atlántico hay muchas islas, desde el Mar Caribe hasta las Islas Bermudas, o sea cerca ya del paralelo 40 norte.

Supongamos que en otro tiempo no fueran islas, sino un continente, o por lo menos un archipiélago muy cercano a los continentes de América y Africa; en tal caso, las que hoy son islas serían entonces las montañas más elevadas. (Esto último no es mera imaginación, puesto que las montañas de Puerto Rico, por ejemplo *El Yunque*, contienen pruebas fácilmente visibles de que alguna vez fueron fondo marino.) Si las cosas fueron de esa manera, entonces la gran isla, más conocida como *Atlántida*, tal vez daba forma a un «estrecho» de cada lado: por uno habría circulado la corriente fría de Labrador y por el otro –la del lado africano– habría circulado la corriente templada, quizá verdaderamente caliente, lo cual daba el clima ideal, húmedo y tibio, a toda la isla, como sugieren los *Diálogos* de Platón.

Pero al hablar de «estrecho», debe entenderse como una especie de estrangulamiento de dichas corrientes marinas, digamos como un embudo, que obligaba a las aguas a permanecer prolongadamente expuestas al candente sol del Mar Caribe. Lógicamente, un paulatino pero constante aumento de vapor de agua en la atmósfera, al condensarse en el norte, hizo crecer los glaciares, hasta que llegó el momento en que el frío y los nublados intensos restablecieron la temperatura, para después volver a empezar de nuevo el ciclo.

En el *Popol Vuh* de los maya-quichés está perfectamente descrito este fenómeno, que parece haber aumentado a causa de la erupción de volcanes, lo cual vendría a explicar otra probabilidad causante del hundimiento y desaparición total de *Atlántida*. Solamente las islas que hoy conocemos parecen haber quedado como mudos testigos, mientras la Corriente del Golfo se abría paso franco para establecer con el tiempo un nuevo equilibrio en los climas.

Las glaciaciones

El lector tal vez se habrá preguntado por qué se habla aquí de los glaciares y de las glaciaciones. Pues simplemente porque todo ello parece ser un antecedente que quizá pueda explicar alguna de las incógnitas planteadas en este libro, como las citas mayas en el *Popol Vuh*, los símbolos en la *Gran Esfinge*, las fechas astronómicas de la *Gran Pirámide*, el registro presentado por el *Zodíaco de Denderah* y hasta la cita bíblica del *Apocalipsis* que habla de una *Bestia de destrucción*.

En la Tierra ha habido y sigue habiendo muchos fenómenos de tipo periódico: por ejemplo, ciertos glaciares, hoy muy conocidos y estudiados, que crecen y decrecen a cierto ritmo.

En este asunto de los glaciares el Sol juega un papel preponderante, pues el avance y retroceso de los hielos que forman los glaciares, de manera más o menos periódica, está siempre en razón directa del grado de humedad o vapor de agua que contiene la atmósfera. En efecto, al condensarse y caer en forma de lluvia o de agua-nieve en las cercanías de un glaciar, se convierte en nevada, produciéndose así el aumento de nieve primero y de hielo después, para finalmente producirse el crecimiento del glaciar de que se trate, que se va extendiendo en su propia región en la medida en que recibe vapor de agua. Por lo general este proceso se realiza sin afectar al resto del mundo; se trata de un fenómeno solamente local, regional. En cambio, en las glaciaciones, al menos en las últimas cuatro conocidas, el avance arrastró todos los hielos polares hacia el Ecuador.

En los Alpes Suizos hay glaciares a los que se les conoce una periodicidad de 20 a 24 años. En otros sitios han tenido una periodicidad de 45 a 50 años, y en otros más, de 65 a 70 años. A este movimiento se le llama flujo y reflujo de los glaciares.

La cuarta y más reciente glaciación se debió, según la opinión de los investigadores de estos temas, a que todos los glaciares del Artico crecieron lo suficiente como para llegar al paralelo 45 norte. La masa helada cubrió varios países, por ejemplo, casi toda Francia hasta muy cerca de la costa mediterránea. Toda Suiza fue un glaciar. El valle del Ródano fue todo un manto helado. Inglaterra, particularmente la región que hoy ocupa la ciudad de Londres, quedó completamente bajo el glaciar.

En América se helaron todos los lagos del norte, como el Michigan por ejemplo, llegando el glaciar hasta casi cubrir toda Iowa, Nebraska, etc.

Ya se comprende que en la medida en que crece una glaciación disminuye el volumen de agua en los mares. Por el contrario, si todos los glaciares hoy existentes se deshelaran, el nivel de los mares subiría peligrosamente: algunos autores han calculado hasta 50 metros.

Se sabe también que la cantidad de nieve que hace crecer los glaciares aumenta, no en la medida en que baja la temperatura circundante, sino en razón directa del vapor de agua suspendido en la atmósfera en las inmediaciones del glaciar. Y como dicho vapor de agua se forma debido a la acción solar sobre las aguas de los mares, resulta que el aumento de calor en las regiones cálidas favorece la formación de los glaciares, más que un enfriamiento general con atmósfera seca. Por supuesto, una vez que se ha formado el glaciar, éste influye directamente en la temperatura de la región, aunque frecuentemente no se sienta a grandes distancias.

De esto se desprende que un aumento importante en la temperatura de los mares ecuatoriales puede producir una glaciación, debido a las corrientes marinas hacia el Artico. Algo de esto podría explicar lo ocurrido a los mayas, según el *Popol Vuh,* cuando se vieron obligados a abandonar su lugar de origen que era de clima benigno semitropical. Al enfriarse demasiado tuvieron que emigrar a Centroamérica en busca de mejor clima.

Según el profesor Domingo Martínez Paredes, mayólogo, los mayas concebían el infierno como un sitio helado, pues fue el frío y los hielos lo que los destruyó. Después, fue el calor lo que les dio nuevamente la vida, por eso no pudieron entender a los misioneros cristianos cuando hablaban de un infierno caliente.

Admirables coincidencias

Debido a las investigaciones realizadas por científicos de muy alto rango, patrocinados por varios países durante el *Año Geodésico* en 1957, hoy ya se acepta que el más reciente período glacial empezó hace 9,000-10,000 años, habiendo tenido una duración aproximada de 4,000 años. Al final, cuando mejoró el clima, propició la vida, con las respectivas mutaciones, hace unos 6,000 años.

Es en verdad admirable cómo la ciencia va encontrando explicaciones coincidentes con las antiguas tradiciones, en muchos de los casos consideradas como mitos.

Los 9,000 a 10,000 años coinciden exactamente con la antigüedad admitida desde hace muchos años para el *Zodíaco de Denderah,* edad encontrada debido a la colocación en que aparecen las constelaciones zodiacales. Es un resultado obtenido por medio de cálculos astronómicos realizados varias décadas antes del *Año Geodésico.*

Seguramente fue eso lo que aquel pueblo quiso dejar como testimonio y hasta tal vez como advertencia a las generaciones posteriores.

Los 6,000 años que dichos científicos encontraron como final de la mencionada *Era glacial* son el principio de la línea cronológica profética en el interior de la *Gran Pirámide.* La línea en cuestión comprende 6,000 años y se la ha llamado *Era Adámica*, debido a que se ha interpretado como principio de la vida. Nosotros diríamos: ***El renacer de la humanidad.***

Pero el número *«6»* conduce la mente a la ***Cámara de las reflexiones,*** debido a que los mismos científicos antes aludidos aseguran que hay suficientes razones para aceptar como una realidad que ya ha empezado una nueva glaciación. De nuevo se nos sugiere que estos fenómenos son periódicos y que los seres humanos ya los han vivido varias veces. Tres de ellas quedaron grabadas en el alma y en la mente, razón por la que aparecen en la *Cámara de las reflexiones* como una advertencia a la que poco o ningún caso se le ha hecho.

¿Estamos ya en una glaciación?

Ya hemos dicho que si pudiéramos entender el mecanismo de los períodos que de tiempo en tiempo afectan a la vida humana en todo el mundo, tal vez llegaríamos a conocer por adelantado lo que nos depara el futuro cercano. Eso es precisamente lo que desde un principio se ha estado intentando en este libro: detectar nuestro cercano futuro.

Por lo que se refiere a una probable nueva glaciación, no se trata de una mera hipótesis o teoría, sino que es en estos momentos una realidad sensible a nuestros sentidos. Eso es lo que más o menos insinúa el periódico británico *Nature,* respaldado por comentarios de varios meteorólogos de Alemania, Japón, Suiza, Estados Unidos, etc.

Tanto el mencionado periódico como los comentarios insinúan que es ya una realidad el hecho de que un nuevo enfriamiento general se le avecina a la humanidad. Parece que en el hemisferio Norte empezó a apreciarse en su fase ya notable hacia el año 1950: coincidiría así una vez más con el fenómeno astronómico del final de la constelación de *Piscis* y simultáneamente del principio de la constelación de *Acuario*. Y todo ello en estrecha relación con el fechamiento que da el final de la línea cronológica dentro de la *Gran Pirámide*, precisamente en la *Cámara del juicio a las naciones*. ¿Habrá algún lenguaje que, siendo científico-simbólico, sea más claro que el que muestra la *Gran Pirámide*?

Veamos el asunto en detalle: aproximadamente hacia el año 1950, empezó un enfriamiento que se ha mantenido en un crecimiento constante. En 1976 ya se sugirió el progresivo avance de una nueva y a la vez *quinta glaciación*, pues en este período –un lapso de 25 años– bajó la temperatura unas 32 centésimas de grado en el hemisferio Norte.

Considerado a primera vista y sin más antecedentes, esto parece carecer de importancia. Sin embargo, visto a nivel mundial y mirando hacia las nuevas generaciones del futuro cercano, las cosas cambian por completo. Los expertos en estas disciplinas afirman que la tendencia al enfriamiento general, aunque un poco lenta en su comienzo, parece ir acelerándose. Aseguran que de aumentar el enfriamiento general medio en el hemisferio Norte un grado y medio o poco más, se propiciaría la formación de grandes extensiones heladas, a partir de las cuales se precipitaría rápidamente la formación de capas de hielo y luego la *quinta glaciación*, quizá para todo el mundo o al menos para todo el hemisferio Norte. De ser así las cosas, se repetirán nuevamente los éxodos y las angustias que hubieron durante la precedente *Era de Acuario*.

Todos estos fenómenos de que venimos hablando, referentes a glaciaciones, ¿no implican agua en abundancia? ¿Y no está el agua en estrecha relación con la constelación de *Acuario*? ¿Qué pueblo antiguo pudo vivir esos fenómenos hace 25 o 26,000 años para imaginar la idea y luego la figura de un *aguador* como forma de una constelación zodiacal que coincide en el tiempo con la época de las glaciaciones, o por lo menos con importantes glaciares?

Hoy día los agnósticos o los escépticos, que por lo general miran el asunto muy a la ligera, han atribuido las formas de las constelaciones zodiacales a un sentimiento primitivo de adoración a las estrellas, entendidas como dioses vigilantes de la conducta humana.

Sin embargo, hubo un pueblo inteligente que dio formas ideales en el cielo a un agrupamiento visible de estrellas. Pero con ello estaba aludiendo claramente a acontecimientos terrestres, siendo esa una manera simbólica de escribir páginas de la historia del mundo, para uso de las generaciones venideras —en este caso nosotros— aunque todavía no sepamos leer en ellas.

Epílogo de este capítulo

Las escuelas iniciáticas y ocultistas afirman que muchos de los que hoy arrastran su cuerpo físico al que llaman *Vida*, también lo arrastraron y vivieron en los días ya lejanos de gloria de *Atlántida*. En aquel entonces, de una u otra manera, contribuyeron a la destrucción de aquella tierra. Por ello, en la actualidad, el solo hecho de saber de estas cosas les despierta la memoria espiritual y el dolor entonces sufrido así como el sentimiento de responsabilidad que tuvieron por ese pasado: signo y advertencia de lo que puede suceder en el cercano futuro.

Capítulo XXIV

EL DILUVIO

Hablando de cataclismos mundiales, hay algunos que son muy conocidos, como el *Diluvio bíblico* por ejemplo.

Unos 26 siglos, tal vez más tiempo, permanecieron ocultas bajo la arena las tablillas de barro con escritura cuneiforme de la biblioteca de Asurbanípal. Se desconocía su existencia y, por consiguiente, lo que en ellas estaba escrito, de modo que la Biblia seguía siendo el único documento que hablaba de un antiguo *Diluvio Universal.*

Hace pocas décadas, se encontraron dichas tablillas de barro, que ahora se hallan en el British Museum de Londres, Inglaterra. Cuando se supo cómo leerlas, se empezó a poner en letra de molde su contenido, para alegría y admiración de los investigadores de los mitos y leyendas sumerias, babilónicas, etc.

El Diluvio según los acadios

Aunque faltan muchas tablillas por estudiar, en este momento ya han sido traducidas completamente doce de ellas, que contienen la narración original del *Diluvio Universal*, pero en este caso acadio. Se trata del relato hecho por Gilgamesh, rey de Uruk en Babilonia, quien describió el largo viaje que hizo en busca de su antepasado Ut-Napistin, el cual le refirió a su vez la historia verdadera del Diluvio, según decían las leyendas existentes en el pueblo acadio.

De dicho relato se desprende que Ut-Napistin tampoco vivió ni sufrió el Diluvio. Así, pues, ese fenómeno natural debió de ocurrir en tiempos muy antiguos incluso para Ut-Napistin.

Por la descripción que las tablillas hacen del Diluvio, es de suponer que fue uno de los elementos que constituyeron el más reciente cataclismo de que se habla en otros capítulos de este mismo libro, tal vez el mismo que sufrieron los mayas. Para mayor comprensión, veamos algo del relato acadio:

> «...llegó el mandato de los dioses: destruir a la humanidad, tal es la palabra de la asamblea de los dioses...
> Pero uno de los dioses advirtió el peligro al rey Shuruppak, quien construyó una barca lo suficientemente grande como para proteger a la simiente humana...
> ...Y el Diluvio duró siete días y siete noches...»

Naturalmente dicho Diluvio originó el caos, durante el cual apareció el héroe: combate valerosamente con los gigantes causantes del desastre y del caos, hasta que finalmente los vence, poniendo orden en el caos y, a la vez, conquistando la propia inmortalidad.

Toda esta historia o leyenda es muy semejante al escenario presentado por el *Popol Vuh*, libro de los maya-quichés.

El nombre del héroe acadio es Gilgamesh. El nombre del héroe maya es *Hunab Ku.*

Pero en el nombre de Gilgamesh debe de haber un anacronismo, o podría ser un homónimo antepasado, o también podría ser que se haya atribuido la epopeya al Gilgamesh tardío.

Para el tema de este libro, lo más importante es el notable paralelo que existe entre la leyenda acadia y la leyenda maya. *Hunab Ku*, según el *Popol Vuh*, se enfrentó a los gigantes que produjeron el caos y los venció en la lucha, estableciendo así el reino de los dioses, o sea, la calma y tranquilidad de los elementos en desorden.

Hunab Ku es uno de los dos dioses nacidos gemelos. Los cuatro gigantes vencidos se convierten en los cuatro cargadores del cielo, colocados en los cuatro ángulos del cosmos.

¿No hay acaso un estrecho paralelo entre Gilgamesh y *Hunab Ku*, ambos venciendo el caos y dando a los cielos y a los pueblos paz y tranquilidad?

Pero el relato del *Popol Vuh* referente a los gemelos hace pensar en fechas y en algo verdaderamente admirable: según todos los indicios hasta hoy encontrados por el autor, esos hechos ocurrieron hacia el final de la constelación zodiacal de *Géminis* (Gemelos), hace precisamente 6,660 años. Fue entonces cuando ocurrió el tremendo cataclismo mundial que probablemente obligó a todos los pueblos entonces existentes a abandonar su lugar de residencia y a olvidar sus anteriores costumbres y tradiciones.

Y es exactamente una estrella de *Géminis* –la que aparece en uno de los pies de *Cástor*, uno de los gemelos– la que señala el final de una edad, la de *Leo*, y el principio de la *Era de Tauro*, a su vez principio de la cultura que hasta hoy hemos estado viviendo. Pero, además, ese dato se encuentra subrayado con un símbolo muy notable en la *Gran Esfinge*, y geométrica y astronómicamente señalado en el interior de la *Gran Pirámide*. Estas coincidencias dan qué pensar. Es evidente que para sumerios, egipcios y mayas, los Gemelos –nombre que se dio a las dos estrellas principales en la astronomía– les eran sumamente conocidos. Por esta razón los usarían como punto de referencia para indicar con ellos el final de un desastre mundial –diluvio, terremoto, o lo que fuera– que sufrieron en proporciones tan desmesuradas, que casi desaparece la vida humana, para luego renacer. Estos hechos debieron de quedar profundamente grabados no sólo en el pensamiento, en las leyendas y tradiciones, sino particularmente en las almas, en los espíritus.

Continuando con el relato sumerio de Gilgamesh, sucedió que, después del Diluvio, el consejo de los dioses designó a Zi-u-sudra para que residiera en el país de *Dilum*, la tierra primigenia que estaba

> «...donde se levanta el Sol...»

Eso de ... *donde se levanta el Sol...*, escrito en las tablillas de barro sumerias, señala desde luego hacia oriente. Importa tenerlo en cuenta porque los toltecas, aztecas y mayas tenían la misma expresión. ¿No sería *Dilum* el país o región de donde salieron los sumerios antes de llegar a Mesopotamia? Pero, ¿por que lo abandonaron? No hay contestación a estas preguntas. Sin embargo, los sumerios no evolucionaron en Sumer desde la primera edad del hombre, sino que llegaron allí ya con una cultura adulta en relación con su tiempo. ¿De dónde llegaron entonces los sumerios? ¿Será lógico suponer que arrancaron del mismo tronco y punto geográfico que los mayas? ¿Qué punto geográfico fue ese que estaba ... *donde se levanta el Sol...?*

Curiosamente, y para aumentar los interrogantes, la *Gran Esfinge* dirige su eterna mirada pétrea, hacia *...donde se levanta el Sol...* Y el *Gran Juez*, dentro de la *Cámara del juicio a las naciones*, en el interior de la *Gran Pirámide,* también está mirando hacia ... *donde se levanta el sol.*

El Diluvio relatado por Ut-Napistin, independientemente de haber sido tomado de la realidad vivida, fue también una tradición que trató de explicar los orígenes de ese pueblo y, como era habitual en la época, siempre en estrecha relación con la divinidad. A su vez, los sumerios igual que hicieron otros pueblos, se auto-consideraban descendientes de Dios y por ello pueblo escogido de su dios.

Hay todavía muchas tablillas de barro sin descifrar, por ello es de esperar que algún día sepamos mucho más de aquella vida que hasta hoy se ha considerado más como mito que como realidad histórica. Y se dice esto, porque hasta hoy se han catalogado dentro del mito las dinastías reales, su respectivo origen-divino debido a seres bajados del cielo que convivieron con ellos dejando descendencia, así como las cinco ciudades primigenias habitadas por *Badtibira, Larak, Eridú y Sippar*. Pero ¿dónde estuvieron esas ciudades?

El Diluvio según los hebreos

En el libro *Dramáticas profecías de la Gran Pirámide* se dice que el Diluvio en que *Noé* figuró como personaje central no pudo haber sido ni universal, ni de muy grandes proporciones, ni de tan grandes consecuencias como sugiere la Biblia. Y ahora, después de haber reestudiado el tema para hacer este libro, seguimos suponiendo exactamente lo mismo, debido a que no hay razones lo suficientemente fuertes para pensar de otra manera.

Según vimos líneas más arriba a propósito de los sumerios y también en el *Popol Vuh*, la catástrofe debió de adquirir proporciones planetarias y en ella seguramente estuvo incluido el Diluvio y hasta con lodo negro. Ahora bien, esto tuvo que ocurrir mucho tiempo antes de los 4,000 años a. C., mientras que según el cómputo de la propia Biblia, Adán y Eva fueron creados 4,000 años a. C.

A este respecto el arzobispo Usher, de Irlanda, a finales del siglo pasado afirmó que, de acuerdo con la cronología bíblica, el mundo fue creado por Dios el domingo 23 de octubre del año 4,004 a. C. Esta fecha fue calculada naturalmente en base al sistema del calendario actual, lo cual confirmaría la fecha de aparición en escena de Adán y Eva. No obstante, la opinión del arzobispo Usher da pie para suponer que la creación del Universo, de la Tierra y de Adán y Eva fueron posteriores a los mayas como raza o, a lo sumo, contemporáneos, sobre todo al tronco primigenio de los mayas, cualquiera que fuese el lugar donde estuvieran radicados en esa época.

Ya comprenderá el lector que esto no resiste ningún análisis, puesto que las investigaciones científicas han demostrado que el mundo, ya casi solidificado en su corteza, existe desde hace mucho más de 4,500 millones de años. De esto se deduce que Adán y Eva son símbolos dentro de la Biblia, que todavía no se han interpretado correctamente como sucede con otros muchos símbolos existentes en el mismo libro.

Sin embargo, si meditamos un poco y serenamente sobre el tema de Adán y Eva, bien podría resultar que esos personajes sean el símbolo de una nueva vida después de un gran desastre, pues, así como Isis simboliza la vida y perpetuación de la especie, Eva podría ser ese mismo símbolo.

Y puesto que el calendario hebreo es el mismo que el egipcio, todos los números y probabilidades encontrados en los egipcios y sumerios bien podrían ser aplicables a los hebreos, en cuyo caso, el *Paraíso terrenal* pudo haber estado en el hermoso país descrito por Platón, o sea, Atlántida. En fin, sobre esto hay mucho que hace pensar.

Alrededor de estas cuestiones hay opiniones muy serias. Víctor W. Von Hagen en su libro *El mundo de los mayas* dice que la existencia conocida de los mayas como entidad cultural se remonta a

3,700 años, o sea unos 400 años antes de Menes, el primer faraón egipcio y fundador de la primera dinastía.

En cambio, el diluvio bíblico ocurrió entre los años 1645 a 1656 —dato tomado del diccionario bíblico—, o sea, más de dos mil años después de la antigüedad del pueblo maya.

Claro está que diluvios más o menos locales ha habido muchos y los sigue habiendo. Al final de este capítulo se presenta una lista de los que suelen figurar en tradiciones diversas. Pero en este libro de lo que se trata es de localizar aquel cuyos efectos produjeron gran destrucción mundial, originando éxodos en todas direcciones.

Manú

Manú es conocido como un dios mítico en India. Sin embargo, toda su apariencia es la de haber sido una persona de carne y hueso.

Las escrituras brahmánicas afirman que *Manú* fundó la ciudad de *Manali* en el valle de Kulu y que luego, al sobrevenir el *Diluvio Universal*, salvó a todos los sabios usando una nave, rescatando en ella los conocimientos que hasta entonces se habían logrado para evitar el retroceso de la humanidad en lo que a cultura se refiere.

El libro sagrado hinduísta llamado *Mahabharata* dice que Brahma originalmente salía de las aguas y tenía forma de pez. No obstante hablaba y razonaba normalmente. Fue así como se presentó a *Manú*, padre de la raza humana, a quien informó de la proximidad del *Gran Diluvio*, aconsejándole que se fabricara una gran nave para salvar en ella a los sabios (Rishis), así como todos los granos que pudieran servir de simiente y todos los alimentos posibles.

Sigue relatando dicho libro sagrado que *Manú* obedeció a Brahma y navegaron en la *Gran Nave* sobre las aguas del *Gran Diluvio*, hasta que al fin arribaron y embarrancaron en el valle de Kula en el Himalaya, región de Ariavaratara.

Obsérvese que este relato es totalmente paralelo al del Diluvio bíblico, y que *Manú* es en realidad el mismo *Noé*, aunque *Manú* es muy anterior.

El *Bhagavata Purana,* antiquísimo libro sagrado en la India, describe cuatro edades que se han sucedido después de haber sido destruida la humanidad por cataclismos en cada una de ellas. Según dicho libro, nuestro presente siglo XX vendría a quedar dentro de la quinta edad de la humanidad. De ningún modo puede ser casual que coincida tan exactamente con la tradición maya y azteca de los *Cinco Soles.*

Aztecas

Según los aztecas, la humanidad ha vivido cuatro períodos, épocas o edades conocidas por ellos antes de la presente. La edad en que estamos viviendo vendría a ser la quinta edad o quinto Sol.

Estas épocas fueron medidas en tiempo por los aztecas de la siguiente manera:

Primera época: Murió la humanidad. La cronología azteca, según el Codex Vaticanus A-3738, dice que el primer ciclo de vida de la humanidad duró 4,008 años, habiendo terminado a causa de un *Gran Diluvio.*

Segunda época: Renació la humanidad y vivió 4,010 años, terminando este segundo ciclo con un fuerte viento huracanado.

Tercera época: Volvió a renacer la humanidad y vivió 4,801 años, terminando este ciclo con fuego que devastó la vida.

Cuarta época: Nuevamente se rehizo la humanidad y vivió 5,042 años habiendo terminado por hambre, miseria y ruina.

Quinta época: Es la que estamos viviendo. Comenzó, según la cronología azteca, el año 751 a.C. y terminará por «movimiento» (terremotos).

Como el lector puede apreciar fácilmente, los cuatro primeros períodos suman 17,861 años. Si a esto sumamos los 751 a. C., obtendremos 18,612 años hasta el principio de la Era Cristiana.

Curiosamente, la cifra 18,612 coincide con la *Era de Escorpión,* cuyo símbolo es *maldad, veneno en la oscuridad.* La siguiente constelación es *Libra* (balanza), símbolo de justicia, juicio y castigo. Le sigue *Virgo,* que al mismo tiempo es el final de la *Edad,* y su símbolo es nueva y eterna vida. Todo esto aparece en la *Gran Esfinge*, cuya fecha está claramente señalada astronómicamente por el eje meridiano de la *Gran Pirámide*.

Lo dicho demuestra que existe plena coincidencia entre los monumentos egipcios, la tradición de los soles maya y azteca y lo que dice el *Bhagavata Purana*, el antiguo libro sagrado de la India.

De esto resulta que es una realidad que lo que se ha venido tomando por simples mitos y leyendas, son episodios verdaderamente históricos.

En los símbolos del Código Dresden figura la afirmación de que el mundo fue destruido por un diluvio. Por su parte, los mayas afirman lo mismo. El obispo español que llegó con los conquistadores, Diego de Landa, el más importante relator de las tradiciones y costumbres mayas, dejó escrito que los nativos mayas le aseguraron que

> «...los dioses que sostenían la Tierra se salvaron cuando el mundo fue destruido por cuarta vez, y que en esos días se estaba viviendo la quinta creación...»

Por lo que se ha venido diciendo en este capítulo, se aprecian varias fuentes distintas de información. Por consiguiente, no pueden ser meras invenciones del pensamiento primitivo de los mayas, ni de ninguna otra raza o pueblo. En Grecia —y la referencia corresponde a una época que puede ser contemporánea al diluvio de los mayas— se afirmaba igualmente que la ira de Zeus contra la impiedad de los hijos de Licaón había precipitado un *Gran Diluvio*.

Tal vez no sea necesario decir que estos relatos mayas y griegos coinciden notablemente en tiempo y en escenario con el relato acadio de Gilgamesh, relato que muchos siglos después fue incluido en el Antiguo Testamento como historia propia de los hebreos, y así se ha perpetuado en nuestra memoria hasta hoy día.

Debido a todas estas coincidencias, se puede afirmar que hubo realmente una gigantesca catástrofe que afectó muy seriamente a la vida del ser humano a escala mundial, catástrofe en la que hubo particularmente agua. Lo difícil ahora es poder señalar fechas, siquiera sean aproximadas, que es lo que a continuación se intentará.

El Diluvio de Noé

Noé vivió hacia el año 2944 a. de C. (dato del diccionario bíblico), época en la que los egipcios estaban en su tercera dinastía, en cuya época la *Gran Esfinge* tenía ya varios siglos de existencia. Otro tanto sucedía con la pirámide de Sakará, y tal vez ya se estaba en los preparativos para la construcción de la *Gran Pirámide*. Estamos, pues, en una época completamente histórica.

Después de las consideraciones anteriores, el diluvio de que habla la Biblia no pudo haber sido mundial, pues de Egipto y de Mesopotamia ya se sabe lo suficiente como para poder identificar un fenómeno de esa magnitud. En cambio, sí es perfectamente posible que los ríos Tigris y Eufrates en la Mesopotamia se desbordasen, produciendo una catastrófica inundación en toda su zona de influencia y de manera particular en las desembocaduras de dichos ríos, es decir, hacia Sumer, que es donde probablemente vivieron los hebreos antes de irse a Canaán en busca de la tierra de *leche y miel*. Esas inundaciones eran muy frecuentes en la Mesopotamia. Hay que pensar, pues, que la Biblia se refiere a algo de eso cuando habla de un diluvio. A este respecto hay un libro muy importante titulado *Y la Biblia tenía razón...*, de W. Keller, en el que se explican detalladamente estos problemas referentes a las inundaciones de los ríos Eufrates y Tigris.

Pero, además, el asunto ya está muy investigado en las tablillas de barro con escritura cuneiforme, cuyo relato deja bien claro que el diluvio de Gilgamesh ocurrió muchos siglos antes de que naciera *Noé*. De este relato nace la probabilidad de que ocurriera hace más de 6,000 años, tal vez hacia 6,660. Tal fecha coincidiría con el final de la regencia de la constelación de *Géminis,* que cerró el sexto milenio (aproximadamente) de la *edad* de *Leo,* para dar principio a la *Constelación de Tauro,* tercer símbolo de la *Gran Esfinge*. De nuevo vemos que la *Gran Esfinge* no es un simple monumento levantado a la vanidad, sino un símbolo de la mayor trascendencia, que, lamentablemente, hasta hoy no hemos entendido todavía.

En apoyo a nuestra suposición de que el diluvio relatado por

Gilgamesh, muchísimos siglos antes de *Noé,* fue verdaderamente universal, véase lo que dice el *Popol Vuh.*

> «...una inundación fue producida por el corazón del cielo; un gran diluvio se formó. Y por este motivo, se oscureció la faz de la Tierra y comenzó una lluvia negra de lodo y de materias en suspensión, debido al paulatino enfriamiento de la masa incandescente, así como de la atmósfera... Había entonces muy poca claridad sobre la faz de la Tierra, aún no había Sol, aún no se veía la cara al Sol ni a la Luna ni a las estrellas y aún no había amanecido, porque aún no se había manifestado, ni se ostentaba la claridad del Sol ni de la Luna. Hasta entonces no había ni una gota de agua...»

¿No está hablando este dramático relato con bastante claridad de un gigantesco cataclismo con lluvia negra de lodo? Obviamente se trató de ceniza volcánica, producto de erupciones, mezclada con la lluvia. Aunque esto es posible en Guatemala, no parece ser posible en Yucatán, además de que por ese entonces los mayas todavía no habían llegado a las costas de América. Por tal motivo, el fenómeno antes relatado debió de ocurrir en tierras que no eran lo que hoy conocemos por América.

Si dicho fenómeno hubiera ocurrido en una sola región de cualquier parte del mundo, carecería de importancia citarlo, ya que volcanes, erupciones y abundantes lluvias los ha habido siempre y algunos de ellos con mucha historia. Pero es que el fenómeno que nos ocupa en estos momentos parece haber afectado a todo el mundo y al mismo tiempo. A nuestro juicio, lo peor de todo, y que queremos subrayar, es que todo eso ocurrió como una repetición a plazo fijo de algo muy semejante ocurrido unos 6,660 años antes. Esto es lo que nos hace suponer que, transcurrido un lapso semejante al anterior, volverá a ocurrir el nuevo cataclismo.

Mirando así las cosas, recordemos que el primer cataclismo que creemos haber detectado ocurrió hace 12,000-13,000 años, y el segundo hace más de 6,000 años y dentro de la vigencia de la constelación de *Tauro.*

Cuanto más profundiza el pensamiento en la investigación, van apareciendo más y más importantes datos que demuestran que las constelaciones zodiacales son como un reloj o calendario que va indicando cuándo sucedió algo de origen cósmico con naturales efectos sobre todas las manifestaciones de la vida, en primer lugar, la del hombre y, lógicamente, la de las especies animales irracionales, produciendo mutaciones en ellas. La mente se ve así asediada por un pensamiento recurrente: algunos de esos casos y acontecimientos ocurrieron ya varias veces de manera periódica, lo cual significa que a su tiempo volverán a ocurrir.

Efectivamente, el diluvio de hace más de 6,000 años y menos de 7,000 no debió de ser un fenómeno aislado en alguna región, sino uno de los muchos elementos que constituyeron el cataclismo. Mirando así las cosas se entiende mejor el dramático relato de los mayas antes transcrito.

Abundando en lo dicho, el profesor Martínez Paredes dice:

> «...su infierno (el de los mayas), no es la hoguera, el fuego, sino la frialdad, las nieves, los hielos, porque también esto pertenece a una amarga experiencia que la naturaleza les hizo pasar y sufrir con las glaciaciones y desglaciaciones. (...) Este es el motivo de por qué los pueblos preamericanos siempre tuvieron ese sentido del miedo y de terror a las regiones del Norte, y a este punto cardinal le pusieron bajo la advocación de la deidad Zac Uaye Yaab, o sea "aquí donde abunda lo blanco", refiriéndose a los hielos y nieves que reinan en esta región. También hay que observar que la palabra Uay o Uaye se refiere a quemaduras producidas por roce y contacto con algún líquido corrosivo. ¿Y acaso el frío intenso no quema y produce llagas? La traducción de Zac Uaye Yaab, obedecería al hecho claro referente a lo blanco que lastima y es abundante. Y hay que observar que esta deidad es la más fatídica en el panteón maya. Sí, porque ellos (los mayas) están diciendo en esta forma figurada lo que sufrieron al avanzar los hielos, al enfriarse la Tierra, al congelarse, así como al descongelarse, fenómenos estos que seguramente fueron acompañados de una serie de conmociones catastróficas; de verdadero desorden cósmico. Y si acudimos al *Popol Vuh*, vemos pintada tal situación en esta forma: "Ahora bien, el fuego de los pueblos se había apagado igualmente y aquellos se morían de frío..." Ya no podían soportar el frío ni la helada, estaban temblando y dando diente con diente, ya no tenían vida; las piernas y las manos les temblaban y nada

podían coger con ellas cuando llegaron... Pero no perecieron las tribus cuando llegaron aunque se morían de frío. Había mucho granizo, lluvia negra y neblina y hacía frío indescriptible... "No nos causa vergüenza venir ante vosotros y pediros que nos deis un poco de vuestro fuego" dijeron al llegar. (Esto, tal vez cuando llegaron a Honduras). Pero no fueron recibidos... Y entonces se llenó de tristeza el corazón de las tribus... hallábanse todas las tribus temblando y tiritando de frío cuando llegaron a donde Balam Quitze, Balam Acab, Majueutah e Iqui Balam... ¿No tendréis compasión de nosotros que solamente os pedimos un poco de vuestro fuego?.. ¿Acaso no estábamos juntos y reunidos? ¿No fue una misma nuestra morada y una sola nuestra patria cuando fuisteis creados, cuando fuisteis formados?»

Hasta aquí el libro del profesor Domingo Martínez Paredes, que a su vez fue tomado del *Popol Vuh.*

El *Popol Vuh* no da fechas. No obstante, la referencia al principio del frío intenso se debió muy probablemente a la más reciente glaciación, y la confirmación de esta época de intenso frío se encuentra en leyendas de pueblos muy alejados de los mayas, como por ejemplo, en *Tahití,* una isla de la Polinesia que se encuentra a unos 18 grados sur de la línea ecuatorial y casi sobre la Eclíptica de la Tierra; quiere decirse que allí el clima debe ser normalmente cálido y actualmente lo es. Pues bien, en esa isla existe una leyenda, entre otras muchas, que dice que hubo una época en la que el frío fue tan intenso, que estaba matando a la gente. Entonces vino un hombre (tal vez un dios), que decidió aproximar la Tierra al Sol. Para ello pasó una gran cuerda por debajo de la península y, usando de toda su fuerza, tiró de ella hacia el Sol. En eso estaba, con gran éxito, cuando lo distrajo el paso de una hermosa mujer, haciendo que soltara la cuerda, la cual azotó con tal violencia, que casi partió la Tierra, dejándola con la forma de istmo que ahora tiene. Fue así como desde entonces *Tahití* quedó más cerca del Sol y jamás ha vuelto a sufrir el frío que mataba a la gente.

Así dice la leyenda, y es evidente que en la actualidad no puede sufrir de frío, puesto que se encuentra muy cerca de la línea ecuatorial. Pero si mencionamos esta leyenda es porque hace pensar muy seriamente que, si efectivamente el intenso frío llegó hasta el Ecuador, debió de ocurrir algo sumamente serio.

Exodo

El texto citado del profesor Martínez Paredes, así como la leyenda tahitiana, demuestran sin lugar a dudas que efectivamente hubo una catástrofe gigantesca, muy superior a una simple inundación o diluvio. Tan gigantesca, que los seres humanos, organizados antes en vida social de grupo, tal vez de raza, tuvieron que huir del sitio en que normalmente habían vivido y desarrollado su cultura hasta antes del cataclismo. Quizá huyeron de manera desordenada en busca de un refugio de salvación, cada cual a su manera y según sus personales posibilidades. Por lo que se aprecia en la descripción, seguramente no eran nativos de América continental, pues, de haberlo sido, a estas alturas ya se habrían encontrado las huellas, los antecedentes del arranque de su vida, el principio de su evolución.

De los mayas se sabe que *«su nebuloso principio»* –como dice Víctor W. Von Hagen en su libro *El mundo de los mayas*– no va más allá de 2,000 años a. de C. Y es nebuloso, porque su principio verdadero no estuvo en América. No se sabe de dónde salieron, ni por qué al llegar, en precarias condiciones de náufragos, tuvieron que empezar su vida partiendo de cero, y hacer frente a las más elementales necesidades de buscar alimentos. De hecho los frutos que encontraron les resultaron desconocidos, entre ellos el maíz, que parece ser que les salvó la vida, de donde procede su posterior adoración.

Veamos algo más de lo que afirma el profesor Domingo Martínez Paredes:

> «...Diversas teorías se sostienen respecto del lugar original donde arrancaron los hombres para dirigirse a este continente (América). Entre ellas se encuentra la referente al paso del Estrecho de Bering como el sitio más seguro, pero también se habla de que es probable que hayan venido del Pacífico. En esta forma parece resolverse este problema de la migración; pero también tenemos otra teoría que nosotros creemos posible de aceptar y es que, allá en el fondo del

Golfo de México, hayan existido tierras en las cuales los preamericanos habitaron y tuvieron sus pueblos.
Existe el hecho de que frente a las costas de la península (Yucatán), se extiende la llamada plataforma continental que se calcula en no menos de 300 kilómetros, con diversas profundidades, lo cual indica que efectivamente la actual península de Yucatán, por lo que geológicamente se manifiesta, estuvo sumergida bajo el mar en repetidas ocasiones y que, en su aspecto geográfico actual, dependió de su última inmersión del fondo de las aguas.
El *Popol Vuh* dice: "Como la neblina, como la nube y como una polvareda fue la creación cuando surgieron del agua las montañas."»

Como ya habrá notado el lector, la descripción anterior es un magnífico escenario de lo que sucedió y cómo sucedió, aunque fuera tomada como génesis del mundo. Probablemente no fue nada más que el principio de una nueva vida, después de un cataclismo que pudo no haber sido de un día o de unos pocos días, sino tal vez muy prolongado, quizá de meses y hasta años. Eso explicaría las diferencias que se encuentran en los distintos fechamientos de acontecimientos semejantes en otras partes del mundo.

Por su parte, el Códice Pérez contiene un relato que confirma lo antes dicho:

«...Bolón Ti Ku creó, hizo aparecer al lagarto monstruo (Itzam Cab Aín) para que acabase con los seres vivientes del mundo cuando se hundió el cielo y se hundió el Petén (Isla, o provincia), cuando empezó a sonar Oxlahun Ti Ku (se refiere al cielo que tapó a la diosa Luna), cuando hubo un cataclismo muy grande, cuando se levantó el lagarto monstruo (el mar), lo cual ocurrió al concluir una serie de Katunes (katún: 20 años). Con un diluvio se acabaron los tiempos... Se cambió la rosa de los vientos (¿cambio de los polos?) y se hundieron cielos y tierra. En ese Katún, en el día 30 Oc, llegó aquí. En el día Cimi acabó todo. Se dijo que los cuatro dioses Bacabes fueron los que destruyeron la Tierra. Después de este cataclismo se puso en el árbol Imix rojo, que es uno de los sostenes del cielo y que es el signo del amanecer. Este es el Baca que se desvió. Kan Xib, el padre, plantó el Imix Blanco, al Norte, y dice Zac Xib Chac, que es señal de destrucción (¿hielos polares?). Se plantó el árbol Imix Negro al poniente del Petén, señal de cataclismo, y plantó el árbol Imix Amarillo al Sur del Petén, señal de destrucción. Llegó Ahkanoyalmut y plantó el árbol Imix Verde en medio de la tierra, señal de destrucción.»

Suponemos que, después de haber leído este texto, el lector, por sí solo, habrá sacado ya sus propias conclusiones. Si aparecen tan admirablemente detallados los fenómenos, es seguramente porque fueron sufridos en carne propia. Esto debió de ocurrir hace más de 6,000 años, o sea, durante la constelación de *Tauro* y según la *Gran Pirámide*, la fecha más aproximada es 6,660 años: he aquí cómo, por un canal completamente distinto, se viene a explicar aquello de ***Bestia de destrucción***.

Lamentaciones producidas por un desastre hace más de 6,000 años

Las expresiones llenas de angustia y los escenarios en los que eso ocurrió demuestran que los seres humanos de ese entonces sufrieron un cataclismo, cuyas consecuencias el mismo relato pone a la vista. Las descripciones, tan objetivas, sugieren que corresponde a una época en la que los pueblos mayas vivían ya plenamente una vida sedentaria y socialmente organizada. Todo fue destruido por los elementos de la naturaleza enfurecida.
Véase lo siguiente:

«...y luego despertaron los astros y desde entonces despertó el mundo...
...aquellas creaturas no tenían padres, vivían una vida de miseria, eran seres sin vida... ...antes, el hombre vivía en la miseria, se alimentaba de madera, no tenía sangre ni carne y nada se encontró para alimentarlo hasta que fue hallado el *maíz* ... por este motivo se llenaron de alegría, por haber encontrado aquel paraje lleno de cosas sabrosas y buenas donde abundaban las mazorcas amarillas y blancas, donde abundaban también el pataxte (un tipo de cacao) y el cacao, donde no se veían más que zapotales, anomales, jocotales, matazanales y miel ... llenos de comidas jugosas estaban los lugares que nombra Paxil y Cayalá... (del *Popol Vuh*).»

Creemos que no es necesario transcribir más textos al respecto para que se pueda observar que aquellas gentes llegaron efectivamente en muy malas condiciones a un sitio que jamás habían conocido antes. Cuando habla de que comían madera, tal vez esté refiriéndose a raíces y plantas crudas.

El *Popol Vuh* sigue diciendo a manera de historia:

> «...éste es, pues, el origen de las grandes tribus (eran 13) como nosotros las llamamos. Sólo de las principales hablaremos. Muchas otras salieron de cada grupo del pueblo, pero no escribiremos, sino solamente el lugar donde fueron engendradas, *por donde se levanta el sol...»*

No es necesaria mucha imaginación para darse uno cuenta de que se está refiriendo al Océano Atlántico, o por lo menos a algún punto del Golfo de México o del Mar Caribe: eso sí, siempre lejano a la costa donde finalmente desembarcaron. Esto significa igualmente, que muchos grupos procedentes del mar llegaron a América en situación de náufragos, huyendo de la muerte violenta. Todos pertenecían a una misma región, aunque tal vez no a una misma raza ni a un mismo tronco cultural, pues veamos lo que a este respecto dejaron dicho los quichés:

> «...ellos no tenían con qué mantener sus fuerzas, solamente elevaban los ojos al cielo y no sabían qué habían venido a hacer tan lejos ... tuvieron noticias de un pueblo y allí se fueron ... Allí estuvieron entonces la gente negra y la gente blanca. Distintos eran sus parecidos y distintas sus lenguas, así como el modo de ver y de oír de aquella gente ... Había muchos de ellos bajo el cielo, los había también en los montes; pero no se les distinguían las caras, ni tenían casas: solamente iban por los grandes y pequeños montes, como locos, como poseídos de locura...» (traducción de A. Recinos).

Algunos autores opinan que todo el *Popol-Vuh* se refiere al origen del ser humano sobre la Tierra. Pensando así, resulta que las experiencias antes presentadas son meramente pensamiento filosófico, aunque de gran profundidad. Otros autores encuentran en estos relatos clara influencia del *Génesis* bíblico. Por nuestra parte, pensamos que los relatos son tan realistas, tan objetivos y tan claros en todos sus detalles que están describiendo verdaderamente hechos reales vividos angustiosamente por los primeros relatores. Ciertamente, esto no es posible en el caso de hombres primitivos, pues recuérdese que no se han encontrado restos fósiles de seres humanos muy primitivos: ni siquiera se remontan a fechas anteriores a los 12,000 años, época aproximada en la que parece haber ocurrido el primer cataclismo que se grabó parcialmente en la mente humana como dolorosa tradición. Así, pues, al señalar tantos pueblos ese lugar... *por donde se levanta el sol...*, es de suponer sin exageración que se trate de una isla ò continente que se hundió, convirtiéndose en fondo de algún mar, y que los náufragos supervivientes acabaron por desembarcar en tierra firme, pero una tierra completamente desconocida. Tal desconocimiento sugiere que la isla o continente debía de estar muy retirado de las tierras que para los náufragos resultaron tan absolutamente desconocidas e ignoradas.

Reflexiones

Es muy cierto que algunos investigadores han interpretado que las descripciones del *Popol-Vuh* se refieren al principio del mundo. Pero hay que preguntarse: ¿Y qué otra cosa pudo ser para un pueblo que salía de una tan prolongada como indescriptible tragedia, para luego, con el alma adolorida por el sufrimiento, volver a ver «los astros» y el sol y así empezar una nueva vida con los elementos de la naturaleza ya en calma?

Por nuestra parte, suponemos que todos esos relatos se refieren más bien al final de una era que terminó de manera violenta y luego al principio de otra: aquella en la que el pueblo maya y, seguramente otros muchos pueblos, empezaron una nueva vida —distinta a la anterior, indudablemente— en un nuevo sitio, como ya hemos explicado antes. Esto vendría a justificar y a explicar la tradición religiosa de la muerte y renacer de los cuatro soles.

Pero conviene tratar de fechar tan importante acontecimiento. Para ello, debemos repetir que los mayas hicieron los cálculos necesarios para conocer las influencias solares sobre la vida y así dar forma a su astrología y a su calendario astronómico, que tuvo base y principio el año 3,113 a. de C., aunque tal vez sea más aceptable esta fecha para datar su llegada a Honduras en su segunda y última época. Decimos esto, porque justamente la época anterior –según el decir del cronista Diego de Landa— duró 5,125 años. Así, pues, la fecha 3,113 seguramente se refiere a algún acontecimiento muy importante para ellos, como es la muerte y nacimiento de un sol, llamado ***nuevo sol*** o ***cuarto sol***, o algo por el estilo. Probablemente, ellos dedujeron que el anterior murió en el cataclismo, debido a que permaneció oculto durante mucho tiempo.

Lo dicho no es meramente fantasía y resulta comprensible si recordamos que los mayas empezaron su vida, ya como entidad cultural, hace más de 5,000 años. Pero el principio de su existencia como raza está mucho más atrás en el tiempo, por ejemplo, hace unos 25,000 años. En efecto, los mayas tienen una estatura media de 1'60 metros, igual que los mongoles. Como ellos, tienen también la famosa y conocida ***mancha mongólica,*** distintivo de la raza, que consiste en una mancha oscura o púrpura oscura hacia la base de la columna vertebral, un poco por encima de las posaderas. Pues bien, curiosamente todos los indicios hacen pensar que los mongoles son originarios del continente de ***Mu*** o ***Lemuria,*** de modo que los mayas vendrían a ser lemurianos en su primer origen: esto significaría que los mayas son unos 21,000 años mas viejos que Adán y Eva.

Así, pues, el dato señalado de 3,113 años a. de C. puede fechar su principio no como raza, ni siquiera como pueblo socialmente organizado, sino el de su cronología histórica en su última época, que empezó con el nuevo sol al final del cataclismo. Los rituales posteriores han sido solamente recordatorios de los acontecimientos ya en un sentido religioso.

Es muy importante observar que con mucha cercanía a esa fecha –por no decir de manera simultánea–, llegaron los primeros faraones a Egipto, constructores de pirámides y de templos. También contemporáneamente los sumerios saltaron bruscamente de una vida lacustre a una sociedad organizada como estado. Y en la India apareció la filosofía hasta hoy vigente del alma y el espíritu, la reencarnación y el karma, la trinidad divina y los tres templos simbolizados en el hombre, etc. ¿Serán éstas, y otras muchas cosas que en este momento no se mencionan, meras casualidades? ¡Aceptarlo como tal sería conformarnos con muy poco!

Las cuatro edades - los cinco soles

En apoyo a lo dicho hasta aquí, veamos la notable coincidencia que existe entre los cinco soles de las culturas mayas y azteca, que implícitamente comprenden cuatro edades, cada una de ellas terminada de manera violenta, quizá semejante a las descripciones hechas.

Los aztecas creían firmemente que el mundo ya había sufrido cuatro veces completa destrucción y que había vuelto a formarse cinco veces, empezando siempre con un nuevo sol. A consecuencia de esta circunstancia, al llegar los conquistadores españoles, tanto mayas como aztecas estaban viviendo el quinto sol (que, por cierto, es el mismo en que estuvimos viviendo hasta el año 1975, según el decir de quienes de esto más saben, y cuyo final está anunciado para dentro de muy corto plazo en forma de movimiento, o sea terremoto).

Tanto en el caso de los mayas como en el de los aztecas, por lógica se puede suponer que su creencia respecto a dichos soles no fue mera invención, sino que partió de un mismo tronco de cultura y tradiciones con mutuas influencias: lo mismo sucedió con Quetzalcóatl, el dios tolteca que los mayas adoptaron para sí, poniéndole el nombre de *Kukulkán.*

Ni que decir tiene que los soles significaron edades, o sea, que entre un sol y otro hubo un lapso que actualmente se entiende como sigue:

1.º Sol 4 Ocelotl (4 Tigre) con duración de 676 años
2.º Sol 4 Echecatl (4 Viento) duración 364 años = 1.040 años
3.º Sol 4 Quiahuitl (Lluvia) duración 364 años
4.º Sol 4 Atl (4 Agua) duración 676 años = 1.040 años
5.º Sol 4 Olin (4 Movimiento) duración 468 años

Como se puede observar en el cuadro anterior, cada dos soles dan una suma de 2,080 años. Curiosamente esta cifra se acerca mucho a la vigencia teórica o astrológica de cada cuadrante de las constelaciones zodiacales, que es de 2,152 años o, si se prefiere, de 2,166 años cada uno, como ya se indicó en otro capítulo.

Desde luego, no sabemos si esta coincidencia astronómica es meramente casual, o si tendrá alguna efectiva relación con una sola constelación en particular, en cuyo caso el quinto sol correspondería a la constelación de *Piscis.* También cabe pensar que cada período entre un sol y otro esté señalando una constelación determinada, y en ese caso estaría refiriéndose a cinco constelaciones como sigue: *Cáncer,* que empieza al final de *Leo, Géminis, Tauro, Aries* y *Piscis,* cuya vigencia acaba de terminar en 1953.

Obsérvese que es el mismo lapso simbolizado por la *Gran Esfinge* a partir de *Leo,* lo cual resulta demasiado complicado para considerarse como mera casualidad, puesto que se trata de datos astronómicos sumamente complejos, simbolizados de manera completamente distinta en cada caso.

En la suposición de que los cinco soles estén realmente refiriéndose a cinco períodos, significaría que los toltecas, aztecas y mayas empezaron su vida histórica durante la vigencia de la constelación de *Leo*, exactamente igual que los egipcios, sumerios e hindos. Esto nos da una probable fecha, tal vez muy aproximada, que se remontaría a 10,000 a 13,000 años, época que por otra parte, coincide con las leyendas Tlacuiles Mexicas que dicen que *hacía como 9,000 años que allá en Pánuco habían desembarcado los toltecas...*

¿No cree el lector que ya son demasiadas casualidades y coincidencias para que sean consideradas simplemente fortuitas?

Los números presentados son de origen astronómico. No obstante, es probable que el ritual de los soles haya tenido su origen en tradiciones y leyendas de cataclismos reales. Es así como pudo haber nacido en la mente de aztecas y mayas la creencia religiosa de que el mundo había sido destruido ya cuatro veces y vuelto a renacer cinco. De acuerdo con esas creencias, la quinta creación o quinto sol debió terminar en el año 1975, por lo cual es de suponer que ya estamos viviendo en la *sexta creación del mundo,* que, curiosamente, es una clara alusión a la cronología profética de la *Gran Pirámide.*

Independientemente de los números indicados, que bien pueden ser meros ajustes entre las necesidades religiosas y los conocimientos astronómicos, es muy importante observar que, según la cronología de la *Gran Pirámide,* en estos momentos estamos viviendo en el *sexto milenio,* el cual terminará el 17 de septiembre del año 2001. Y este último dato es tan antiguo, que solamente es atribuible a los constructores de la *Gran Pirámide.* ¿Será todo esto mera coincidencia entre toltecas, aztecas, mayas y egipcios?

Como quiera que sea, se sabe que cada una de las edades o soles tuvo una terminación bien definida, pero siempre catastrófica. Catástrofe simbolizada con jaguares feroces, por ejemplo, que significan oscuridad, la noche prolongada en que murió el Sol.

En otra edad o sol, está simbolizada por el dios maya *Huracán,* dios de los vientos y de las tempestades.

En otra, por el fuego en que intervienen *Kabrakán,* el dios maya que mueve las montañas: pensamos en la presencia de volcanes en plena erupción. Tenemos finalmente, la última edad y su sol, que murió en una catastrófica inundación que todo lo destruyó. La descripción se asemeja mucho a la cuarta y más reciente glaciación que sufrió el mundo o al diluvio relatado por los acadios, es decir, el diluvio de Gilgamesh.

Lo relativo a los soles y a las edades quizá se entenderá mejor si recordamos que el concepto *tiempo,* según la filosofía maya implicaba un eterno presente, ya que no efectuaba distinción entre el pasado o el futuro. Concepción desconcertante para nuestra mentalidad popular, es, en cambio, muy usada en el medio esotérico y ocultista.

Huracán, dios maya

En la actualidad es muy conocido el origen y curso que siguen los ciclones que nacen hacia el Mar Caribe –algunas veces mucho más hacia el Ecuador–, así como los efectos atmosféricos que con ellos sufre Norteamérica, incluyendo México. Este conocimiento puede darnos una idea aproximada de lo que tal vez sucedió en tiempo antiguo al chocar las corrientes de agua caliente, procedentes del Golfo de Guinea, acompañadas de su respectivo aire caliente, contra los glaciares del Artico.

La descripción de este fenómeno con el nombre de *Huracán* (dios maya de los vientos) también lo dejaron los mayas como parte de lo que sufrieron antes de haber empezado su nueva vida en tierras que antes les eran desconocidas. De donde se deduce que su tierra de origen estuvo precisamente en el Mar Caribe.

Pues bien, si observamos la situación actual bajo esta óptica, veremos cómo los trastornos climáticos y atmosféricos hoy en día van en aumento a la vez que entrando en desorden. Las estaciones del año en el hemisferio Norte ya no son lo que fueron hace veinte años, ni transcurren con la misma exacta regularidad. Los hielos polares se han ido derritiendo y los glaciares se van retirando de donde antes estaban. De acuerdo con lo expuesto en capítulos anteriores, esto nos hace pensar en corrientes marinas sobrecalentadas que están produciendo el descongelamiento. Ahora bien, a la postre, este fenómeno producirá un resultado natural completamente opuesto como ya se ha dicho, y la humedad flotante sobre los antiguos glaciares del Artico luego se convertirá en nieve, haciendo crecer los glaciares ya existentes.

Si como hemos sugerido existió un gran archipiélago o continente en el Océano Atlántico, debió de impedir el libre paso de la corriente del Golfo, templada en el Mar Caribe, originando un ciclo de hielo y deshielo con duración de muchos cientos, tal vez miles de años. Pero ahora que no existe ni el cerrado archipiélago ni el supuesto continente, la pregunta sería: ¿Ya no existe ese ciclo u otro semejante? Antes de poder contestar, debemos volver a pensar en nuestro Sol como causante de ciclos diversos.

Efectivamente, una probable explicación podría estar en nuestro Sol, en el que constantemente se producen fenómenos diversos que de una u otra forma nos afectan, algunos de ellos de tipo periódico, con efectos ya bien conocidos sobre la vida humana: así por ejemplo, las *manchas solares,* que, como ya hemos dicho, reciben notable incremento cada once años y medio, aunque sus efectos son mucho más notables cada veintidós años y fracción. No son éstos los únicos fenómenos, ya que hay otros muchos que seguramente explican otros tantos efectos en la Tierra. Ahora, lo que sería útil y bueno saber es si en el Sol ocurren fenómenos de tipo periódico muy importantes que nos afecten y que de alguna manera coincidan con el o los dígitos 6.

A este respecto, hoy se sabe que en nuestro planeta se generan corrientes eléctricas llamadas telúricas o parásitas, que se propagan por la corteza terrestre e interrumpen las comunicaciones de televisión, radio, telegrafía sin hilos, etc. Asimismo, se ha comprobado que dichas corrientes telúricas están en muy estrecha relación con el repetido período de once años de las *manchas solares*. Así, pues, nuestro pequeño mundo es mucho más vulnerable de lo que a primera vista nos parece, y su vulnerabilidad está estrechamente ligada a los fenómenos estelares; y es que, aparte de las manchas en el Sol, ocurren otros fenómenos, repetitivos o no, que sufrimos la Tierra y sus habitantes, sin que ello signifique de ninguna manera castigo divino: por lo demás, es así como, avanzando por etapas, hemos llegado al tiempo presente.

Este panorama sugiere que ese *666* bíblico tiene mucho más sentido e importancia de la que hasta hoy se le ha concedido. Ya se trate del *Apocalipsis* bíblico, ya de la *Cámara de las reflexiones* en la *Gran Pirámide,* cada dígito *6* muy probablemente se está refiriendo a seis milenios, o sea a una *edad* y en conjunto vendrían a ser las *tres edades* simbolizadas con los dígitos *666.* Pero ya comprobamos esto al hablar de la *Gran Pirámide* y su coincidencia con los símbolos de la *Gran Esfinge,* asunto que se detalla en otros capítulos de este mismo libro.

Cuadro sinóptico

Años a. de C.

4,707 Fecha aproximada del diluvio acadio y tal vez del hundimiento de *Atlántida* o algún otro cataclismo.

4,700 Probable fecha de la llegada de los mayas a Honduras,

según se desprende del relato del *Popol Vuh,* comparándolo con el tercer símbolo de la *Gran Esfinge* y la fecha astronómicamente señalada por la *Gran Pirámide.*

4,004 Domingo 23 de octubre: es la fecha que el arzobispo Usher de Irlanda señaló como fecha de la Creación, incluyendo nuestro mundo Tierra.

4,000 Principio del calendario egipcio. Es igualmente el principio del calendario hebreo. Tal vez hacia esta época se esculpió la *Gran Esfinge.*

3,378 Nacimiento de Enoch (según el diccionario bíblico).

3,113 Principio de la cronología maya.

3,000 Epoca de la construcción de la pirámide de Sakará.

2,944 Epoca de *Noé* (según el diccionario bíblico).

2,700 Construcción de la *Gran Pirámide.*

2,355 Año del diluvio bíblico (según el diccionario bíblico).

1,571 Epoca de Moisés, quien escribió el *Génesis* y lo relativo al diluvio bíblico. Por tanto, unos 3,000 años después del diluvio acadio.

Capítulo XXV

SEMEJANZAS ENTRE EL POPOL VUH Y LA BIBLIA

Las muchas semejanzas que existen y que son fáciles de detectar entre el *Popol Vuh* y la Biblia, obligan a meditar sobre las probables causas de esta coincidencia.

Primera probabilidad

Las más notables similitudes corresponden principalmente a lo escrito por Moisés, y concretamente el *Génesis*. Es posible que algunos hebreos, descontentos por la difícil vida llena de trabajo y penurias en el Sinaí, después del éxodo hacia el año 1560 a.C., decidieran tomar su propio camino. Como el *Popol Vuh* habla de 13 tribus, se ha llegado a pensar que se trataría de tribus hebreas o, por lo menos, de una referencia a las mismas.

Todo es posible, pues pudo suceder que algunas personas hebreas lograsen atravesar Africa hasta el Golfo de Guinea y de ahí, ya por propia voluntad o por mero accidente, se dejasen arrastrar por la Corriente del Golfo (Gulf Stream). En este supuesto, la misma corriente los habría conducido naturalmente hasta las costas de América, tal vez a la altura del Ecuador o más hacia el norte, por ejemplo Honduras, que es el sitio donde se cree que desembarcó el pueblo maya a su llegada a América.

De esta manera, si dichos viajeros, quizá náufragos, eran ya poseedores de las enseñanzas de Moisés, lo lógico era que las transmitieran a los nativos, quienes después, a su manera y según su lenguaje y mentalidad les dieron forma, en algunos casos sin modificar mucho la enseñanza original.

Segunda probabilidad

Moisés vivió hacia el año 1570 a. C. Fue instruido y educado desde su primera edad por personajes de la alta jerarquía intelectual y religiosa de Egipto, hasta el punto de llegar a un importante nivel dentro del sacerdocio de entonces. Por consiguiente, se vio muy influenciado por todo lo egipcio y mucho de lo que escribió fue copia de las leyes y filosofía egipcias, adaptadas a la idiosincrasia del pueblo hebreo.

Mirando así el asunto, más bien pudieron ser egipcios quienes atravesaron Africa muchos siglos antes de Moisés. Para los egipcios, su fuente de vida fue siempre el río Nilo, y se sabe que varias veces lo remontaron para conocer su origen. Tal vez algún grupo llegaría hasta el Lago Victoria. De ahí, habrían alcanzado de alguna manera la costa de Africa para luego seguir navegando en la corriente del Golfo, como ya se apuntó en el caso de los hebreos.

En apoyo de esta hipótesis hay algunos paralelos, de los cuales señalaremos solamente los más indispensables: en el culto maya-quiché aparecen los gigantes Hun Batz y Couen, quienes, una vez vencidos en batalla, fueron transformados en dioses secundarios e integrados a la teogonía maya-quiché en forma de simios. Este mito ofrece un notable paralelo con Papio Hamadryas, de la teogonía del antiguo Egipto, en muchos siglos anterior a Moisés.

Este paralelo hace más probable el común origen de egipcios y mayas-quichés, no así en el caso de los hebreos, que por esa época aún no habían salido de la Mesopotamia. Es más, todavía no había nacido Abraham que fue quien los sacó precisamente de la Mesopotamia para llevarlos a Canaán.

Tercera probabilidad

Esta es la probabilidad que a nosotros más nos satisface, debido a que se puede suponer que tanto el *Popol Vuh,* como la antigua doctrina religiosa egipcia, y muy probablemente otras doctrinas como la de Krishna en la India (los *Vedas*), sean todas de un origen común, es decir, que hayan arrancado de un mismo tronco cultural y quizá hasta étnico. Este origen común consistiría en una población de características similares cuyos integrantes se diseminaron en varias direcciones.

La pregunta inevitable y repetida sería: ¿dónde estuvo ese pueblo de cultura superior, y por qué después desapareció sin dejar huellas de ningún tipo, incluso arqueológicas como construcciones, etc.?

A esta pregunta se la puede contestar solamente con hipótesis, como por ejemplo, que esa gente quizá vivió en un continente o isla que se hundió en el mar porque desaparecieron las huellas físicas, quedando solamente los conocimientos, las tradiciones, la religión y todo lo que pudo salvarse en la mente de los náufragos sobrevivientes.

Veamos lo que dice a este respecto Eric Thompson en su libro *Grandeza y decadencia de los mayas:*

> «Si Hooton está en lo cierto, y no son muchos los que pueden contradecirlo en el campo de la antropología física, resulta emocionante pensar que los mayas fueron, por así decirlo, primos segundos que un día se separaron de pueblos como los sumerios, quienes, alrededor de tres mil años antes que los mayas, se dedicaban afanosamente a construir pirámides, a desarrollar una astronomía y a caracterizar y a expandir un tipo de civilización bastante elevada. ¿Será fortuito este paralelo de aptitudes? ¿Debemos pensar que tanto los mayas como otros pueblos de aquel grupo racial tenían consigo la simiente de tales adelantos al tiempo en que llegaron al Nuevo Mundo? ¿O es que existe algo en la sangre armenoide que inclina por naturaleza a esta gente a tales intereses? Aquí, el problema reside en que carecemos de pruebas verdaderas en cuanto a cuál grupo es el que generó esas ideas en uno u otro hemisferio.»

El texto citado tiene mucho de verdad y de lógica, pues no creemos que los mayas pudieran llegar a tan altos conocimientos en tan sólo 600 años (del 300 al 900 de nuestra era), que fue su época de florecimiento, o si se prefiere, unos 200 años a. C. en que ya se perfilaban hasta el 900 de nuestra era, fecha aproximada en que lo abandonaron todo, sin que hasta la fecha se sepa con absoluta certeza por qué lo hicieron.

El alto nivel de conocimientos astronómicos se puede entender si sabemos que en el cálculo que los mayas hicieron de 6,000 años —obsérvese: 6,000 años— aparece un error de sólo un día. Semejante maestría requirió mucho tiempo previo de observación y estudio, actividad nada fácil si se considera que en toda la región maya son muy frecuentes los nublados, las lluvias y las tormentas atmosféricas, todo lo cual impide la observación continuada del cielo.

Se ha dicho, además, que los mayas no eran de larga vida, pues el promedio de la misma no sobrepasaba los 35 años de edad. En caso de ser esto verdad ¿cuántas generaciones se habrían necesitado para llegar a los conocimientos que poseían? Ciertamente, estas incógnitas se despejan si los hechos sucedieron como dice Hooton. Con la única salvedad de que sumerios y mayas arrancaron de un mismo tronco cultural; pero no en Asia, sino en algún sitio cercano a América o tal vez intermedio entre América y Africa.

Aton y Aton-Atiuh

Otra semejanza muy importante que da mucho que pensar, es la del dios *Aton* egipcio con el dios *Aton-Atiuh* azteca. A este respecto el *Diccionario Enciclopédico Salvat*, dice:

> «*Aton.*–Nombre simbólico dado al único dios por Amenhotep IV cuando estableció una religión monoteísta en Egipto. Se le representaba por el disco solar.
>
> «*Aton-Atiuh.*–En la mitología mejicana uno de los cuatro dioses o soles de la teogonía azteca, que alumbró a la raza nahoa. Supónese que duró cuatro mil años; su nombre equivale a "Sol de agua" y produjo el diluvio en cuyo cataclismo se extinguió.»

En realidad, el dios *Aton* es mucho más antiguo que Amenhotep IV, puesto que era dios principal de la religión de Menes, el primer faraón de la primera dinastía. Por tanto, es prehistórico, y lo que Amenhotep IV intentó fue actualizarlo (que por cierto, según se dice, le costó la vida).

El lector habrá notado fácilmente que la raíz del nombre *Aton*, es la misma para ambos dioses. Y la antigüedad real es seguramente la misma. En América se identificó con un *diluvio-cataclísmico*, y en Egipto se identificó con personas que llegaron con una cultura adulta, sin que se conozca todavía su verdadero origen.

¿No revela esto que efectivamente hubo un cataclismo que dispersó a un pueblo o a varios que vivían en una misma región, pero poseedores de una cultura muy avanzada? Y sucede que la antigüedad del símbolo de *Aton-Atiuh* coincide con la del símbolo de *Tauro* en la *Gran Esfinge* y con la indicación astronómica que ofrece el eje-meridiano de la *Gran Pirámide*. ¿Casualidad?

Capítulo XXVI

NUESTRO TIEMPO

A fin de redondear ideas expuestas en capítulos anteriores, contemplemos un poco lo que en nuestro tiempo está ocurriendo.

El clima

Durante siglos y aproximadamente hasta el año 1954, el clima medio en el mundo fue estable, benigno y apropiado para la vida en general. No obstante, a partir de ese año, más o menos, empezaron cambios que en un principio parecieron tener poca o ninguna importancia, pero que en estos momentos ya son motivo de preocupación mundial. En efecto, debido a las progresivas alteraciones climáticas, en alguno lugares –por ejemplo, en el centro de Africa y en varias regiones de India y en América– se han producido lluvias torrenciales que han inundado y destruido vastas zonas de manera casi simultánea. Al mismo tiempo, se han dado agobiantes sequías en regiones cercanas, haciendo que disminuya de manera importante y hasta alarmante la producción agrícola y ganadera: tal es lo que ha sucedido en Rusia, India, EE.UU., México y en varios países de Europa. Esto significa que el régimen de lluvias ha venido alterándose peligrosamente y de manera progresiva a escala mundial, repercutiendo de modo sumamente peligroso en la economía y en la alimentación mundiales.

Desde hace ya muchos años los investigadores han identificado la existencia de una especie de faja climática, diríamos como un corredor de unos 1,200 a 1,500 kilómetros de ancho por 4,000 de largo, que va desde Canadá cruzando EE.UU., hasta llegar a la parte norte de México. En esta faja o corredor las perturbaciones atmosféricas han sido siempre mayores y más frecuentes cada once años y medio y peor aún cada 22-23 años, siempre en estrecha relación con la aparición, tamaño y grado de actividad de las manchas solares. Esto nos recuerda una vez más lo que en este mismo libro hicimos notar a propósito de los mayas: también ellos habían observado este fenómeno hasta el punto de identificar como nefasto el ciclo de 22-23 años. Así, pues, no parece haber dudas de que se trata de un fenómeno de tipo periódico estrechamente relacionado con el Sol, de manera que, al buscar explicaciones a las alteraciones climáticas actuales, los investigadores tal vez habrán de empezar por saber más de nuestro sol.

Quienes hablan de esto aseguran que la inestabilidad climática se empezó a notar entre los años 1950 a 1954, y que de entonces en adelante, según muestran las estadísticas, esa inestabilidad ha ido en aumento constante.

Se trata de un asunto muy importante para el tema de este libro, porque el meridiano de la *Gran Pirámide* está aludiendo clara y especialmente, por medio de la indicación astronómica, al año 1953, que coincide con el final de la constelación de *Piscis* y a la vez con el principio de la constelación de *Acuario*. En consecuencia, podemos inferir que dicha indicación no se refiere solamente al aspecto astronómico, sino que tiene algún valor profético importante para la vida humana. Y ahora sucede que los científicos, con lenguaje moderno, están afirmando eso precisamente.

En el *año geodésico* de 1957 se realizó una investigación a nivel mundial en la que intervinieron varios países de manera más o menos conjunta. A raíz de la investigación, se confirmó plenamente que los cambios atmosféricos y climáticos en general van siendo cada día más notables e importantes, hasta el extremo de afectar a la producción agrícola en algunos casos en forma dramática.

Las correspondientes estadísticas han demostrado el aumento progresivo de la humedad en la zona ecuatorial, mientras que en la misma proporción viene aumentando la sequía en la región norte, al tiempo que en la zona intermedia ha habido mucha y creciente inestabilidad climática y aumento de lluvias con las consiguientes inundaciones, tremendas en muchos países. En los EE.UU. por ejemplo, la crecida del río Mississippi del año 1973 produjo las mayores inundaciones de toda la historia conocida de dicho río. Lo mismo sucedió en Bangladesh en 1970, y así por el estilo en otros lugares.

El conjunto de todo esto sugiere que el mundo se está acercando a otro fenómeno climático que parece ser una nueva era glacial. Aunque no hay todavía suficientes conocimientos al respecto para hacer afirmaciones, las causas bien podrían estar en lo astronómico, tal vez en el Sol, ya que el calor solar es determinante en estos fenómenos y en el movimiento de los vientos que han venido haciéndose más débiles en algunas zonas, mientras que se han vuelto huracanados en otras y a fin de cuentas es lo que ha alterado el régimen general de las lluvias en el mundo, como se ha podido comprobar en Asia Central, en Africa Central, en Rusia, en América, etc.

Los sismos

Las estadísticas relativas a seísmos en el mundo demuestran que la actividad volcánica y sísmica mundial mantuvo un promedio con pocas variaciones, al menos durante los dos últimos siglos investigados, aproximadamente hasta el año 1945, cuando estallaron las primeras bombas atómicas en Hiroshima y Nagasaky. Por estas fechas comenzó un incremento de seísmos, ya bastante notable en el año 1950 y de manera muy apreciable en todo el océano Pacífico, particularmente en Oceanía.

La realidad es que, aunque ya se sabe mucho de la mecánica de los seísmos, es todavía insuficiente el conocimiento para explicarlo todo. Una teoría supone que todo ello tal vez tenga su origen en el choque de la plataforma continental de América con la placa del fondo marino del Pacífico, y ésta a su vez con la plataforma de Asia.

Otra teoría, que se antoja complementaria de la anterior y que apareció en el año 1912, expuesta por el meteorólogo alemán Alfred Wegener, dice que los continentes son flotantes y por ello movibles. Dicha teoría presenta como prueba a Sudamérica y Africa, que al juntarse en un mapa, demuestran haber sido un solo continente en tiempos muy lejanos y con un gran golfo en el norte.

Desde el año 1912, en virtud de esta teoría, se sabe que los fondos marinos se abren efectivamente a consecuencia del deslizamiento de los continentes y que los naturales agrietamientos que esto produce se llenan rápidamente de lava candente, que pronto se enfría por el agua, quedando esa lava como soldadura que pronto vuelve a romperse.

Esta teoría sugiere la posibilidad de que la *Atlántida* estuviera en los mares de la región norte, o el gran golfo de que antes se habló, situado entre ambos continentes. En tal caso la *Atlántida* se habría hundido al deslizarse el continente americano, produciendo además el rompimiento en Gibraltar y en el Mar Rojo, que ocasionó la inundación de la zona que hoy conocemos como Mar Mediterráneo. Todo esto es tan posible, que hoy, para obtener mayor información al respecto, se está recurriendo al buceo profundo con aparatos muy especiales que recorren los desfiladeros submarinos a más de 3,000 metros de profundidad. Se está haciendo en los sitios que se han juzgado clave, como es al oeste de las Azores.

En fin, como una prueba de la gravedad del momento que estamos viviendo, en el mes de marzo de 1969 la ONU dio la voz de alerta por boca de los expertos de las Naciones Unidas, quienes advirtieron que en *cualquier instante,* dentro del tiempo que falta para finalizar el siglo, el mundo tendrá que pasar por una gran catástrofe a consecuencia de gigantescos terremotos hasta hoy nunca sufridos, que quizá llegarán a producir más de *cien millones de cadáveres*. Y es que se ha comprobado que se están formando fallas gigantescas que destruirán las ciudades.

Como resultado de esta voz de alarma, las Naciones Unidas aprobaron planes para que el Instituto Internacional de Tokio estudie el problema, a fin de programar la indispensable educación a hombres y mujeres para que en el futuro puedan servir como auxiliares en

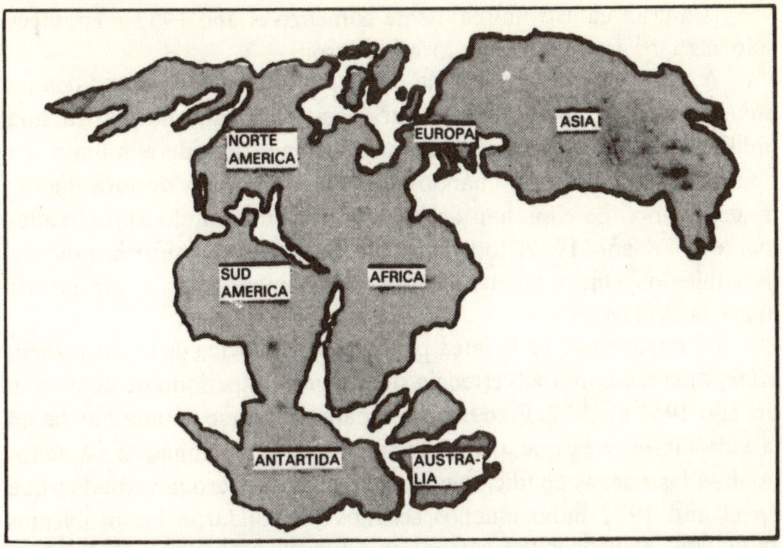

A. Wegener sostenía que todos los continentes formaron en un principio una sola masa terrestre y que luego se fueron desplazando lentamente, como si fueran enormes islas móviles en la sima de la corteza terrestre. Obsérvese en el dibujo como habrían estado unidos según esta teoría.

los momentos de emergencia que se prevé ocurrirán en un futuro no muy lejano.

Se encomendó esta tarea a Japón, ya que es el país que más experiencia tiene por encontrarse en la zona más sísmica del mundo. Y al hacer las consideraciones correspondientes, se recordó que en la provincia de Shensi, en China, en 1556 hubo casi un millón de personas muertas debido a un terremoto que duró solamente unos minutos. Tal catástrofe da una clara idea de lo que podría suceder si terremotos semejantes se produjeran a escala mundial.

Sea como fuere, resulta extraordinaria la indicación que hace la línea cronológica de la *Gran Pirámide* al referirse al año 1953, aunque algunas personas suelen decir que nada importante sucedió ese año. ¿Nada? Dentro de muy pocos años se empezará a decir:

¡La gran catástrofe realmente comenzó el año 1953 y entonces sólo algunos investigadores lo advirtieron!

A pesar de que la acertada predicción de seísmos es todavía un anhelo científico insatisfecho, varios sismólogos famosos ya han publicado en revistas y en otras publicaciones de todo el mundo sus opiniones sobre dónde y cuándo ocurrirán uno o más seísmos importantes. Varios de ellos han asegurado que empezando aproximadamente en el año 1972, toda la costa de California sufriría muchos movimientos telúricos, extendiéndose el fenómeno hacia el sur, tal vez hacia la Antártida.

Efectivamente, en la línea profética cronológica de la *Gran Pirámide*, aparece como advertencia que habría un período de confusión del año 1967 al 1972. Esto tampoco parece haberse notado mucho en la vida diaria, y es que, progresivamente, el ser humano se va adaptando a las nuevas condiciones de vida general. Pero la verdad es que en el año 1972 hubo muchos seísmos y abundaron los problemas humanos. Y lo peor del caso es que fueron problemas sin solución previsible, de modo que se han venido prolongando por lo menos hasta finales de 1978.

Así, pues, los trastornos climáticos parecen haber empezado hacia el año 1953, y la frecuencia de los seísmos, así como el aumento de su importancia, parece haber comenzado hacia 1972.

Todo esto ha sido ya tan minuciosamente estudiado en varios países, que en Estados Unidos hasta se ha calculado el volumen probable de pérdidas tanto en vidas humanas como en dinero por la destrucción material, datos que no se dan aquí porque varían mucho de una a otra publicación y porque no se trata de producir alarma en ningún sentido, sino simplemente de pasar información de lo que al respecto se dice y se sabe en el momento actual.

La conclusión sería que, de seguir el incremento de todos estos fenómenos naturales, los gobiernos tendrán que tomar algunas medidas preventivas, según los científicos lo vayan aconsejando... si es que llegan a hacerlo.

Los países más afectados por seísmos hasta el presente, y en consecuencia los que tal vez resulten más afectados en el futuro, son

Rusia, China (en la provincia de Liaoning), Taiwán, Filipinas, Australia, India, Yugoslavia, Portugal, Sicilia, Italia (en la provincia de Toscana), Islas Bermudas (en las que ha habido intensa actividad volcánica submarina recientemente), Nueva Guinea, Africa, La Martinica, Etiopía, Irán, Chile, Perú, Ecuador, Venezuela, Colombia, México (particularmente en la costa del Océano Pacífico), Nicaragua, Guatemala, etc. Se han enumerado estos países, porque son los que más avisos de la naturaleza han venido recibiendo recientemente.

Como se puede apreciar por los países hasta hoy más afectados —y que naturalmente no son todos, sino únicamente los más frecuentemente sacudidos por seísmos de importante intensidad—, resulta que todo el mundo se encuentra en la lista... ¿Por qué?

En busca de respuestas a estos problemas, se está estudiando a base de utilizar estaciones de investigación establecidas en varios países. Por medio de este sistema se ha observado que, después de varios seísmos en una región, se produce una actividad volcánica, de manera que al aumento general de seísmos corresponde un aumento general de actividad volcánica. A este incremento de terremotos y actividad volcánica se viene atribuyendo lo errático de las lluvias, de los climas y de otros muchos fenómenos.

Por otra parte, es una realidad ya reconocida que el hombre está rompiendo el equilibrio del planeta al sacar tan rápidamente y en tan grandes cantidades el pétroleo, puesto que la elevada presión de sus gases había venido produciendo un equilibrio bajo la corteza terrestre. Además, el escape de calor en forma de vapor de agua a muy elevadas temperaturas, para usos industriales y energéticos en general, a su vez va rompiendo el equilibrio interno y acelerando el desequilibrio, ya que todo eso obliga a nuevos acomodamientos de las capas, que luego sentimos como seísmos más o menos intensos.

Polvo contaminante de la atmósfera

Se cree que ha habido por lo menos siete glaciaciones totales en el último millón de años, de las cuales solamente se sabe algo de las cuatro últimas, y en realidad muy poco o casi nada. Y ahora se viene asegurando, cada día con mayor insistencia, que la temperatura general, por lo menos del hemisferio Norte, está bajando a un ritmo progresivo y muy notable durante los diez últimos años, y que muy pronto nos enfrentaremos a una nueva glaciación. El polvo movido por los vientos se distribuye en la atmósfera formando de día en día una capa cada vez más densa y se producen así cambios atmosféricos, debido a que las pequeñas partículas actúan como pantalla o como espejo que, al reflejar la luz solar, la devuelven al espacio.

Al polvo volcánico debe agregarse el polvo industrial de todo el mundo, y como lo industrial siempre estará en crecimiento es de suponer que esos problemas también seguirán creciendo. El desequilibrio que se produce es doble: al sacar los gases de la Tierra se produce un desequilibrio interno, y luego, al quemar esos mismos gases, se produce otro desequilibrio, esta vez externo, en la atmósfera.

Se cree que las glaciaciones conocidas empezaron con seísmos, seguidos de una actividad volcánica que saturó la atmósfera de polvo, el cual, entre otras cosas, impidió el libre paso de los rayos solares. Este punto de vista parte de hechos conocidos: por ejemplo, en la erupción del volcán Eldyhar de Islandia, así como en el Asamu de Japón el año 1783 —y se puede citar hasta el pequeño volcán Paricutín de Uruapan, Mich. (México)— ocurrió precisamente eso, es decir, que el cielo se oscureció muchísimo en una extensa región durante muchos días, disipándose la bruma muy lentamente y mucho después de que los volcanes dejaran de estar activos. Esto significa que muchos volcanes en simultánea actividad y en lugares diversos del mundo podrían oscurecer tanto la atmósfera, que al impedir completamente el paso de los rayos solares se produciría un enfriamiento general.

Mirando el problema desde otro ángulo, se ha comprobado que se está produciendo de manera progresiva un rápido deshielo en algunas zonas de la región Artica y que también de la región Antártica se están desprendiendo «icebergs». Todo esto ocurre simultáneamente con el crecimiento de los desiertos debido a desecación de la tierra, fenómeno que ya afecta a varios países.

Ni que decir tiene que a medida que se multipliquen estos fenómenos la confusión irá en aumento, pues no se distingue secuencia alguna. Pero no se distingue porque las diversas alteraciones van produciendo a su vez fenómenos parciales en cada región. El resultado conjunto vendrá a ser simplemente un desorden general, que de seguir en aumento podría convertirse en caos, algo así como lo que sufrieron los mayas y que aparece relatado en el *Popol Vuh.*

¿Qué está sucediendo en la plataforma de Puerto Rico?

En diciembre de 1969, el autor de este libro pudo comprobar personalmente y de manera objetiva a lo largo de la costa norte de Puerto Rico, desde Arecibo hasta Fajardo –naturalmente pasando por Dorado, San Juan, etc.–, que el mar ha venido invadiendo la tierra firme a una velocidad bastante considerable hasta el punto de que las personas lo notan sin mayor esfuerzo.

Efectivamente, en playas poco inclinadas como Dorado, el mar ha avanzado unos cien metros en el transcurso de 15 a 20 años. Personas que con frecuencia van a bañarse a esas playas, afirman que un año antes tenían que caminar alrededor de 50 metros sobre la arena seca y caliente, antes de poder pisar el agua. Actualmente, caminando la misma distancia durante la marea baja, que fue cuando se hizo la visita, a los bañistas adultos les llegaba el agua a las rodillas. Quiere decirse que el nivel ha experimentado un alza –o la costa un hundimiento–, de modo que en algunos sitios empieza ya a convertirse en amenaza la marea alta.

Los habitantes del rumbo afirmaron que, efectivamente, el mar ha venido derribando palmeras que antes crecían alejadas del oleaje y como comprobación mostraron restos de los que fueron muros de casas, hoy hundidas en el agua, que hace no mucho tiempo eran casas habitadas y naturalmente alejadas del oleaje.

En otras playas se pueden observar residencias de veraneo que antes contaban con playa propia razonablemente alejada de la construcción, cuyos muros ya se están desmoronando por el constante golpear de las olas: también ahí han desaparecido esas playas.

Los hoteles de lujo en la zona metropolitana, que antes tenían sus propias playas a distancia razonable y cómoda para los turistas, han tenido que hacer escolleras para evitar que el mar les golpee los muros. En fin, ese avance del mar no parece ser muy lento, aunque en cambio es constante. Bien podría tratarse de un fenómeno temporal, pero entre las personas entrevistadas hubo quienes hablaron de las corrientes marinas, de la corriente del Golfo (Gulf Stream), la de El Labrador, etc., así como de tales y cuales vientos. Sin embargo, todos coincidían en que nada de eso es la verdadera explicación del fenómeno.

¿Explicación científica? Ignoramos lo que los sabios puedan decirnos al respecto, por ello nos limitaremos a especular por nuestra cuenta: si el mar en su totalidad ha estado subiendo de nivel, tendríamos que suponer que ha habido veloces deshielos en los polos, y eso, naturalmente vendría a ser una positiva catástrofe mundial; pero en tal caso, suponemos ya lo habrían experimentado otros países y la prensa mundial lo habría dicho. Por lo demás, en la costa del Golfo de México no solamente no ha subido el nivel del mar, sino que en algunas playas más bien parece estarse alejando, quizá de manera solamente aparente. Aquí cabe suponer que Puerto Rico está sufriendo realmente un hundimiento, por lo menos en su región norte. Será cosa de recorrer en el futuro toda la costa de la isla para tener ideas más concretas, y además habrá que esperar algunos años para saber si el movimiento continúa, se detiene o es periódico.

En los primeros días de 1970, es decir, pocos días después de las observaciones anotadas, ocurrió que muchas ballenas fueron a morir a las playas de Florida. En esta ocasión, los especialistas afirmaron que los cetáceos se habían trastornado a consecuencia de recientes e intensos fríos que habían congelado ciertas regiones del Atlántico.

La explicación no nos satisface. Suponemos, en cambio, que recientemente ha habido actividad eruptiva en el fondo del Atlántico, de donde se desprenderían gases que habrán contaminado las aguas, envenenando a las ballenas.

Pensamos así porque en agosto de 1963, cuando el autor de este libro estuvo en Perú, encontró en el puerto de pescadores de El Callao un fenómeno parecido que tenía molestos a los pescadores y a las empacadoras: diariamente aparecían muertos sobre la arena de las playas miles de peces y de aves marinas.

La explicación que los pescadores dieron a este hecho, que seguramente les era muy conocido, fue que las corrientes marinas –la de Humboldt y la de El Niño– habían modificado su curso, alejándose enormemente de la costa, curso que normalmente es paralelo y cercano a la costa de Perú y Chile. Ellos declararon desconocer las causas reales; pero, por la experiencia adquirida a lo largo de los años, supusieron que algo estaba ocurriendo en el fondo marino.

Efectivamente, antes y después de estos acontecimientos que relatamos, hubo varios terremotos de cierta importancia en Perú y en Chile.

Como una coincidencia curiosa con lo sucedido en Puerto Rico y con las ballenas de Florida, en esos mismos días, o sea, a principios de enero de 1970, en gran parte de Europa llovió de manera extraordinaria y a la vez sorprendente, produciendo inundaciones y verdaderas catástrofes en España y en otros países.

Todos estos hechos parecen no tener conexión ni secuencia aparente; sin embargo, la coincidencia en el tiempo nos hace pensar que tal vez ha habido varias o muchas erupciones volcánicas en el fondo marino.

Hace algún tiempo y en pocas líneas, la prensa informó que ciertos científicos habían producido explosiones de alta potencia en el fondo del mar, en sitios cuidadosamente escogidos, a fin de dar salida a gases que se sospechaba estaban acumulando una enorme y peligrosa potencia explosiva. Bien puede haber sucedido que tales gases no escaparon por donde se deseaba y que por ello siguen creando problemas que ignoramos hasta dónde nos llevarán.

Por nuestra parte, aventuramos esta pregunta: ¿No estará ocurriendo en las cercanías de Puerto Rico algo semejante a lo de Perú, y por ello avanza el mar o más exactamente, la isla se hunde en el mar?

Conviene tener presente que lo que hoy es isla de Puerto Rico, siglos atrás fue fondo marino, emergido de las aguas tal vez por algún fenómeno telúrico que actualmente parece estarlo hundiendo. En caso de que sean así las cosas, ¿se podrán calcular las probabilidades para el futuro cercano? ¿Qué repercusión podrá tener en el mundo un fenómeno como el hundimiento de una isla del tamaño de Puerto Rico? ¿Podemos creer que se trate de un caso aislado?

Si Puerto Rico era fondo marino cuando se hundió la *Atlántida,* ¿no será que ahora se esté hundiendo debido a que *Atlántida* está emergiendo?

Capítulo XXVII

AÑO 1982

La *Gran Pirámide* demuestra de muchas maneras que los antiguos egipcios ya sabían que la Tierra es esférica. No obstante, hace sólo unos cuantos siglos se la creía plana.

Hoy, a consecuencia de cálculos muy laboriosos y de comprobaciones hechas con los viajes espaciales, se sabe que nuestro mundo es en realidad un esferoide hinchado en el Ecuador y achatado en los polos; pero no de manera simétrica, sino que aparenta la forma de una pera.

Ing Hele y G. E. Cook, geodestas ingleses, afirman que la Tierra tiene dos protuberancias. Este detalle les ha sugerido la suposición de que nuestro mundo se está rompiendo, que se está dividiendo por lo menos en dos partes, a consecuencia de desequilibrios diversos en el planeta: uno de ellos, los descentrados hielos polares.

La suposición de los geodestas ingleses está estrechamente relacionada con el tema de este capítulo, como más adelante se verá.

En el libro *Dramáticas profecías de la Gran Pirámide*, se habla ya ampliamente del año 1982, debido a su importancia. De modo que lo que aquí se añade es solamente un detalle complementario con datos dignos de meditarse.

Considerando que casi todas las referencias de la *Gran Pirámide* tienen un valor astronómico, por allí se empezó la investigación relativa al año 1982. De las investigaciones efectuadas se dedujo que hacia finales de ese año, precisamente en la época de Navidad, se produjo una conjunción —o tal vez sea más propio decir un alineamiento planetario— del Sol, Mercurio, la Luna, la Tierra, Júpiter y Saturno.

Lateralmente, pero cerca de la conjunción mencionada, quedaron Venus y Marte. Neptuno y Urano estuvieron bastante retirados de dicho alineamiento y Plutón quedó casi en oposición.

Como fácilmente se puede apreciar, esta relativa conjunción produjo una suma y acumulación de mutuas atracciones entre sí, y todas ellas con la natural repercusión sobre el Sol.

Siendo la Tierra uno de los planetas intermedios, es obvio que sufrió algunos efectos previsibles, o por lo menos imaginables, aunque sin la menor idea del grado de magnitud que alcanzaron en su momento crítico.

Es este un fenómeno de tipo periódico que ocurre aproximadamente cada 179 años, dato importante porque la suma de estos dígitos (1 + 7 + 9) da 17, números que en la *Gran Pirámide* aparece siempre como símbolo de *principio* de algo importante: por lo general, de sufrimiento para logro de algo superior, como es un cambio en la manera de ser y de vivir.

Entre los efectos previsibles, pero sin poder determinar su magnitud, estuvieron el incremento de las manchas solares, el aumento en el brillo del Sol y, en consecuencia, el aumento de calor y de otras radiaciones eléctricas. Los efectos que pudieron provocar se traducirían en vientos y tormentas solares, que producirían sobre la Tierra lluvias torrenciales, alteraciones atmosféricas, interrupción de las comunicaciones eléctricas de radio, etc., lo cual afectaría tal vez un poco a la psiquis humana y hasta es posible que ocasione un incremento en los sismos; todo sucederá a consecuencia de las respectivas atracciones planetarias y la natural reacción del Sol.

Hay quienes opinan que este alineamiento de planetas, en su momento crítico, quizá produjo un desequilibrio de la gravitación, alterando la rotación de la Tierra, probablemente sólo en fracciones de segundo, pero lo suficiente como para modificar la duración del día por lo menos transitoriamente.

Otra probabilidad de desequilibrio está en la inestabilidad del *magma* en el interior de nuestro planeta, bajo la delgada corteza terrestre. Como el agua en los mares, aunque menos fluido, también se ve afectado por las atracciones exteriores, de modo que podría, en el mejor de los casos, despertar muchos volcanes y originar otros nuevos. Esto, sin que llevemos la mente o la imaginación al *Cinturón de fuego* que rodea al Océano Pacífico, reconocido como uno de los puntos más vulnerables de la Tierra.

Además de lo expuesto, no se puede ni se debe ignorar que en el Artico hay trillones de trillones de toneladas de hielo, colocado excéntricamente respecto del eje polar. Ese enorme peso, en un momento de fuertes atracciones, puede convertirse en factor determinante. En el casquete del Polo Sur sucede algo semejante.

Es de suponer que los primeros efectos empezarán a sentirse tiempo antes del momento crítico de la conjunción o alineamiento y que seguirán hasta cierto tiempo después de pasado el riesgo principal, para luego volver a la normalidad.

Todo esto plantea otra cuestión: si los llamados seres extraterrestres existen verdaderamente en la actualidad y nos han estado visitando en plan de estudio, es de esperar que de aquí en adelante, durante los próximos cuatro años, aumentarán la frecuencia de sus visitas, precisamente porque estarán estudiando los próximos efectos no solamente sobre el planeta Tierra, sino sobre los otros planetas del sistema.

Lo expuesto, aunque solamente sea imaginación, es previsible. Sin embargo, quedan fuera de toda consideración otros muchos imprevisibles, como por ejemplo, que en algunos de los puntos la corteza terrestre esté debilitada, sin que los científicos lo sepan. Si por su debilidad no resistiera las atracciones opuestas que se prevé ocurrirán, podrían producirse catástrofes que lo mismo podrían ser meramente locales que de extensión mundial.

La realidad es que las probabilidades de un cataclismo mundial están en la mente humana desde siempre, especialmente en personas de mentalidad religiosa, particularmente cristiana, debido a que el *Apocalipsis* habla de una *Bestia de destrucción* y a que en Lucas 21, 25 al 27, se lee lo siguiente:

«...Entonces habrá señales en el Sol y en la Luna y en las estrellas; y en la Tierra angustia de gente por la confusión del sonido del mar y de las ondas. Secándose los hombres a causa del temor y expectación de las cosas que sobrevendrán a la redondez de la Tierra; porque las virtudes de los cielos serán conmovidas. Y entonces verán al hijo del hombre, que vendrá en una nube con potestad y majestad grande.»

Aunque esto es muy conocido, no está de más el estar prevenidos, simplemente para evitarnos sorpresas, aunque quizá no ocurra ninguna, y ojalá que así sea.

No obstante las citas bíblicas y todo lo que en un principio de este capítulo se dijo como probable, la realidad histórica ha sido que a lo largo de los dos mil años de la Era Cristiana, este mismo alineamiento o conjunción planetaria, ha ocurrido once veces. Y sin embargo, el mundo ha seguido rodando y la humanidad ha seguido viva y multiplicándose.

La misma conjunción ocurrió hacia el año 1803, época cercana a nuestro tiempo y por ello, muy conocida. Sin embargo, nada se sabe de desastres catastróficos o de algo que haya amenazado la vida o la estabilidad del mundo.

La ocasión anterior a la de 1803, fue en 1624, en vida del famoso astrónomo Kepler, quien en 1603 estudió la conjunción de Marte, Júpiter y Saturno, fenómeno ya conocido desde los días de gloria de Babilonia y que ocurre cada 805 años. Véase que tampoco ocurrió nada catastrófico, pues, de haberlo habido, Kepler lo habría estudiado y notificado, ya que no murió hasta 1630.

La tercera conjunción ocurrió en el año 1445, sin que nos haya llegado hasta hoy noticia alguna al respecto.

Y así, el lector podrá seguir buscando en la historia hasta que tal vez encuentre alguna coincidencia significativa. No obstante, siempre estará presente en el próximo caso lo imponderable, lo imprevisible, lo desconocido.

Lo más importante del tema de este libro consiste en hacer notar que existen fenómenos estelares y cósmicos de tipo periódico, como el antes citado, que en algunos casos pueden convertirse en sumamente peligrosos. Por eso, en lo referente al año 1982, nada se puede afirmar en definitiva; pero tampoco se puede negar nada con absoluta certeza. Viene a ser el caso de un viejo puente por donde ha pasado mucha gente y muchos vehículos con pesada carga, pero que un día, por cualquier motivo insignificante, se derrumba causando daños irreparables. Y ese insignificante motivo, que no es previsible ni de desear, puede presentarse en nuestro mundo con y sin conjunciones planetarias y en cualquier momento. Por supuesto, es mucho más probable en el caso de conjunciones como la ocurrida en el año 1982.

Cuadro sinóptico

Se presenta este cuadro sinóptico, sin intención de dar una absoluta exactitud astronómica. Así pues, servirá solamente para informar al lector, con visión panorámica aproximada, cómo fue la conjunción planetaria del año 1982.

SOL Mercurio Luna Tierra	Todos muy aproximadamente hacia los 42 grados.
Venus Marte	Ambos muy cerca del anterior alineamiento pero fuera de los 42 grados.
Júpiter Saturno	Ambos entre los 57 y 67 grados.
Neptuno Urano	Ambos muy lejos del alineamiento.
Plutón	Casi en oposición.

Año 1984

En el año 1984, hubo otra conjunción planetaria, que se localizó en la constelación de Capricornio. Se cree que esta conjunción ejerció alguna influencia sobre nuestro planeta durante varios años y que esta influencia fue distinta de la de 1982.

Año 1999

En el año 1999 habrá un doble eclipse solar.

La realidad es que fenómenos como éstos ha habido muchos a lo largo de los siglos, sin que nada especial haya ocurrido a nuestro mundo. Sin embargo, esto es como aquel que dijo: «Yo nunca había estado enfermo...» y se murió.

Capítulo XXVIII

LA GRAN AVENTURA HUMANA

¿Cuándo y cómo empezó la gran aventura del hombre sobre la Tierra y que finalmente lo condujo a lo que hoy es la humanidad? ¿Cuándo y dónde estuvo la cuna del hombre que insistentemente identificamos como creación y semejanza de Dios?

Tratando de contestar a estas preguntas y a otras muchas semejantes, los incansables investigadores buscan el sitio, la región hasta hoy todavía desconocida donde se produjo el origen del hombre. Se buscan huellas, restos de *homínidos*, que, en caso de encontrarse, revelarían los orígenes verdaderos del ser humano.

A este respecto, recientemente causaron expectación en el medio científico las conferencias de la socióloga francesa, Jacqueline Roumergue Eberhardt, del Centro Nacional de Investigación Científica de París, quien aseguró que aún existen *homínidos* vivos en intrincadas regiones de Africa, donde han sido vistos por los nativos en repetidas ocasiones.

Se ha dicho que el homínido vendría a ser una especie de eslabón entre el hombre propiamente dicho y sus antepasados no humanos, cuyos fósiles han sido encontrados en sitios distintos. Pero será el tiempo quien aclare esta desconcertante afirmación.

Hay por lo menos tres teorías importantes. La primera, la de los poligenistas, sostenía que el ser humano apareció de manera simultánea en diversas partes del mundo. Tal teoría está ya muy desacreditada y ha caído prácticamente en desuso, debido a que no puede explicar satisfactoriamente la unidad básica, fundamental ni fisiológica, de la especie humana.

La segunda teoría, la monogenista, sostiene –y tal vez con razón– que el ser humano fue producto de una larga evolución durante muchos millones de años a partir de una especie animal determinada, y que por ello debió de aparecer en un solo sitio o región desde donde se extendió por todo el mundo.

La tercera teoría, y a la vez la más moderna, dice que hace cosa de 600,000 años hubo una especie animal de la que se desprendieron tres ramas. Dos de ellas parecen haber desaparecido o no evolucionaron, y la otra evolucionó hasta convertirse en el ser humano pensante.

Esta tercera teoría se funda en el cráneo encontrado por el doctor Leakey en Africa, en las cercanías del lago Victoria. El cráneo en cuestión y otros fósiles semejantes parecen coincidir notablemente con lo que ya se sabe del *hombre de Java* y del *hombre de Pekín*. Todo ello resulta ser muy importante para el tema de este libro por lo que más adelante se dice.

Los monogenistas atribuyen la diversidad de tipos humanos a la gran difusión de la especie. Se ha comprobado que una especie animal, cualquiera que sea, a medida que se extiende geográficamente, va adquiriendo más abundantes variedades de tipo, aunque sin perder la unidad básica o fundamental. Aunque se trata de concepciones científicas modernas, en cierta medida coinciden con las tradiciones místicas, esotéricas, ocultistas de origen muy antiguo y pertenecientes a diversas corrientes de pensamiento, en las que se habla de las *razas-raíz*. Las mismas corrientes afirman que la *cuna del hombre* estuvo en un continente que existió en lo que hoy es el Océano Pacífico, al que las mismas tradiciones llaman *Continente de Mu* o *Lemuria* o *Naa* o *Naacal*.

Mu o Lemuria o Naa o Naacal

Las disciplinas ocultistas esotéricas han puesto indistintamente todos estos nombres a una gran isla que, según las tradiciones y leyendas, existió en el Océano Pacífico hace muchos milenios, tal vez más de 25.

Pero, ¿dónde estuvo exactamente ese *Continente de Mu*? No hay nadie que pueda contestar con positiva certeza, y, por tanto, será motivo de futuras investigaciones. Por lo pronto, el autor supone que pudo haber sido un continente o isla muy grande de forma alargada, un tanto paralela a la línea ecuatorial, y que llegaba a las cercanías de las islas niponas, o que éstas eran parte de *Mu*. En su extremo opuesto pasaría por Hawaii, para terminar muy cerca del actual continente americano y hasta quizá tendría contacto con éste en algunos puntos. Así se explicaría la llegada a las costas de Sinaloa (México) de ciertos grupos humanos en tiempos antiquísimos.

Luego habría ocurrido un cataclismo que en más o menos tiempo hundiría gran parte de dicho continente, quedando fuera del agua solamente las cimas de las montañas, justamente las que hoy se han convertido en las abundantes islas que hay en el Océano Pacífico (sin contar, claro está, las de coral de reciente creación).

Hay que tener en cuenta que muchas de esas islas, probables montañas de *Mu*, son chimeneas de acción volcánica. Esto nos sugiere que allí hubo un cataclismo gigantesco, tal vez a causa de atracciones estelares de tipo periódico.

La hipótesis anterior quizá explique diversos problemas, como la llegada a América de grupos humanos sin necesidad del supuesto congelamiento del actual Estrecho de Bering, que en aquella época tal vez ni siquiera existía. Apuntamos esto porque, a principios del presente siglo, se investigó un glaciar en la bahía de Kolzebue, al NO del paso de Bering, y los investigadores encontraron que la escarpa final, soporte de la masa arcillosa de más de seis metros de espesor, estaba cubierta de turba, de la que brotaba abundante vegetación, enana en su mayor parte, así como musgo y líquenes.

Entre la arcilla, había igualmente muchos fósiles de animales mamíferos –entre otros, de elefantes– y colmillos de marfil que pesaban cosa de 80 kilos cada uno, así como huesos de almizclero, de reno, de alce, de caballo, etc.

Este descubrimiento plantea varias cuestiones, pues se dice que dicho glaciar pertenece al tipo *fósil,* o sea, que es muy antiguo y casi sin alteraciones a lo largo de muchos milenios. Ahora bien, todas las osamentas encontradas pertenecen a animales de climas templados, o por lo menos, no precisamente fríos. Es indudable que todos esos animales vivieron en otras épocas de manera natural en la región de Bering, de donde se deduce que no fue necesaria la congelación del mar en el estrecho para poder cruzarlo, pues tal vez no existía esa fractura de la tierra. En ese caso, el cruce se pudo haber hecho a pie, o a lo sumo en pequeñas embarcaciones de madera: en balsas, por ejemplo.

Pero esta conclusión no explica cómo pudieron pasar los animales mencionados y otros que seguramente existieron y cuyos restos fósiles deben de estar bajo los hielos.

Así pues, la realidad pudiera ser que el estrecho de Bering no existiera en esa época, en cuyo caso las especies animales encontradas pasaron de uno a otro continente por su propio pie y los cazadores en su seguimiento.

Esto nos plantea otra cuestión importante: si la separación de los continentes se produjo lentamente —digamos, como lo que está sucediendo con la Baja California—, entonces 25,000 años resultan ser un tiempo demasiado corto. Por otra parte, tampoco explica la razón de la existencia de los glaciares que extinguieron la vegetación y toda la vida animal de la región, por no extendernos a todo el círculo polar ártico. Así, pues, solamente nos queda la posibilidad de que hubiera un movimiento telúrico sumamente brusco y violento que produjo el rompimiento de la corteza terrestre en esa parte del mundo, y esto como parte de un cataclismo que seguramente afectó a todo el mundo. Después, la catástrofe obligaría a los seres humanos sobrevivientes a huir del repentino frío, en busca de mejor clima: aquel en el que antes habían vivido.

El cambio o modificación de la inclinación del eje polar tal vez llegue a ser una explicación de todo esto, incluyendo por lo menos, las glaciaciones que ha sufrido el mundo, lo cual implica además, que habrá habido ya varios cambios de inclinación.

Una pregunta importante es: ¿Cuándo ocurrió dicho cataclismo? ¿Qué fue lo que lo originó?

Una hipótesis del autor sugiere que pudo haber ocurrido hace

26,000 años, durante la *edad* de la constelación de *Acuario*, que terminó en *Sagitario.*

Damos la cifra de 26,000 años, refiriéndola al *año de años* o *gran año* de que hablan las tradiciones ocultistas y ciertos libros sagrados. En realidad, es aproximadamente el tiempo que se toma la preseción equinoccial para cerrar el circuito. Estos datos se mencionan repetidamente en este libro porque parecen estar muy estrechamente ligados a la vida humana, que ha venido desarrollándose por *edades* de poco más de seis mil años cada una.

Hablando en hipótesis y según las tradiciones ocultistas, suponemos que la *Edad de Acuario* terminó con una catástrofe muy seria y que fue durante la *era* de la constelación de *Sagitario* cuando desapareció el continente de *Mu,* y sus habitantes se dispersarían por el mundo según sus propios medios y posibilidades. Algunos quedarían en las islas del Océano Pacífico, otros alcanzarían las costas de Asia y Africa, otros lograrían llegar a América y algunos quizá hasta podrían haber pasado al continente que hoy se entiende como *Atlántida*, el mismo que hasta hace poco tiempo era considerado como pura leyenda, pero que poco a poco se va perfilando más como una realidad, muy especialmente desde que empezó a hablarse del *Triángulo de las Bermudas*.

Después de los cataclismos de que antes se habló, los supervivientes debieron de encontrar en lugares diversos las condiciones apropiadas, necesarias para rehacer su vida en todas las manifestaciones de cultura a que antes habían llegado. Esa cultura debió de alcanzar un nivel muy alto, a juzgar por lo que después se ha encontrado.

Unos 8,000 años duraría ese desenvolvimiento, para luego volverse a cerrar el ciclo hacia el final de la constelación de *Virgo*, que, coincidentemente, es el primer símbolo importante que encontramos en Egipto, o sea la cabeza de la *Gran Esfinge*, y a la vez el primer dígito en los símbolos dentro de la *Cámara de las reflexiones* en el interior de la *Gran Pirámide*.

Y son estos símbolos, *Esfinge-Pirámide,* los que sugieren el alto nivel de cultura que en aquel entonces alcanzaron algunos grupos étnicos, cultura cuyos antecedentes se perdieron juntamente con *Mu.*

Así, pues, hace unos 26,000 años que empezó la *Era de Acuario*, que debió de terminar hace 22,000 años y fracción.

Los períodos glaciales

Las más recientes investigaciones han detectado por lo menos los cuatro últimos períodos glaciales con otras tantas épocas intermedias de clima suave, aptas para la vida vegetal y animal.

Después del segundo período glacial, llamado Mindenliense, hubo un período de clima cálido, llamado Prechelense, en el que se han encontrado los más antiguos vestigios humanos.

Siguió a esta época un período nuevamente frío, llamado Rissiense, en el que la vida para el ser humano se tornó muy difícil, ocasionando las migraciones y emigraciones en busca de climas benignos y a la vez originando el desarrollo de las culturas llamadas Chelense, Achelense y Musteriense, nombres que fueron tomados precisamente de la época a que corresponden. En esta época ya existían algunos instrumentos como armas, herramientas, hachas, puntas de flecha o de lanzas, etc., naturalmente, todo de piedra o, a lo sumo, de madera.

Durante este período frío, que debió de durar varios miles de años, se produjo un notable retroceso en las culturas, pues desaparecieron muchos de los instrumentos ya conocidos, apareciendo en sustitución otros notablemente más primitivos. Probablemente se debió a los obligados éxodos provocados por las inclemencias de la época, ya que al período antes dicho siguió otro plenamente glacial, conocido con el nombre de Musteriense Superior, y que comprende el principio del período Paleolítico Superior llamado Auriñaciense inferior.

Se ha calculado entre los 40,000 y los 50,000 años el período que hubo entre la penúltima y la última glaciación de extensión mundial. En esa época, el clima en Europa, si no era muy bueno para la vida, por lo menos era benigno, y favoreció la llegada de pueblos o razas, como la de *Neanderthal,* que se extendió por toda Europa desde el Rin hasta Gibraltar. Existe la teoría de que ese pueblo tuvo su origen en Asia sin poderse precisar el sitio.

Es conveniente recordar esto último, porque tiene muy estrecha relación y coincidencia en tiempo y época con lo que dicen las tradiciones ocultistas esotéricas cuando hablan del hundimiento del *Continente de Mu*. Si no se sabe todavía de dónde salió el hombre de Neanderthal, bien podría ser que fueran en realidad los antiguos habitantes de *Mu* que, huyendo de una catástrofe, pasaron por Asia en su viaje hacia Europa en busca de mejor clima. Se confirmaría así que el origen y cuna del hombre estuvo en *Mu*, y todo esto sugiere a su vez que la penúltima glaciación ocurrió hace unos 50,000 años. Pero *¿qué fue lo que la produjo*?

Después de ese grave problema para el ser humano, siguió una calma que duró de 10,000 a 12,000 años, período que permitió el desarrollo de la vida en general. Posteriormente, volvió a empezar un nuevo enfriamiento general, conocido con el nombre de *cuarta glaciación*. ¿No parece que dichas glaciaciones se suceden de manera cíclica, periódica cada cierto tiempo? Y aunque todavía no se haya dicho públicamente, no por eso deja de ser menos cierto.

Los que han investigado este asunto opinan que esta cuarta y más reciente glaciación mantuvo su intensidad hasta hace más de 6,800 años. De modo que los 6,660 años señalados por el meridiano de la *Gran Pirámide* se refieren a la época del principio de la desglaciación y, por ello, principio de nuevas formas de vida. Por su parte, parece ser que es también lo que simboliza la línea cronológica de 6,000 años, llamada *Era Adámica*, de la que se habla detalladamente en el libro *Dramáticas profecías de la Gran Pirámide*.

Como quiera que sea, el hombre de Neanderthal vivió en su época de manera nómada y cazadora, siempre en seguimiento de los animales que proporcionaban alimento y abrigo, completando su alimentación con vegetales y frutos silvestres. Probablemente a causa de imperiosas necesidades, hacia la época glacial Whurmiense, empezó lo que se ha entendido como importante transformación de la cultura: dio comienzo otra etapa en la vida humana, pues desapareció la industria de los toscos sílex, como hachas y lascas, apareciendo en sustitución pequeñas hojas y puntas retocadas, todo de piedra, así como el uso del hueso en diversos instrumentos de trabajo y armas. Por todo ello se ha pensado en una repentina evolución de la cultura del hombre de Neanderthal, debida quizá a la presencia de grupos humanos ajenos, pero ya más evolucionados.

Lo dicho coincide con la aparición del llamado *hombre de Cromagnon,* y también con la cuarta glaciación, tal vez ocurrida hace poco menos de 40,000 años y que probablemente duró más de 12,000 años. Asimismo, coincide con el poblado o ciudad recientemente descubierto en Siberia, al que se le ha calculado unos 35,000 años de antigüedad. También coincide con los fósiles encontrados en la región del Estrecho de Bering, pero *todo ello pertenece a un clima templado.* ¿Qué se puede explicar de esa glaciación? Si la vida se desarrolló en clima templado en la región norte, entonces ¿qué inclinación tenía el eje polar? ¿Cuánto tiempo duró realmente ese enfriamiento?

Parece ser que hasta hoy nunca llegó a terminarse por completo esa cuarta glaciación. La prueba está en que desde entonces quedaron cubiertas por el hielo las huellas de vida antes señaladas y otras muchas que todavía no se conocen, pero que sin duda existieron.

De nuevo volvemos a lo que ya antes se dijo, a saber: que tal vez el eje polar sufrió un cambio importante de inclinación haciendo que lo que fueron regiones templadas se convirtieran en regiones heladas permanentes. Los hielos están ahí y ahí seguirán hasta que un nuevo cambio de inclinación modifique el clima. Mirando así el problema, cabe suponer que se trate de influencias de origen cósmico y por ello periódicas y a plazo fijo.

Según algunos antropólogos, el ser humano como tal vivió o existió desde hace unos 250,000 años, o sea desde el *Pithecanthropus erectus,* hasta el principio de la edad del cultivo agrícola. Durante este lapso, el progreso y la evolución fueron tan desesperadamente lentos, que no se nota una verdadera diferencia de un milenio al siguiente. Evidentemente, nos referimos de un modo general a todo el mundo, puesto que aisladamente algunos grupos sí lograron adelantos.

Ahora, siguiendo con las tradiciones de origen esotérico u ocultista, se dice que hace cosa de 60,000 años, en el *continente de Mu* se empezó a desarrollar a paso lento una cultura que 30,000 o 40,000 años después debió de alcanzar un nivel importante. Pero sucedió que el Océano Pacífico, que ha sido desde siempre una gran zona volcánica, se tragó ese continente dejando como únicos testigos visibles las islas del Pacífico, el volcán Krakatoa, los volcanes de las islas Hawaii, los frecuentes seísmos en Japón, Filipinas, etc., y el ya plenamente comprobado *Cinturón de fuego* que rodea a todo el Océano Pacífico y que tiene un circuito de unos 40,000 kilómetros.

Los eruditos han dicho repetidamente que lo del *Continente de Mu* es solamente una leyenda sin fundamento alguno. No obstante, poco a poco se van encontrando huellas desconcertantes, como igualmente sucede con *Atlántida.*

Muy desconcertante ha sido, por ejemplo, el haber encontrado un cráneo de bisonte con una perforación clásica de bala, en Yakutsk (Siberia Oriental), cuando esa especie vivió durante el período neolítico, época durante la cual se fabricaban armas de piedra y el modelo más perfeccionado no pasaba de ser el hacha de piedra. Un golpe de hacha destroza, jamás perfora ni produce un agujero como de bala.

Por su parte, los eruditos del British Museum de Londres aceptan la posibilidad de esa bala en tiempo tan antiguo, porque en el propio museo existe otro cráneo igualmente prehistórico; pero que presenta *dos* perforaciones típicamente de bala. ¿Existían ya hace 70,000 años los rifles y las pistolas como hoy las conocemos?

En la misma Siberia hay otras huellas tan objetivas como el poblado o ciudad de que ya antes se habló, y con tanta antigüedad, que tendrán que cambiar mucho la manera de pensar a este respecto los eternos negadores. Obviamente, cuando dicha ciudad estuvo activa, Siberia no debía de estar cubierta por los hielos, y la mejor prueba de ello son la ciudad misma, el mamut congelado encontrado íntegro en la misma región, así como lagartos y otras especies animales todas ellas correspondientes a clima templado. Sin lugar a dudas, los seres humanos desarrollaron una cultura hasta llegar a dar forma a ciudades o al menos aldeas y urbanizaciones como la recientemente encontrada, que seguramente no es la única, pues debe de haber otras bajo los hielos siberianos.

Nuestro tiempo

En nuestro tiempo, a partir del año 1953, nuevamente estamos en la *Era de Acuario.* Quiere decirse que dicha constelación ya ha recorrido todo el circuito.

Según los eruditos, hace entre 25,000 o 26,000 años *—Era de Acuario—* los primeros inmigrantes asiáticos llegaron a América, navegando sobre las aguas del Estrecho de Bering. Y se asegura que no fue una sola migración en un mismo tiempo, sino que fueron varias en pequeños grupos y en tiempos distintos, siguiendo cada grupo su propia ruta, siempre hacia el sur, en busca de clima templado y en seguimiento de los animales que iban cazando.

Desde luego, este paso pudo haberse realizado sobre el hielo, suponiendo que el mencionado estrecho ya existía como hoy se le conoce. Pero como ya se ha dicho antes, tal vez en aquel entonces los continentes estaban unidos todavía.

Asimismo, debe recordarse la teoría que dice que, al llegar cada glaciación a su máximo, había tanta agua acumulada y convertida en hielo y nieve cubriendo cordilleras, montañas y valles, que seguramente los mares estaban muy disminuidos en su volumen, quizá más de cien metros. Por consiguiente, los continentes y las islas eran mucho más grandes, y hasta probablemente en algunos casos habría conexión terrestre caminando por lo que hoy es fondo marino. Esto pudo haber ocurrido en el propio Estrecho de Bering y en otros muchos sitios hoy cubiertos por el mar.

Juzgando el asunto según la probabilidad anterior, tal vez lo que hoy son archipiélagos eran entonces islas muy grandes. Así se explicaría que algunos grupos humanos hubieran podido viajar con cierta facilidad desde lo que hoy son islas hasta América.

Asimismo, podría suceder que en esa época la región de Bering no estuviera sometida a tan bajas temperaturas como está hoy, cosa muy posible, puesto que, como ya se dijo, se ha encontrado vida animal y humana de clima templado mucho más hacia el norte, en plena Siberia, y en época muy anterior. Así, pues, las migraciones de que se viene hablando probablemente fueron impuestas por algún fenómeno natural que motivó el éxodo de animales y cazadores en busca de abrigo contra la adversidad.

Pero esos movimientos no parecen haber sido necesaria ni exclusivamente asiáticos, ya que, de acuerdo con tradiciones de origen místico, esotérico, fue en esta época cuando probablemente existió el continente de *Mu,* sobre el que cada día hay más afirmaciones en el sentido de que el origen del hombre estuvo precisamente allí.

Todo hace pensar que las primeras migraciones a América ocurrieron hacia la edad terciaria, y que ese movimiento humano se dio a causa de haberse separado los continentes, haciendo que América quedara geográficamente aislada.

Después de las primeras migraciones diversas, parece ser que se suspendió toda migración y que los habitantes y primeros inmigrantes a América quedaron aislados del resto del mundo durante mucho tiempo, reducidos a su propia evolución a partir de los elementos culturales heredados de sus mayores. Esto sugiere que se interrumpieron las vías de comunicación por tierra.

Esos primeros inmigrantes debían de ser originarios de lo que hoy son islas en el Océano Pacífico. En efecto, algunos antropólogos aseguran que existe notable semejanza entre americanos del sur y habitantes de la Polinesia, y entre ambos grupos y la raza caucásica, semejanzas que se notan principalmente en el rostro y en la forma general del cuerpo.

Efectivamente, la teoría que habla de las primeras migraciones asiáticas por el Estrecho de Bering empezó a ser discutida y hasta negada en los mismos días en que apareció por primera vez, y es que desde los días del descubrimiento de América se observó que los pueblos de América, tan aislados del resto de la humanidad, presentaban, a pesar de la variedad, un buen promedio de unidad étnica, de carácter y lenguaje, así como otros muchos rasgos que no había en pueblos de otros continentes. Entonces se dijo que tal vez solamente en los esquimales —y eso con ciertas reservas— se podían encontrar algunos rasgos semejantes atribuibles a los pueblos del NE de Asia, por ejemplo, la mancha rojiza oscura en la base de la columna vertebral. No obstante, tampoco esa mancha les parece a algunos antropólogos una prueba definitiva, puesto que los mayas también la tienen.

Pensando de esta manera, apareció la sugerencia de que América pudo haber sido la cuna de la humanidad, proposición imposible de aceptarse, debido a que no se han encontrado los antecedentes que justifiquen tal idea. En cambio, la hipótesis de que la humanidad pudo haber tenido su cuna en el continente de *Mu* sí tiene probabilidades de ser una realidad, ya que, como antes se dijo, desde allí pudieron haberse dispersado hacia los cuatro puntos cardinales.

Por el momento, se sigue buscando el punto geográfico en donde aparecieron los primeros hombres y también, la especie de donde arrancó el primer homínido o primer ser humano. Entre los muchos sitios probables ya investigados, insistentemente aparece el sudeste de Asia, o sea, Sumatra, Java, Borneo, etc., que están prácticamente sobre la línea ecuatorial en el océano Pacífico.

Se dice que en esas islas existen todavía hoy los antropoides, que en un pasado ya muy lejano fueron susceptibles de relacionarse con la especie humana. También allí fue localizado el *Pithecanthropus erectus,* probable origen de los muy primitivos tasmanios, melanesios, papúas, polinesios, «negritos» de Filipinas, etc. Asimismo, se han denominado *pueblos primitivos de Oceanía* a los primeros inmigrantes a Ceilán, en el Océano Indico, aunque está demasiado lejos de Sumatra. Se trata de inmigrantes que se cree pertenecieron a la raza llamada *Veddas* y *Rodiyas*, de tipo negroide, cuyos descendientes pueblan hoy gran parte del sur de Asia.

Investigadores serios opinan que las huellas étnicas más antiguas encontradas en sitios diversos de Oceanía parecen corresponder enormemente a lo que se ha dado en llamar *pueblos australianos,* o sea, de la Australia que se encuentra hacia el sur y no muy lejos de Java. Allí se han encontrado igualmente evidentes relaciones con los pueblos *Veddas* y *Rodiyas* de Ceilán. Se ha pensado que dicha relación pudo deberse a antiguos contactos, ya sea a través de Indochina o a través del archipiélago malayo.

Como fácilmente se puede apreciar, es posible que el núcleo

humano primigenio estuviera en algún lugar de Oceanía y que el sitio, el punto de dispersión –ocurrida en la más remota antigüedad– hubiera que situarlo en las islas antes citadas o en algunas cercanas ahora desaparecidas.

Esto se evidencia al seguir las huellas de los fósiles humanos y, hasta cierto punto, algunas voces de los idiomas que han llegado hasta nuestros días. Algunos especializados en lenguas, como P. Rivet, opinan haber encontrado gran semejanza entre las lenguas australianas y las de la Patagonia y Tierra del Fuego. Pero obsérvese que ahora estamos en América, en el Antártico, y por tanto, demasiado lejos de Sumatra, de Borneo y de Java. De ser cierta la hipótesis de Rivet, vendría a demostrar la tremenda dispersión de aquellos pueblos de origen quizá lemur o lemuriano.

Abundando en el tema, se dice que hay una completa ignorancia respecto al origen de la raza china y asiática en general, a la vez que se reconoce que el idioma chino es tal vez el más antiguo de todos los conocidos.

Hace pocas décadas se logró reconstruir el más antiguo *Pithecanthropus erectus* a partir de los fósiles encontrados en Chih-li (China). Quienes pueden opinar al respecto suponen que el muy lejano origen de la raza china estuvo en las tribus de *Bak*, que vivieron en las cercanías del Mar Caspio hace 25,000 o 27,000 años. No obstante, esta opinión no ha sido muy aceptada por los expertos, quienes por su parte opinan que el pueblo chino tuvo su lejano origen hacia el sur, tal vez en algún sitio de Oceanía, lo cual coincide notablemente con todo lo que hemos dicho a propósito de que la cuna de la humanidad probablemente estuvo en alguna gran isla del Océano Pacífico, isla conocida como *Continente de Mu* o *Lemuria*.

Teóricamente hablando, y a partir de lo que dicen los eruditos, serán de 20 a 26,000 los años que el hombre pensante, en ese momento del nebuloso pasado perdido en el horizonte del tiempo, comenzó por primera vez su gran aventura en América. Visto el asunto desde la óptica de los simbolismos de la *Gran Esfinge*, esos 25,000 años corresponden al final de la *era* de la constelación de *Acuario*. De modo que, en estos momentos y siguiendo las indicaciones temporales de las constelaciones zodiacales, se está cerrando un circuito completo. Si, como la *Esfinge* insinúa, existe una repetición periódica, cíclica, de acontecimientos cósmicos, resulta que estamos viviendo ahora los mismos acontecimientos cósmicos que ya antes vivió la humanidad. En consecuencia debería ocurrir algo semejante a lo ya sucedido y que dio origen a la dispersión de lemures, asiáticos, atlantes, etc.

Se cree que esos pueblos cazadores y recolectores de frutos silvestres usaban para su uso diario la piedra tallada, el hueso afilado, el arpón, la madera en lanzas y dardos, así como sistemas para producir el fuego. Conocemos estos detalles con certeza porque todo eso ha sido encontrado en sitios diversos: uno de ellos en México, por ejemplo, en Tepexpan, Chalco, Santa Isabel, Texcoco, Ixtapa, etc.

El fechamiento de estos artefactos no ha sido cosa fácil, puesto que un alto porcentaje de los problemas arqueológicos radica en poder fechar con certeza, o por lo menos con razonable aproximación, cada monumento, estela, objeto o motivo encontrado, para luego, mediante comparaciones, establecer fechas para el conjunto, que acaben por determinar los períodos y niveles de cultura alcanzados por los pueblos que se están investigando. Naturalmente se ha recurrido a muchos procedimientos a cual más ingenioso, entre otros, el análisis del polen, el estudio de los anillos en los troncos de los árboles, el tipo de cerámica, las herramientas de piedra y madera, el llamado «carbón 14» y, más recientemente, procedimientos electrónicos.

De este laborioso trabajo, realizado por muchos y muy beneméritos científicos, han salido conclusiones que, aunque no sean todavía definitivas, permiten formarse juicios cercanos a la verdad. Entre estas conclusiones provisionales nos encontramos con que en América todavía no se han encontrado huellas de seres humanos muy primitivos, que pudieran hacer pensar en la evolución de alguna especie animal hasta llegar al hombre, es decir, *homínidos*. De modo que, por lo menos hasta hoy, se puede suponer que en América no existió el hombre realmente primitivo nativo, ya que hasta ahora no se han encontrado restos de ese tipo ni en el área maya, ni en ninguna de las otras de Mesoamérica. Quiere decirse que, teóricamente hablando, los primeros pobladores tuvieron que llegar, como ya antes se dijo, de alguna parte de Asia o del actual Océano Pacífico, hace 20,000 o 25,000 años.

Pero los investigadores no pueden conformarse con soluciones demasiado simples. Como la vida es muy compleja, han pensado en la probabilidad de que, en época mucho más cercana a nuestro tiempo, haya habido otras migraciones, unas por la costa del Océano Pacífico –tal vez por el estado de Sinaloa (México)–, otras en el Golfo de México –quizá en alguna playa de la costa de Veracruz–, y otras en las costas de Centroamérica y del Mar Caribe –probablemente en Guatemala o más hacia el sur–. (No mencionamos aquí otras probabilidades en Sudamérica, como los incas, por ejemplo, para no complicar más el asunto.)

Estas hipótesis, que podrían convertirse en teorías bien fundamentadas, sugieren que esos inmigrantes llegaron por mar, es decir en embarcaciones –tal vez balsas– lo cual modifica el panorama relativo al estrecho de Bering e insinúa el porqué de las diferencia étnicas de unos y otros grupos.

Los mayas y la religión huna

Con esto nos enfrentamos una vez más a las eternas dudas e interrogantes, que por cierto ya empiezan con los antiguos mayas, y por desgracia, sin haber recibido respuesta. Nos estamos refiriendo al libro del principio de los *Itzaes* en el que hay expresiones que revelan angustia:

> «¿...Están en Chichen los Itzaes...? ¿...Vinieron o estaban...? ¿...Llegaron o estaban...? ¡...Oculto es, oculto es...! ¡...estaban, estaban...! ¿...llegaron o estaban...?»

El arqueólogo Raúl Pavón, con su amplia y meritoria investigación sobre la vida de los mayas, intenta contestar estas preguntas angustiosas, cuando afirma que los sacerdotes mayas, que eran virtualmente quienes mandaban y regían los destinos del pueblo –sencillamente porque eran los científicos de la época, encargados de la astronomía, de la medicina, de todas las predicciones, etc.–, se convirtieron en una casta superior cada día más selecta y reducida, a la vez que más feroz y dictatorial. Por la fuerza, y seguramente por el miedo, obligaban al pueblo a trabajar sin reposo y con muy escasa participación en el producto de su trabajo.

Es comprensible que tal vida, como en cualquier otra dictadura, acabase por agotar la paciencia del pueblo y lo empujase a una rebelión sangrienta, en la que debieron de morir todos los sacerdotes. Se interrumpió así todo el trabajo que realizaban, produciéndose una laguna cultural que vendría a explicar el notable paréntesis que hay en algunos casos de la historia de los mayas.

El populacho, seguramente asustado por los resultados finales –puesto que en definitiva se trataba de los intermediarios ante dios–, seguramente se dispersaron en angustiosa huida por una extensa región, abandonando su residencia y todas sus pertenencias.

La verdad es que, siendo esto muy posible, hay en la vida de los mayas otros lapsos que sugieren episodios semejantes, pues las castas privilegiadas han tratado siempre y en toda época, de volver a los viejos tiempos de comodidad... Eso ha ocurrido en todas las partes del mundo y en todos los tiempos.

Investigando la probable antigüedad de los primitivos australianos, los antropólogos han encontrado fósiles humanos, como el ya famoso cráneo ***talgai*** y otros aún más antiguos y más fosilizados, pero en condiciones bastante buenas para ser estudiados. De las investigaciones resulta que pertenecieron a un pueblo o raza llamada ***ko-huna*** o ***kahuna***.

Ka-huna es una palabra muy importante en nuestro tema. Al hablar de los nativos polinesios, los de Hawaii, Filipinas y otras islas de Oceanía, encontramos que todos esos pueblos, por dispersos que se encontraran en la inmensidad del Océano Pacífico y alejados de Australia y de América, practicaban –y todavía siguen practicando– un tipo de magia y curanderismo mágico, llamado *huna.* A los que lo practican se les llama *ka-hunas,* y para ellos tal vez tiene algún sentido religioso. Esta práctica sigue ejerciéndose actualmente en Africa, en Filipinas, en varias islas del Océano Pacífico y hasta en México.

La palabra *huna* tiene el sentido de misterio, dogma, tabú, etc., para quienes han estudiado estas prácticas. Todo hace pensar que se trata del recuerdo de una tradición originada en un antiguo, muy antiguo pueblo practicante de un tipo de magia, que no se ha empezado a estudiar hasta hace muy poco, debido principalmente a que se trabaja en sentido mágico. Por otra parte, el pueblo de donde arrancan esas prácticas mágicas, según los fósiles encontrados, parece tener una enorme antigüedad.

Los *ka-hunas* aseguran que en el ser humano hay tres estados de conciencia –que desde muy antiguo se han entendido como tres dioses que mueven al hombre– y que la magia que ellos ejercitan opera sobre esos tres estados de conciencia. ¿Será que aquellas gentes ya conocían el consciente, el subconsciente y el inconsciente?

La siguiente fotografía es de una placa de bronce un poco deteriorada, con leyenda en inglés. Se encuentra sobre una gran piedra, muy a la vista, en una playa de Honolulú (Hawaii).

Dicha piedra fue considerada como sagrada y mágica durante muchos siglos, debido a que se le atribuían poderes mágicos y de brujería del tipo *huna*.

Aunque el turismo ha alejado mucho a los nativos, los más viejos aún conservan la creencia. Esto sucede especialmente en las otras islas menos invadidas por el turismo.

Para los mayas, hubo un dios bueno, por nombre *Hunab Ku*, que fue uno de los gemelos llamados *dioses verdaderos*. Son los mismos que en el *Popol Vuh* aparecen como salvadores de la humanidad al haber evitado la completa destrucción intentada por los dioses malos. El *Popol Vuh* dice:

> «...He aquí la historia, he aquí el nombre de *Hu-Hunab-Ku*, así llamado. Sus padres eran *Ixpiyacoc* e *Ixmucané*. De ellos nacieron durante la noche *Hu-Hunab-Ku* y *Vucub Hunab-Ku*...»

La raíz de la palabra *huna*, originaria de Java, Borneo, Hawaii o algún otro sitio de esa región, es exactamente la misma que tuvieron los mayas y que siguen teniendo quienes, por vivir muy aislados, siguen en sus tradiciones antiguas.

Traducción del texto escrito en la placa:

"PIEDRAS EMBRUJADAS DE KAPAEMAHU"

«La leyenda hawaiana dice que estas piedras fueron colocadas aquí en tributo a cuatro adivinos: Kapaemahu, Kahaloa, Kapuni e Hinohi, que vinieron de Tahití a Hawaii mucho antes del reinado del rey Kakuhiewa de Oahu, en el siglo XVI. Los cuatro fueron famosos debido a su poder de curación. Antes de desaparecer los mencionados brujos, todos sus poderes pasaron a estas piedras.»

Department of Parks and Recreation
City and Country of Honolulu - 1963

Según el relato anterior, los dioses gemelos —uno de ellos era *Hu-Hunab-Ku*— nacieron de noche. Parece, pues, que los mayas los vieron cuando brillaban en el cielo, y esto debió de ocurrir al final de las tormentas, quizá de algún cataclismo. (Por otra parte, hace referencia a las estrellas principales de la constelación de *Géminis*.) Para los antiguos mayas significaba que esas estrellas eran dioses buenos que habían logrado dominar a los dioses malos, y que en ese momento gozaban de su triunfo y presidían el final de la catástrofe que estuvo a punto de destruir a todo el pueblo.

A pesar de la distancia geográfica, esto coincide dramáticamente tanto con el símbolo de la *Gran Esfinge*, como con la indicación que hace el meridiano-eje de la *Gran Pirámide*. Tal coincidencia indica a su vez como fecha probable aproximada 6,660 años, a contar desde el año 1953, como final de un cataclismo. ¿Será esa la razón del símbolo que el *Apocalipsis* llama *Bestia de destrucción*?

Una vez más se corrobora aquello de que detrás de cada mito hubo siempre una realidad no completamente entendida ni explicada. Si no, ahí tenemos ese antiguo hecho, hoy comprobable, de que la *magia huna* o *ka-huna* se extendió en gran parte del mundo hasta llegar a los mayas, quienes la practicaban ampliamente en las zonas que fueron de fuerte influencia maya, y que todavía hoy suelen encontrarse practicantes huna, más conocidos como *brujos*.

Estas coincidencias hacen pensar que las islas del Pacífico muchos siglos atrás fueron tal vez elevadas montañas sobre tierra firme. Al hundirse su base en los mares, quedaron simplemente como islas, en las que se refugiarían los supervivientes, mientras otros intentaban alcanzar las costas de América, Africa, Asia, etc. De otra manera, ¿cómo puede entenderse que ese *dios bueno* o concepto religioso, que es la magia *ka-huna,* haya trascendido en el tiempo y en la distancia conservando el nombre, la práctica y hasta los efectos mágicos?

Los verdaderos *ka-hunas,* tanto en las islas del Océano Pacífico como en Filipinas o México, reciben oralmente de sus mayores la técnica tradicional. Pero, ante todo, deben ser personas poseedoras de una facultad para-normal muy especial, que, al desarrollarse mediante la apropiada y diaria práctica, llega efectivamente a producir fenómenos que erróneamente son interpretados como mágicos e inexplicables, cuando en verdad, tienen mucho de mesmerismo y de otros valores que la ciencia ya ha empezado a detectar. Pero lo más importante tal vez sea que esa *magia kahuna* existe todavía de manera activa en muchos sitios del mundo, y sin ir más lejos, en México, en los estados de Veracruz, Tabasco, Campeche, Chiapas, Yucatán, etc. Es decir: en toda la zona que recibió fuerte influencia maya antes del descubrimiento de América.

Ciertamente el dios *Huna* o *magia huna* o *kahuna* y las prácticas y culto correspondientes aparecen tan arraigadas en el alma humana, que obviamente debió tener un origen fuertemente religioso. Tal vez ni siquiera se deba su origen a mentes primitivas terrícolas, como generalmente se ha supuesto, sino muy por el contrario, a seres superiores, con unos conocimientos de astronomía suficientes como para dejar en un solo signo geométrico —consistente en un cuadro con un círculo dentro— toda una fórmula del universo, que los mayas, con mucha razón, entendieron como Dios. Conocimientos de astronomía suficientes para crear los signos zodiacales a fin de señalar los tiempos y las edades, en cuyo caso, la técnica *huna* habría llegado del espacio exterior, conjuntamente con los *genes* que tan bruscamente impulsaron el progreso de la humanidad en sitios diversos del planeta Tierra.

Mirando de esta manera las cosas, parece lógico que los nativos terrícolas identificasen a esos seres superiores como dioses buenos y luminosos llegados del cielo, y por tanto, los considerasen como estrellas al haberse retirado o muerto.

De lo expuesto se desprende que el dios o símbolo *huna* de Oceanía llegó de alguna manera hasta los mayas —o tal vez con los propios mayas— y pasó casi sin haberse modificado la pronunciación hasta el tiempo presente, o tal vez muy ligeramente alterada la fonética al pasar al castellano en los días de la conquista española y también por el tiempo transcurrido.

¿Cómo llegó esa tradición, al parecer milenaria y tan fuerte que trascendió los siglos hasta los días del descubrimiento de América?

¿Cómo es que aún vive como tradición práctica?

Todo hace pensar que los mayas, o por lo menos algunos, tuvieron su principio u origen en el continente de ***Mu***, cuna de la humanidad, pues, cuando una palabra se extiende a varias regiones, pueblos e idiomas, conservando siempre su significado, aplicación y práctica determinada, tal vez esté indicando una misma raza de origen. Y, desde luego, indica con toda seguridad que hubo un mismo contacto de origen para todos los que la usan. Eso es precisamente lo que sucede con la palabra *huna*, que para todos y en todas partes significa algo así como misterio, magia, poder mágico, curación mágica, etc., todo ello derivado quizá del concepto Dios.

Se ha repetido mucho que la naturaleza nos ha provisto de todo lo necesario para asegurar la perpetuación de la especie: por ejemplo, el poseer facultades suficientes para autocurarnos. Lamentablemente, pocas personas toman en consideración esta vieja enseñanza. Pero es curioso observar que esa es precisamente la base de la técnica *huna*, que ya sabía del consciente, el subconsciente y el inconsciente. En una palabra: se trata de una técnica de autocuración. ¿Quién dio a los llamados hombres primitivos tan importantes enseñanzas, que naturalmente contienen muy profunda filosofía?

Esta *gran aventura de la humanidad* sugiere que la especie humana ha sido guiada desde siempre por inteligencias superiores, haciendo que en cada sitio y en el momento oportuno aparezca un hombre superior, al que luego, por no comprenderlo, lo deificamos y llamamos dios y hasta lo simbolizamos con piedras y le rendimos adoración hipócrita, aunque en la vida siempre estemos negando las enseñanzas de los maestros. Afortunadamente, de cada uno de esos seres superiores siempre ha quedado algo importante que sigue señalando el camino correcto. O, dicho de otro modo, en esta aventura, que no sabemos cuándo ni dónde empezó, nunca hemos estado solos... ¿Nos dejarán solos en este presente tan lleno de angustia...?

Capítulo XXIX

ASTROLOGIA Y ASTRONOMIA DE LOS MAYAS

En las culturas, a pesar de encontrarse muy dispersas, suele haber convergencias de origen muy importante y a la vez muy difíciles de rastrear y de entender completamente. Como ejemplo se puede citar el caso de los niños concebidos durante el verano.

La ciencia moderna asegura que en verano se reduce la asimilación de proteínas en el organismo de la madre, lo que a la postre redunda en deficiencias orgánicas en el hijo. De hecho, existe cierta conexión entre la época del año en que se produce la concepción y el nacimiento, y los probables desórdenes mentales posteriores del recién nacido.

En conclusión: según la ciencia, hay mayores probabilidades de que ocurran deficiencias mentales en personas nacidas durante el invierno que en otras estaciones del año.

Esto no es astrología, es investigación médica moderna. Si lo hemos presentado aquí, es porque los mayas sabían mucho de este asunto. Ellos usaban su propio sistema astrológico para saber cuándo comenzaba la influencia de los astros sobre la mujer embarazada, y no como hace la moderna astrología, que empieza sus cálculos en el momento del nacimiento.

Para los mayas, la época del año y la posición de los planetas eran factores importantes en el destino del ser humano. Había en ese estudio astrológico –tal vez convenga llamarlo «astro-biológico»– cinco días de mala suerte, que el sacerdote debía calcular a fin de que el afectado no empezara ninguna actividad delicada e importante en ninguno de esos días. En cambio, debía empezar toda empresa importante en días que para el sujeto fueran especialmente favorables. ¿No plantea el bio-ritmo el asunto de manera semejante, reduciendo los tiempos a horas?

¿Qué grado de efectividad tuvo toda esa compleja astrología? No lo sabemos. Pero para nuestro objetivo, lo único que importa es saber que ningún pueblo ni raza salta tan bruscamente desde lo primitivo hasta tan alto nivel de estudio y conocimiento en tan pocos siglos como los que transcurrieron desde que los mayas llegaron a Centroamérica hasta los días de la conquista española. Para tratar de demostrarlo, veamos lo siguiente.

Según el *Popol Vuh*, el auge del desarrollo de la astronomía en los mayas empezó a principios de la *cuarta edad de los mayas*, que curiosamente coincide nuevamente con la *Edad de Tauro* y naturalmente con el tercer símbolo de la *Gran Esfinge*.

Dentro de su desarrollo astronómico figuró el conocimiento antes mencionado del ciclo de aproximadamente once años y medio de las manchas solares, que tal vez con justicia consideraron nefasto debido a los muchos y sensibles trastornos que, según su observación, producía tanto en lo psíquico como en lo material. Fenómeno mucho más notable entre los 22 y 23 años, que es de donde partió su cronología, sintetizada en una rueda de 23 dientes.

La astronomía moderna sabe que las manchas solares son causa directa de grandes trastornos atmosféricos, sísmicos, eléctricos, vientos solares, como también se les llama en algunos casos, etc. Otras ramas de la ciencia afirman que también afectan a la psiquis, de donde resultan inestables inquietudes sociales: guerras, crímenes, locura colectiva, etc.

Ese ciclo solar de 22 a 23 años determinado por las manchas solares, era considerado por los mayas como *período nefasto,* debido a que lo conocieron principalmente porque notaron que afectaba a la mente humana. Seguramente notaron también otros efectos en los animales y en las siembras, por ejemplo.

Esto nos recuerda lo que en el tiempo presente está ocurriendo en el mundo. Estamos viviendo notables desequilibrios, descomposición social, y decadencia o degeneración de todos los valores morales. En verdad no se sabe la razón de todo este desbarajuste, cuyo origen podría estar en el Sol o en algún otro fenómeno cósmico todavía desconocido.

Frente a este lamentable panorama, la pregunta lógica sería: ¿hasta qué grado el ser humano es en realidad responsable de su actual autodestrucción? ¿No será qué estamos pasando por algo así como lo que los mayas llamaron *período nefasto*? Es probable. De hecho, nuestros trastornos no son solamente físicos, sino básicamente mentales y psíquicos. Tanto es así, que seguramente durante largo tiempo impedirán que haya soluciones positivas a largo plazo en lo social y político, puesto que el motivo principal o causa básica de los trastornos es de origen cósmico.

Al hablar del período nefasto de los mayas, implícitamente estamos hablando de las *manchas solares*. Estas, entre otros fenómenos, producen lo que se conoce como *viento solar*, que, según los medios científicos, consiste en átomos de materia solar proyectados por la actividad eruptiva de las *manchas solares*. De estos átomos, los que llegan a nuestro planeta crean problemas eléctricos en la atmósfera, de tal manera que un incremento de las *manchas solares* viene a significar una sobre-electrización de nuestra atmósfera. Es de suponer que el ser humano, aunque no se dé cuenta, siempre lo sufre, sin identificar el origen. Ahora bien, si en el cosmos ocurre algún fenómeno –hoy todavía no identificado e imprevisible, pero que aumente la actividad en las manchas solares–, nuestros problemas psíquicos y de toda índole aumentarán hasta que se produzca el instante crítico, que nadie sabe cuándo ni cómo será. Pero parece estar ya muy cerca en el tiempo.

Debido a que todo esto lo empezamos a vivir juntos y de manera progresiva, en todos nosotros se ha desarrollado al mismo ritmo. Por ello no distinguimos hasta qué punto ha llegado la gravedad, ni mucho menos podemos avizorar soluciones lógicas.

¿Es el ser humano el único responsable de todos estos desaguisados que tanto nos están afectando? ¡Entenderlo así sería darnos una importancia universal que de ninguna manera tenemos! Antes bien, todo parece obedecer a una mecánica celeste a la que no se le puede atribuir intención de premio ni de castigo.

Si cada once años y fracción hay un mínimo de esto que se está diciendo y mucho más cada 22-23 años, ¿no será que existen ciclos mucho mayores en los que las consecuencias sean también mayores? Y si nada sabemos de nuestro presente ¿estaremos preparados para el futuro cercano?

Capítulo XXX

LOS OVNIS

Es de suponer que los fenómenos de que antes se ha hablado no sean sólo casualidades, sino que debe de haber algo que está afectando al ser humano y a nuestro planeta Tierra por igual. Con esto no intentamos juzgar si estará sucediendo algo semejante o peor en los otros planetas de nuestro sistema solar. De todos modos, un serio cataclismo y hasta un simple desequilibrio en la Tierra produciría desequilibrios por lo menos en los planetas vecinos.

Esto vendría a explicar de manera lógica la presencia de los llamados *ovnis*, pues en tal caso, se trataría de investigadores que quieren saber cómo se están desarrollando los acontecimientos naturales, no solamente en nuestro mundo, sino en todo el sistema. Pensando de esta manera, es obvio que nuestros problemas sociales, políticos, morbosos, etc., carecen de importancia para esos viajeros del espacio. Un símil puede darnos ideas claras. Cuando en alguna región hay manifestaciones que sugieren la probable aparición de un volcán —el caso del Krakatoa en el siglo pasado—, muchos investigadores viajan desde muy lejos para ir a estudiar el proceso del fenómeno, haciendo caso omiso de los asuntos propios de los nativos. A su vez, para los nativos, esos investigadores vienen a ser extraños, intrusos cargados de cajas y aparatos misteriosos que no entienden y que hasta les producen miedo.

Algo semejante debe de estar sucediendo en estos momentos: puede haber síntomas de una gigantesca catástrofe, pero no los distinguimos porque nos hemos ido habituando a ellos a la vez que hemos ido perdiendo el miedo a lo desconocido, así como la facultad de asombro. Por eso no entendemos lo que esos seres superinteligentes y con una técnica mucho más avanzada que la nuestra andan haciendo en nuestro cielo. Por lo que a ellos se refiere, seguramente que nada les importan nuestros problemas humanos de terrícolas, ni si los entendemos a ellos o no.

Los seres extraterrestres

El tema de los extraterrestres ha encontrado resistencia en el medio científico, debido a que se exige definirlo de manera exclusivamente objetiva dentro de las dimensiones que nos son conocidas. Sucede que estamos minusvalorando a esos seres, juzgándolos con nuestra mentalidad agresiva y conquistadora. Ni siquiera se nos ha ocurrido pensar en una especie de intervención *espiritual* por su parte. Pero ahora que la electrónica está avanzando tan aceleradamente, que va dejando rezagados hasta a los interesados en el asunto, resulta que ya varios científicos han encontrado que, mediante el uso de aparatos muy especiales, es posible indentificar lo que siempre se ha concebido como *alma* o *espíritu*. Estos términos empiezan a entenderse como *unidades de energía,* que sin aislarse ni dejar de pertenecer a la energía Universal, sin embargo, de alguna manera todavía desconocida, se han individualizado, es decir, se manifiestan de esa manera en cada ser humano.

El profesor Ferrer de la Universidad de Londres ha recurrido a procedimientos tan altamente científicos como son las matemáticas, a fin de intentar entender el desarrollo de la geofísica, de la astronomía y de la astrofísica. Con estos elementos ha podido formular la teoría que dice que el plasma, como *cuarto estado de la materia,* consiste en una mezcla de iones, electrones y partículas neutras que gravitan en el campo magnético universal. De esta manera ha llegado a las ecuaciones básicas que explican el plasma en la magnetodinámica, teorías y matemáticas que resultan ser indispensables para el entendimiento de la astrofísica y de la geofísica. Pues bien, dentro de las disciplinas esotéricas se ha denominado al alma *plasma*, y a su proyección en el caso de las *materializaciones* se la ha llamado *ectoplasma*, palabras éstas mal aplicadas al fenómeno, según se ha dicho desde un principio. Ahora, por otros medios y razones, ofrecen notable coincidencia, como más adelante se podrá comprobar.

En todas estas investigaciones han colaborado científicos de mucho renombre, miembros importantes de academias y de centros astrofísicos y astronómicos, a escala mundial. En el transcurso de dichas investigaciones, se han encontrado pruebas que demuestran la existencia verdadera de campos magnéticos galácticos, que se mueven en un ambiente de hidrógeno neutro, el cual al difundirse en plasma cósmico, resulta ser similar a las estructuras que el profesor Ferrer ha observado por medio del microscopio. Todo esto le ha conducido a establecer plena analogía entre las *células biológicas, o sea, el plasma sanguíneo, y la estructura de las galaxias.*

Por inducción, podemos entender que de la misma manera se puede clasificar al *alma* y al *espíritu.* La misma energía universal que organiza, mueve y anima a las galaxias, organiza, mueve y anima el cuerpo físico de cada ser humano, muy probablemente usando al *espíritu* o *alma* como conductor.

No cabe duda de que la sabiduría antigua fue muy grande, pues ya desde Hermes Trismegisto se dijo: *como es arriba es abajo.*

Partiendo de esta hipótesis, pero que se va convirtiendo en teoría científica a nivel de laboratorio, se puede generalizar el tema en estos términos: si nosotros, como seres pensantes, somos en realidad una forma de energía individualizada, pero sin dejar de formar parte de la energía universal, obviamente deben existir otras muchas manifestaciones más o menos semejantes en el Universo. No hay que olvidar que el Universo entero es energía, y lo mismo se manifiesta físicamente —en forma de seres humanos terrícolas, por ejemplo— que como energía individualizada. En este caso permanece flotando, ya sobre cuerpos estelares tipo planeta, ya en el infinito espacio sideral en forma de radiaciones.

Se sabe que la energía es indestructible. Por consiguiente, nosotros, en la esencia que nos anima, también somos indestructibles, aunque, claro está, no en nuestra apariencia física. Y si la energía lo invade todo, lo mueve todo y lo transforma todo en el Universo, sin límite de tiempo ni de espacio, nosotros, como energía individualizada, obviamente nos movemos de la misma manera, o sea, sin límite de tiempo ni espacio: unas veces aparentando la forma humana, y otras como energía flotante pero siempre pensante y creadora. Eso explicaría cómo es que el pensamiento de antiguos maestros sigue vibrando en el espacio y es recogido cuando se presentan los medios apropiados.

En el medio religioso de todas las latitudes, se ha repetido mucho que somos hijos de Dios. Si vemos este asunto objetivamente, podemos decir: el hijo de león es león; el hijo del águila es águila; el hijo de jirafa es jirafa; luego entonces, los hijos de Dios son dioses. Si esto nos parece desmesurado y vanidoso, entonces es que la premisa es falsa y habrá que buscar otra solución más aceptable.

Así como el *alma* y el *espíritu* se van entendiendo como unidades de energía, así también a Dios se le va entendiendo y aceptando como el total de la energía universal, que todo lo mueve, transforma y vivifica. En este caso, es válida la premisa cuando dice que el espíritu es una partícula de esa energía universal.

Ya en este plano, se puede aceptar que cada ser pensante está movido por una porción de dicha energía individualizada, que lo mismo existe ocupando un cuerpo físico, que sin ocuparlo. Por ello se ha afirmado siempre que la muerte no existe.

A partir de estas especulaciones, se podría explicar la presencia en nuestro mundo de inteligencias superiores. Unas veces las llamamos *extraterrestres;* otras veces se manifiestan física y objetivamente, o de otras maneras diversas, como por ejemplo, a través de la telepatía. Pero el receptor no tiene en muchos casos ni la menor sospecha de dónde le llegan las ideas que suelen ser calificadas como de origen divino.

Si tomamos esto como premisa, entenderemos también ciertos fenómenos que por lo general son rechazados y negados como procedentes de esferas superiores: por ejemplo, la presencia de mentes privilegiadas que han servido para impulsar el progreso del ser humano, o por lo menos para recordar a quienes lo quieran escuchar las viejas enseñanzas que de ninguna manera pudieron haber sido producto de mentes primitivas. Y es que esas inteligencias superiores, o energía individualizada, lo mismo pueden encarnarse en cuerpos de éste como de cualquier otro planeta, sin importar la apariencia. Pueden manifestarse simplemente como energía pensante y, de hecho, parecen haberse venido sirviendo de las llamadas hermandades o escuelas secretas que, a juzgar por lo poco que de ellas se sabe, han sido las encargadas de conservar los conocimientos a base de un contacto constante con seres superiores, no siempre encarnados, que lo mismo pueden ser espíritus residentes en nuestro planeta, que visitantes de otras esferas.

Existen en nuestros días varias sociedades y escuelas más o menos secretas, cuyos nombres, por conocidos, no es necesario mencionar, y que hacen arrancar sus tradiciones desde época muy antigua. Es natural que estas sociedades de más o menos fácil acceso puedan ser en el presente las más idóneas para esparcir los antiguos y grandes secretos. Porque las escuelas secretas genuinas no existen de manera física, sino de forma intangible, y en ese caso se habla por ejemplo de *centros de luz* o *archivos akásicos* o *libro akásico de la ley*, etc., nada de lo cual está en la Tierra de manera física.

A pesar de lo dicho, desde muy antiguo ha vibrado en los centros ocultistas el nombre de una escuela hermética, que muchos consideran como un mito, pues sin dar la cara, ni abrir sus puertas a indiscretos, ni hacer alarde ni ostentación, siempre ha dado a conocer su presencia y misión, que ha sido y sigue siendo la de *preparar la forma para todo el mundo, para lo cual han venido «avatares» y maestros*.

Se decía que los miembros de esta sociedad secreta y silenciosa se reunían para tomar sus acuerdos en *una fortaleza suspendida en el aire, de donde salían los ordenamientos para todo nuestro sistema planetario*. Ahora que ya entendemos algo relativo a los *platillos voladores*, lo que se consideraba un mito parece tener todas las probabilidades de realidad, no solamente en otro tiempo, sino aún en la actualidad.

Obsérvese que se hablaba de esto ya hace muchos siglos, antes de que se supiera nada de nuestro sistema planetario. Por ello, en esa época no era posible entender la idea y por eso se le colgó la etiqueta de mito.

Respecto a dicha sociedad secreta, se pueden expresar las más contradictorias opiniones. De todos modos, ¿no coincide acaso con el fenómeno *ovni* según lo entendemos?

Si unidades de energía no precisamente terrícola se encarnan en nuestro planeta, ¿no vienen a ser extraterrestres para nuestra manera de razonar? Y si eso sucede, se supone que llegan ya preparados para recibir de sus semejantes toda clase de mensajes y fenómenos, ideas, instrucciones, etc., por medio de varios procedimientos como la intuición, la inducción, la inspiración, la telepatía, los sueños... Y para ellos, ¿qué de extraordinario puede tener el encontrarse con viejos paisanos? Ciertamente, en nuestro medio, se admirarán y hasta se asustarán quienes no entiendan estos mecanismos sobre todo porque la ciencia sigue negándolos antes de investigarlos. Sin embargo, esta norma y conducta de la energía universal al individualizarse es lo que ha permitido, entre otras cosas, la conservación de las antiguas enseñanzas. O, dicho de otro modo, la energía individualizada es lo que hasta hoy se ha venido llamando *alma y espíritu.* Conserva la memoria y el conocimiento de toda su historia, tanto por lo que se refiere al medio físico y objetivo, como al mundo o plano espiritual, que es meramente energía vibrante a nivel universal. Y cuando las circunstancias lo exigen y permiten, una o más de esas inteligencias superiores, debido a su propia evolución, entran nuevamente en un cuerpo físico para recordar lo que ya antes habían enseñado. Es este fenómeno al que desde hace ya muchísimos siglos se le ha llamado simplemente *reencarnación del espíritu.* Por fortuna, y ya era hora, la moderna ciencia empieza a afirmar que la *reencarnación* existe realmente, pues se han empezado a hacer estadísticas de importantes comprobaciones, sin que nada de ello afecte a lo religioso en ningún sentido, ni a las concepciones tradicionales ocultistas ni filosóficas. Como es natural, eso sí, va abriéndose paso bruscamente en la selva enmarañada de ideas envejecidas que rápidamente van perdiendo validez porque ya no resisten el análisis.

Pues bien, esto, que en otro tiempo habría provocado por lo

menos ironías, si no ataques y agresiones, en la época presente es ya serio motivo de meditación, no de tipo filosófica, sino científica, en laboratorio y con computadoras al alcance de la mano. En consecuencia, hoy pueden seguir riendo e ironizando sobre estas cuestiones solamente quienes no se han enterado de los más recientes avances a este respecto, especialmente en lo que se refiere a la física y a la electrónica, en donde ya van apareciendo los *espíritus* como algo absolutamente normal en el Universo. A este respecto, conviene recordar a Víctor Hugo: «la risa es muy cómoda y a veces saludable, pero nada nuevo aporta a la ciencia».

Veamos ahora algunas de las huellas que dichas partículas individualizadas han dejado de forma objetiva en nuestro mundo y que son una prueba de su real existencia como entidades inteligentes.

Citaremos algunos casos insólitos que, no obstante su vaguedad, han impulsado la investigación: el de las cintas magnetofónicas que inexplicablemente han aparecido con grabaciones, unas veces con simples ruidos de tipo telegráfico, en otras con trozos de música desconocida, en otras con voces y hasta saludos completos en lenguaje desconocido. Esto les ha sucedido a pilotos aviadores en pleno vuelo, se ha registrado en estaciones de radio y televisión y hasta en pequeños magnetófonos de uso común.

Hay casos en los que se han reunido personas en círculo a la manera espiritista o espiritualista y habiendo puesto a funcionar un magnetófono que registrara todo lo que en la reunión se dijera, al revisar lo grabado no oyeron más que sonidos insólitos, voces y hasta palabras completas de origen desconocido. En estos casos, la inmediata explicación ha sido la intervención de los espíritus, que por ese medio han querido hacerse presentes.

Por su parte, el autor ha hecho experimentos en ese mismo sentido, usando para el caso un círculo de personas muy afines entre sí y naturalmente un *médium*. Se ha puesto en el centro del círculo un cassette común y corriente con cinta magnetofónica virgen y preparado para grabar, pero sin usar el micrófono y con el volumen a cero, de suerte que la cinta no pudiera recibir señales en forma normal.

Los resultados de estos experimentos no deben esperarse al primer intento. En una de las reuniones se habían puesto dos grabadoras en el centro de la sala igualmente preparadas y al final, el resultado fue que una de las dos se descompuso: el técnico que posteriormente la revisó no pudo encontrar la razón de la avería y la máquina volvió a funcionar normalmente. En la otra grabadora apareció un ruido suave y persistente como el ronroneo de un gato y a continuación algo así como palabras que hubieran sido grabadas a mucha mayor velocidad.

Es preciso repetir que, aunque la investigación está todavía en sus comienzos, ya permite suponer que lo que siempre se ha entendido como espíritu, es en realidad una partícula de energía pensante e individualizada, que a veces se manifiesta animando un cuerpo físico con forma humana, y otras flotando en el espacio en el plano o nivel de su propia naturaleza.

Algunos médicos que trabajan la acupuntura médica suponen que los llamados meridianos eléctricos en el ser humano son en realidad una manifestación plena de la energía individualizada de la que venimos hablando.

Este conjunto de hipótesis y de ideas, algunas de las cuales parecen descabelladas y otras bastante bien fundadas aunque de manera dispersa, así como fenómenos diversos todavía no debidamente controlados, ya van formando estadística. Probablemente en un futuro muy cercano llegarán a explicar muchos puntos hoy todavía misteriosos, y quizá hasta la razón de las diferencias entre los grupos étnicos primitivos de la Tierra. Porque la energía individualizada puede transmigrar de unos a otros mundos, como dice la Biblia: «la casa de mi padre tiene muchas moradas». Entonces se entendería mejor el origen y formas de las razas, y vendría a resultar que las formas físicas pensantes son semejantes en todo el Universo y que todos somos de origen extraterrestre. El actual cuerpo físico es solamente un vestido provisional. En un lejanísimo pasado llegamos a este mundo procedentes de otro, y en el futuro seguramente dejaremos este planeta para irnos a vivir a otro que sea más de nuestro agrado. Y, claro está, en ese mundo seremos igualmente extraterrestres.

Mirando así estos problemas, que parecen irse ya afirmando,

¿dónde queda el misterio de la presencia de los que hoy llamamos *extraterrestres*?

Lo único que debería admirarnos es el gigantesco avance técnico que les permite viajar interestelarmente a velocidades de la 4.ª dimensión, y ya no como unidades de energía invisible, sino físicamente al alcance de nuestros cinco sentidos y de nuestro grado de inteligencia. El hombre actual ya ha pensado en todo ello y, como ya se ha dicho repetidamente, sólo es asunto de tiempo el alcanzar esas metas.

Atravesando la inmensidad del espacio sideral nos llegan luz y radiaciones ya perfectamente detectadas. Se sospecha que algunas de esas radiaciònes son producidas artificialmente por seres inteligentes con los que se aspira a entrar en contacto en un futuro no muy lejano. Y todo esto a nadie le asombra ya, nadie se alarma por ello ni hay quien lo ponga en duda. Por desgracia, las cosas cambian cuando se habla de unidades de energía pensante e inteligente que se proyectan de la misma manera, pues entonces empiezan las dudas, cuando no las burlas. Es de suponer que lo que realmente sucede en estos casos es que, de manera mecánica, automática en nuestro cerebro, se mezcla y confunde el asunto lógico y científico con creencias religiosas, especialmente con antiguas concepciones religiosas: en efecto, si en vez de hablar de *unidades de energía pensante* mencionamos las palabras *alma* o *espíritu*, la cosa cae por necesidad en el campo religioso.

Este parece ser el mayor obstáculo que se ha interpuesto en la comprensión del fenómeno *ovni*. Lo más curioso es que somos nosotros precisamente los que no sabemos de dónde venimos ni hacia dónde vamos. Así, pues, se hace necesaria y tal vez urgente una fórmula científica, matemática, que defina y sustituya las palabras *alma* y *espíritu* por el concepto de manifestaciones de energía universal.

Algo para pensar en Egipto

En el *Libro de los muertos*, de antiquísimo origen egipcio, hay algunas claras referencias a la presencia de seres *extraterrestres*. Por ejemplo, cuando *Nu* aparece ante Isis y le dice:

«¡Oh! Ra, déjame subir a tu embarcación que forzó todos los caminos del cielo y de la tierra. Honor a ti, ¡oh Tú, que vuelas por el cielo!»

La contestación a *Nu* fue la siguiente:

«Yo soy el que conoce las rutas del cielo y que ha cruzado las remotas e ilimitadas comarcas celestes. Navego por el firmamento que separa la tierra del cielo.»

Obsérvese en primer lugar, que el texto no menciona, ni siquiera sugiere, divinidad alguna. Por el contrario, se trata de un diálogo muy natural entre dos seres humanos, por lo menos, ambos con la misma apariencia humana. Por otra parte, ese personaje *Ra* lo encontramos en la misma época en la India, originalmente como *Ram* y luego como *Rama* hasta hoy. Esto hace suponer que en la realidad se trató de una misma persona, de un mismo viajero, quien disponiendo solamente de un veloz vehículo volante, pudo haber cubierto las enormes distancias que hay de la India a Egipto en una misma época, dejando en ambos sitios importantes enseñanzas. Y hasta podría darse el caso de que en el futuro se encuentren sus huellas en otros países, no necesariamente de Oriente.

En Egipto

En los textos que hablan de las pirámides egipcias, se lee lo siguiente:

«¡Oh, cómo vuela! Vuela alejándose de vosotros, gentes de la Tierra. Su dios patronímico y su Ka [alma] le acompañan. Besa el firmamento como un halcón, salta hacia el cielo como una langosta.»

En la India

En los antiguos escritos sagrados de la India abundan los relatos referentes a seres desconocidos procedentes del cielo, pero con forma y acciones humanas. De estas referencias se anotará aquí solamente una, la que se hace en el poema el *Ramayana,* y que tiene una antigüedad de unos dos mil años, o sea, época más o menos contemporánea a Cristo.

El *Ramayana* describe cómo *Rama* estaba armado de ***flechas mágicas que cruzaban veloces el aire, iluminando con brillo semejante al de las grandes estrellas fugaces.***

Dice también que *Rama* y su hermano *Lakshmana* encontraron a uno de los hijos *Lakshmi,* a quien la diosa Indra había cautivado con una maldición dentro de una ***bestia fabulosa,*** pero que a la presencia de los dos hermanos recobró su personalidad.

Sigue diciendo el *Ramayana* que en aquella época ocurrieron feroces combates. Se usaban armas encantadas que disparaban dardos veloces y luminosos como el relámpago, tan ardientes que lo quemaban todo y tan abundantes como si el sol, la luna y las estrellas cayeran sobre la Tierra en forma de llamarada creando un fantástico escenario.

Sita —uno de los personajes del poema—, que parece haber estado prisionero, fue libertado por los suyos e inmediatamente subió a su carro celeste, veloz como el pensamiento. Entonces *Rama* a su vez subió a su carro y ascendió al cielo seguido de otros carros.

Es obvio que esta descripción se refiere a algo que realmente sucedió: una guerra con «extraterrestres». Quizá bajó a la Tierra un OVNI y los terrícolas atacaron a los tripulantes y apresaron por lo menos a uno de ellos. Entonces llegaron otras naves y entablaron combate con los terrícolas hasta libertar a los detenidos. Una vez logrado esto, volvieron a sus naves y veloces remontaron el cielo.

El caso Agharta

Por su parte, Harold Wilkins, otro investigador famoso, asegura que el *misterio de Agharta,* también en la India, parece haber quedado explicado con la leyenda que dice que en Gobi —una pequeña isla de Asia Central— bajaron de la *Estrella blanca* —tal vez Venus— unos seres luminosos que ayudaron a los nativos en el trabajo del cultivo de la tierra.

El escenario presentado por Wilkins viene a ser el mismo que ya había presentado el *Ramayana,* pero en región y en época distintas. Probablemente hubo un largo período en el que abundaron las visitas, que suponemos estuvieron sujetas a un programa de trabajo, naturalmente ideado fuera de nuestro mundo.

El rollo de Lamec

Existe un documento conocido como *Texto de Qumram, en el rollo de Lamec,* que fue un personaje bíblico.

Según el relato, sucedió que Lamec estuvo ausente de su hogar durante largo tiempo, seguramente más de un año. Al regresar a él, se encontró con que su esposa había dado a luz un hijo que no se parecía a nadie de la familia: era completamente distinto y, a lo que parece, muy hermoso.

Como es natural, Lamec, no obstante ser polígamo, exigió explicaciones a la esposa, quien aseguró que no era hijo de ningún extranjero, aunque dejando en duda si era o no hijo de alguno de los *hijos del cielo,* quienes por esos días parece que convivían normalmente con el pueblo.

Lamec, inconforme, se aconsejó con su padre Matusalén, quien, incapaz de decidir, pidió opinión a Enoc. El cual, al igual que Lamec, supuso que se trataba de un hijo de alguno de los *hijos del cielo,* y así se dio por terminado el asunto, puesto que eso resultaba muy honroso. Pusieron al niño por nombre *Noé.* Con el tiempo, *Noé* se convirtió virtualmente en padre del pueblo hebreo a consecuencia del diluvio.

A juzgar por este relato –que si no está precisamente en la Biblia, corresponde a episodios bíblicos–, resulta que los hebreos, por lo menos a media sangre, son descendientes de extraterrestres. Pero si eso fue posible, naturalmente se debió a que genéticamente había compatibilidad, es decir, que la otra media sangre a su vez tuvo su origen en extraterrestres. Ahora bien, si los hebreos fisiológicamente nunca han sido distintos del resto de la humanidad, es porque la humanidad es toda extraterrestre con domicilio provisional en la Tierra.

Aquel caso de *Noé,* como descendiente de quienes llegaron del cielo, vendría a justificar que los hebreos se hicieran llamar *pueblo escogido de Dios,* y también justificaría los diversos fenómenos de apariencia paranormal de que habla la Biblia, que, aunque siempre fueron atribuidos a Yavé, ahora se van entendiendo y explicando mejor.

En Sumeria

Otros muchos pueblos antiguos tuvieron la misma idea de haber sido escogidos por Dios para la realización de algo importante. Justificadamente podemos pensar que, si no en todos los casos, por lo menos en algunos de ellos —en los Sumerios, por ejemplo—, ocurrió el mismo fenómeno, en el sentido de que viajeros del cielo tuvieron hijos con terrícolas.

En Corea - Asia

En época antigua, los pueblos, no pudiendo explicarse a sí mismos la realidad de su origen, le daban forma de leyendas que siempre los conectaban con la máxima divinidad, atribuyéndose de esa manera un origen divino y un destino mesiánico.

En Corea, el ser divino que dio vida a ese pueblo, fue *Tan-Gun,* quien, según la leyenda, descendió del firmamento hace unos 4,500 años. Algunos autores señalan 5,000.

Este dato coincide en la fecha con la epopeya sumeria; con la llegada a Egipto de Menes, el primer faraón; con la presencia de Krishna en la India, y tal vez con la llegada de algunos de los pueblos a América, como los olmecas o los mayas. Como quiera que sea, ese *Tan-Gun* da la sensación de haber sido en verdad un viajero del espacio.

En la Biblia

Ezequiel, el personaje bíblico, presenció la llegada de viajeros del espacio exterior. Véase la descripción que no deja lugar a duda de que todo fue en sentido material y nada en sentido espiritual.

Ezequiel 1, 4-21:

«Y miré, y he aquí que un viento tempestuoso venía del aquilón [norte] una gran nube, con fuego envolvente y en derredor suyo un resplandor, y en medio del fuego una cosa que parecía como de ámbar. Y en medio de ella, figura de cuatro animales. Y éste era su parecer; había en ellos semejanza de hombres. Y cada uno tenía cuatro rostros y cuatro alas. Y los pies de ellos eran derechos y la planta de sus pies como la planta del pie de becerro; y centelleaban a manera de bronce muy bruñido. Y bajo sus alas, a sus cuatro lados, tenían manos de hombre; y sus rostros y sus alas por los cuatro lados. Con las alas se juntaban el uno al otro. No se volvían cuando andaban; cada uno caminaba en derecho de su rostro. Y la figura de sus rostros era rostro de hombre; y rostro de león a la parte derecha en los cuatro; y a la izquierda rostro de buey en los cuatro, asimismo había en los cuatro rostro de águila. Tales eran sus rostros y tenían sus alas extendidas por encima, cada uno dos, las cuales se juntaban; y las otras dos cubrían sus cuerpos. Y cada uno caminaba en derecho de su rostro: hacia donde el espíritu era que anduviesen andaban; cuando andaban, no se volvían. Cuanto a la semejanza de los animales, su parecer era como de carbones de fuego encendidos, como parecer de hachones encendidos: discurría entre los animales; y el fuego resplandecía, y del fuego salían relámpagos. Y los animales corrían y tornaban a semejanza de relámpagos. Y estando yo mirando los animales, he aquí una rueda en la tierra junto a los animales, a sus cuatro caras. Y el parecer de las ruedas y su obra semejábase al color del topacio. Y las cuatro tenían una misma semejanza: su apariencia y su obra como rueda en medio de rueda. Cuando andaban, se movían sobre sus cuatro costados: no se volvían cuando andaban. Y sus cercos eran altos y espantosos, y llenos de ojos alrededor en las cuatro. Y cuando los animales andaban, las ruedas andaban junto con ellos: y cuando los animales se levantaban de la tierra, las ruedas se levantaban. Hacia donde el espíritu (vida, inteligencia) era que anduviesen, andaban; hacia donde era espíritu que anduviesen, las ruedas también se levantaban tras ellos; porque el espíritu de los animales estaba en las ruedas. Cuando ellos andaban, andaban ellas; y cuando ellos se paraban, se paraban ellas; asimismo cuando se levantaban de la tierra, las ruedas se levantaban tras ellos; porque el espíritu de los animales estaba en las ruedas. Y sobre las cabezas de cada animal aparecía expansión [burbuja] a manera de cristal maravilloso, extendido

> encima sobre sus cabezas. Y debajo de la expansión estaban las alas de ellos derechas la una a la otra; a cada uno dos, y otras dos con que se cubrían sus cuerpos. Y oí el sonido de sus alas cuando andaban, como sonido de muchas aguas, como la voz del Omnipotente, como ruido de muchedumbre, como la voz de un ejército. Cuando se paraban, aflojaban sus alas. Y cuando se paraban y aflojaban sus alas, oíase voz de arriba de la expansión que había sobre sus cabezas.

El relato de la Biblia sigue. Pero creemos que con los versículos transcritos será suficiente para que el lector se convenza de que lo que Ezequiel vio fueron seres humanos viajeros del espacio, procedentes de otros planetas. Como es natural, estaban vestidos apropiadamente para la atmósfera terrestre, naturalmente distinta de la de su mundo de origen; pero además, iban equipados con máquinas individuales que les permitían moverse a voluntad y hacerse oir fuera de sus escafandras.

Modernas investigaciones

El investigador soviético Alexander Kazatsev asegura haber encontrado huellas suficientes para poder afirmar que, en tiempos ya muy lejanos, vinieron a la Tierra seres inteligentes hoy conocidos como *extraterrestres*. Según Kazatsev, vinieron a ilustrar a los terrícolas en labores diversas, particularmente las del campo para la producción de alimentos. Eso explicaría ampliamente el repentino despertar de los sumerios, que a todos los estudiosos les han dado la impresión de haber saltado bruscamente de una vida pobre y primitiva a una cultura ya demasiado avanzada para su tiempo, como en este libro se repite varias veces.

El mismo investigador Kazatsev afirma que la Tierra, a juzgar por los resultados de la astronomía moderna, es aún muy joven. Añade que su edad es insuficiente para que en ella se hubiesen desarrollado normalmente las formas de vida animal, vegetal y humana hasta el punto en que hoy las conocemos. Este desarrollo es muy lento y evoluciona además de manera paulatina, no a saltos, como ha sucedido con la historia de la vida en todas sus formas sobre la Tierra.

Esto hace pensar a dicho autor que muy probablemente el ser humano vivió el ***primer principio*** de su vida y evolución en otro planeta mucho más viejo que la Tierra, de donde pasó a otro mundo superior, quizá el que hoy habitamos. Habría dejado la forma animal en su planeta de origen, y se instaló en la Tierra, ya como un ser pensante, aunque primitivo, y con apariencia apropiada para el medio en que se encontró.

Esta hipótesis de origen científico tal vez explique el porqué de no haberse encontrado todavía lo que hace años dio en llamarse ***el eslabón perdido,*** o sea, el paso natural de evolución de lo animal irracional al hombre ya racional aunque primitivo. Y es que tal vez no existió nunca en la Tierra ese paso o eslabón, según supone Kazatsev.

Concluye nuestro autor diciendo que, según su manera de pensar, el ser humano en realidad está en la Tierra solamente como visitante de paso, y que al llegar a cierto grado de su evolución necesariamente habrá de pasar a otro mundo, a otro planeta, tan físico como el nuestro, aunque con sus propias características.

Este planteamiento se refiere totalmente al aspecto material, físico y objetivo, es decir, a las formas visibles, aunque no explica cómo pudieron haber llegado aquellos primeros ejemplares humanos en su forma humana.

Suponemos que en la mente de este pensador vibra la idea de que, si el ser humano está animado por *energía individualizada* —léase *espíritu*—, entonces la explicación es sencilla, pues allí donde llegue esa energía volverá a organizar una y otra vez la forma que ya antes le permitió manifestarse. Esto nos conduce a la optimista conclusión de que, si los planetas son perecederos, la energía no lo es. Han desaparecido mundos anteriores, pero nosotros seguimos existiendo. Algún día morirá este mundo, pero nosotros seguiremos vivos y viajando siempre en busca de un más allá... Ojalá sea así.

Las opiniones de Kazatsev coinciden notablemente con viejas tradiciones y postulados del espiritismo. Coinciden también con la esencia filosófica de todas las doctrinas orientalistas, como la hinduista, por ejemplo, cuando se refiere al espíritu y lo considera como una partícula de su creador (*Brahma*). Partícula que sale al mundo de las formas para realizar una tarea hasta conquistar la maestría (*Avatar*), para entonces, triunfante, regresar a su Creador, a su punto de origen. Esta filosofía no es de tiempos actuales: por el contrario, es tan antigua, que quizá tenga más de cinco mil años.

Como fácilmente se puede apreciar, en gran parte los conceptos modernos se van confundiendo con los antiguos. Podemos pensar que los conceptos antiguos a este respecto de ninguna manera pudieron haber sido expresión de terrícolas primitivos, sino pensamiento y expresión superior de *maestros extraterrestres*, que apenas hoy empezamos a comprender.

Otras consideraciones

Consideremos ahora el ya muy conocido y plenamente aceptado fenómeno de la telepatía. Si nosotros podemos practicarla —aunque todavía con muchas deficiencias, sobre todo por falta de educación apropiada—, ¿qué razón puede haber para que las *unidades de energía* o viajeros del espacio no la puedan ejercitar y hasta con mucha mayor experiencia y eficacia?

Veamos este asunto en el nivel en que en estos momentos se encuentra en nuestro planeta. Se ha venido repitiendo con frecuencia en los medios astronáuticos de varios países, particularmente en Estados Unidos y Rusia, que la telepatía podría llegar a ser el más eficaz medio de comunicación interespacial, en los casos de fallos mecánicos o por interferencia de la Luna, de algún planeta o de otro imprevisible fenómeno estelar.

En un artículo publicado en Rusia se subraya la importancia y atención que la ciencia debe conceder a la telepatía, a fin de resolver lo más pronto posible los naturales problemas que se crearán al cruzar las enormes distancias que ya se están planeando y en aparatos que ya se están diseñando. Se piensa así, debido a que las ondas eléctricas han sufrido serias interferencias en los experimentos realizados, mientras que la proyección del pensamiento —la telepatía— no parece verse afectada ni sufrir interferencias, ni siquiera bajo los hielos polares en la región ártica. Esto ha hecho suponer que para la telepatía no existe el espacio-tiempo al menos como hasta hoy se le ha entendido. Se trata, pues, de una dimensión distinta.

Es sobradamente conocido que tanto los norteamericanos como los rusos están trabajando intensamente en esta área tratando de encontrar la técnica apropiada para lograr el rápido desarrollo de la telepatía. Como casos concretos se pueden citar las experiencias realizadas por la tripulación del Apolo XI y la del Apolo XIV, esta última en febrero de 1971, en la que el astronauta Edgar Mitchell, tripulante del Apolo XIV, realizó cerca de 150 experimentos de telepatía con el psíquico y telépata Olaf Johnson, ingeniero sueco residente en Chicago.

Estos y otros muchos experimentos semejantes demuestran que la energía que anima al ser humano corresponde a una dimensión distinta de las ya conocidas y que no obedece al concepto espacio-tiempo como ya antes se dijo, hipótesis que por cierto viene a ser la misma que se refiere al *espíritu* dentro de las doctrinas ocultistas.

Y hablando de *espíritus,* resultan interesantes los experimentos realizados en Japón y en México, que han consistido en la reunión de muchas personas afines entre sí, pero a la manera espiritista, para invocar la presencia de fuerzas superiores. Hasta hace pocos años eran entendidas como espirituales, pero hoy se van aceptando como *extraterrestres,* pues se han dado casos en que han aparecido en el espacio algunos platillos voladores, que, aunque no hayan aterrizado o por lo menos no sabemos que lo hayan hecho, parecen haber querido demostrar que recibieron y entendieron la llamada, presentándose brevemente para dejar constancia de su presencia y lo que suponemos un saludo fraternal. Si han dado tantas muestras de su existencia sin habernos perjudicado nunca, será porque tienen interés en que nos acostumbremos a *ellos*, preparando el encuentro que se producirá cuando establezcamos contacto directo.

Podemos estar seguros que eso no ocurrirá sobre la corteza terrestre, en la que ellos corren gran peligro, sino que será en alguno de nuestros vuelos espaciales en un futuro cercano.

Abundando en el tema, se sabe, al menos parcialmente, que los geólogos chinos encontraron hace algunos años en la región montañosa de Bayan-Kara-Ula más de 700 discos aparentemente de piedra o simplemente petrificados. Contenían un alto porcentaje de cobalto y tenían símbolos grabados, tal vez jeroglíficos, pero colocados en progresión espiral del centro hacia la periferia.

Estudiado el sitio en que fueron encontrados, resultaron tener una antigüedad de 10 a 12,000 años.

En un principio se les supuso de origen religioso tibetano antiguo, pensando que habrían contenido oraciones, a la manera de las grandes ruedas de oraciones que hoy todavía se usan en los lamasterios. Pero un paciente trabajo de investigación, según el profesor Tsum-Um-Nuy, dio como resultado que esos signos grabados son una escritura muy antigua, que habla de viajeros y naves espaciales que descendieron a la Tierra hace 10 ó 12,000 años.

Un detalle muy importante es que, mientras se estaban investigando dichos discos, éstos produjeron pulsaciones eléctricas, que aunque muy débiles, revelan que alguna vez formaron parte de algún complejo eléctrico. Cabe pensar que son algo así como las cintas magnetofónicas usadas en las computadoras. Esos símbolos tal vez sirvieron para ser proyectados al espacio exterior o para manejar naves de manera automática.

Para confirmar lo dicho, en la misma región se han encontrado tumbas de hace 12,000 años, que contenían restos de cuerpos humanos adultos, de baja estatura y de cabeza grande. Recuérdese que los mayas en América son de las mismas características.

Por otra parte, existen en algunas regiones de China leyendas que dicen que, en tiempos muy remotos, bajaron del cielo hombres enanos de rostro amarillo y gran cabeza. Estas leyendas siempre se habían tomado como una manera de explicar el origen del pueblo chino. Hoy parece ser otra la realidad.

Los 10,000 ó 12,000 años revelados por los repetidos discos y por los restos humanos vienen a coincidir admirablemente en el tiempo con lo señalado por el *Zodíaco de Denderah.* Corresponde también al principio de la *Constelación de Leo,* simbolizada en el pecho y garras de la *Gran Esfinge* egipcia. ¿Casualidad?

¿Qué sucedería en el mundo en esa lejana época de hace unos

Antiguo Dios Shinto que sugiere un cosmonauta.

12,000 años, cuando aparece con tanta frecuencia en los símbolos, en las indicaciones astronómicas antiguas, en las tradiciones, en los mitos, en los viajeros y naves espaciales?

Capítulo XXXI

LINEAS FINALES

Dijimos al principio de este libro que, a medida que se investiga sobre este tema tan complejo, se van encontrando huellas que obligan a meditar profundamente. Todo hace suponer que desde muy antiguo *alguien* vino a estudiar el mundo *Tierra* para conocer sus posibilidades de vida, como quien quiere comprar una propiedad rural para trabajar y vivir en ella. Luego aparece una zona ideal, un verdadero paraíso, propicio para que la vida se desenvuelva sin muchos tropiezos, y finalmente se procede a una especie de distribución de la tierra habitable. Este escenario que aparece sin tiempo sugiere que ese *alguien* quiso garantizar la vida de su propia simiente.

Aunque todo esto parezca exagerado, hay motivos para preguntarse: si en el inmenso universo, según ha visto la ciencia, todo se mueve a ritmo y en perfecta armonía, ¿por qué la vida humana habría de quedar al garete en manos tan infantiles como primitivas? Si todo lo existente, visible o invisible, obedece a leyes inmutables ¿iba a desarrollarse la vida humana en el caos?

Cuando desde lo alto de una montaña, con serenidad en la mente y paz en el corazón, se contempla en panorámica a nuestro pequeño mundo y la vida que en él se ha desarrollado a lo largo de las edades, da la sensación de que ciertamente somos como niños en una guardería infantil limitados por vastos horizontes de los que muchos quisieran escapar. Y, sin embargo, temen hacerlo, porque han encadenado su pensamiento al incierto presente en que juegan, ríen, lloran y sufren sin distinguir que son dueños de su libertad de pensar y que sus ataduras son artificiales, que el pensamiento es la facultad de volar. Volar sobre todo obstáculo, tanto hacia el lejano pasado como hacia el infinito porvenir.

En esta guardería infantil en que vivimos se halla también el cuerpo docente, los maestros catedráticos y naturalmente los vigilantes. No los vemos –o no queremos verlos– pero están ahí, al otro lado de esos vastos horizontes. Será suficiente que rompamos los eslabones que nos encadenan a los tabúes y al miedo a lo desconocido para que podamos verlos.

Estos maestros se nos han manifestado de muchas maneras a lo largo de la historia. Pero... ¿los hemos entendido? A unos los hemos envenenado para acallar sus voces, porque nos asustaban. A otros los hemos crucificado o asesinado de mala manera, para evitar que sus luces rompieran las tinieblas y el miedo que nos invade. Y a otros los hemos deificado y luego adorado, después de haberlos sacrificados, tal vez para acallar la voz de nuestra conciencia y disminuir nuestros remordimientos.

Somos todavía niños que lamentablemente estamos manejando juguetes peligrosos sin tener la más insignificante idea del peligro en que estamos ni de lo que sucederá mañana. No tenemos cabal idea de lo que significa el eterno futuro de nuestra vida, no la de la carne, sino la del espíritu, manifestación de la energía que mueve al universo.

Sí, muchos *maestros* a lo largo de los milenios han intentado hacernos reflexionar sobre nuestra manera de vivir en sociedad. Nos han querido hacer pensar en el punto *cero* de la conducta como deslinde del bien y del mal, de la justicia y de la injusticia, del pasado y del futuro, ya que, si para el ser humano después de la muerte el futuro no existe, entonces el pasado carece de significado y de valor. Pero si no existe el pasado antes de nacer ni el futuro después de morir, ¿qué sentido tiene lo que mal llamamos vida del *presente*? ¡La vida! ¿No es entonces una estupidez de la naturaleza? Si lo es, entonces mejor es vivir la vida durmiendo, vegetando. Y en realidad cuando dormimos es cuando envejecemos, para despertar un día arrastrando barbas polvorosas por el tiempo y, al vernos así, reflexionar que ni el haber vivido ni dormido sirvió a nadie de nada. Que si hubo goces y sufrimientos, nada valieron. Que si hubo amor u odio, de nada sirvió ni a nada condujo.

Cuando la reflexión tiene como premisa la no existencia del espíritu, conduce al caos y a la anarquía mental. El espíritu es, en el peor de los casos, un estímulo para vivir, una esperanza, quizá una quimera a la que tenemos derecho en esta dolorosa vida, que huele a pólvora y hiede a sangre coagulada.

Algunos de los *grandes maestros* han salido de las escuelas iniciáticas antes de manifestarse al mundo. Hablemos un poco de esas escuelas que tanto valieron y tanto hicieron en su labor callada.

Las sociedades secretas místicas, esotéricas, iniciáticas, etc., nacieron como consecuencia de la necesidad de conservar los conocimientos adquiridos, algunos considerados como misterios, que después se habrán perdido o corrompido al pasar al dominio público. Muchos de esos misteriosos conocimientos tal vez no fueron logros propios de terrícolas, sino recibidos del exterior e interpretados como regalo de dioses.

Isis en Egipto y Ceres en Grecia fueron ejemplos de cómo los sacerdotes de los respectivos cultos guardaban absoluto silencio y secreto en derredor de los misterios que se les encomendaban. La indiscreción en esos casos era castigada con la muerte.

El esoterismo moderno se ha alejado mucho de las antiguas escuelas iniciáticas debido a la amplia divulgación de los logros científicos. Por eso, en el esoterismo moderno va quedando solamente un anhelo de superación hacia lo espiritual. Este anhelo consiste en lograr un equilibrio razonable entre lo material —en ese medio vivimos— y lo espiritual —lo que nos anima y da vida—. La tarea consiste en llegar al gran equilibrio de ambos valores.

Por desgracia, la humanidad —hablando en términos generales y con las naturales excepciones— no está preparada todavía para recibir ciertos conocimientos y hacer en su mente los cambios correspondientes. Con facilidad se alarma cuando choca cualquier nueva idea con su vieja formación ideológica oficial, por más equivocada que pueda estar. Por ejemplo, ¿cómo reaccionarían las personas de mentalidad religiosa cuando se les diga que el espíritu es meramente *energía individualizada,* originada y alimentada por el centro de nuestra galaxia?

En lo que se refiere a las sociedades secretas iniciáticas ha habido muchos intentos de explicarlas, tarea sumamente difícil, si es que se quiere llegar a la verdad, simplemente porque los *iniciados* nunca hablaban de ello. No obstante, algo se desprendió de los muros y el público se enteró. Por ejemplo, el boletín *Gesellschaft für Interplanetaric,* en su editorial de julio-agosto de 1963, dice:

> «Existe en la Tierra un mito que se adaptaría a los propósitos "espaciales", bajo cuya influencia podría dar resultado el reclutamiento de "ayudantes". Nos referimos a una sociedad que desde hace siglos se ha vanagloriado de preparar la reforma de todo el mundo Tierra y cuyos miembros no sólo se reunían en una fortaleza suspendida en el aire, sino que se ocupaban del trabajo en todo el sistema solar y poseían, además, mil piezas que harían palidecer de envidia a nuestros técnicos actuales.»

Varios cabalistas hablan de fenómenos igualmente desconcertantes. Henri Sérouya, famoso cabalista, afirma que el conocimiento de *El carro de Dios* era un máximo secreto que solamente podía ser transmitido de manera oral a los propios *iniciados* y nunca por escrito, o a lo sumo mediante símbolos convenidos, de significado comprensible solamente para los propios *iniciados.*

Hasta no hace muchos años, todos esos fenómenos concernientes a hermandades iniciáticas estaban totalmente relacionados con el espiritismo. Toda comunicación, toda visión y todo efecto recibido a través de médiums, así como toda intervención que fuera considerada como paranormal, era atribuida a intervención directa de seres espirituales, de mayor o menor jerarquía según la enseñanza y el nombre que dejaran. Pero, para el autor y para otras muchas personas, un día vino la gran sorpresa. Fue hacia 1942 estando el mundo en plena Segunda Guerra Mundial. Sucedió que en muchos centros espiritistas y espiritualistas se empezaron a recibir mensajes extraños que decían proceder del espacio exterior. Luego empezaron a nombrar otros mundos y hasta otras galaxias. Había en el pueblo de Tacuba, México, D.F., un circulo espiritista en el que semana tras semana se producían *materializaciones* y en algunos casos hasta voz directa, pero siempre de espíritus terrícolas. Pues bien, allí también llegaron a materializarse esos mismos seres que se decían procedentes de otros mundos. Y los nombres eran sumamente raros y hasta difíciles de pronunciar.

La verdad es que en ese entonces nadie entendió de qué se trataba. Decían por ejemplo:

> «—Somos viajeros del espacio. Venimos de un mundo de Orión. Estamos tratando de ayudar al terrícola en estos momentos difíciles y angustiosos...»

Expresiones semejantes, agregando siempre palabras de amor y fraternidad, fueron repetidas en círculos diversos, en algunos de los cuales estuvo presente el autor y hasta llegó a entablar diálogo, incluyendo el caso de las *materializaciones*.

La idea dominante en esa época era que todo lo parapsicológico, paranormal, metapsíquico o metafísico era de origen absolutamente espiritual, o sea, de intervención directa de espíritus. Y así, se creyó en todos los casos que se trataba de espíritus originarios de otros mundos o galaxias, pues nadie entendía que fuera posible la creación de naves mecánicas capaces de cruzar los infinitos espacios siderales.

Cuando el autor, dudoso, decidió investigar el asunto, conversó con astrónomos importantes en México, comentando la posibilidad de que aparatos mecánicos fueran capaces de viajar interplanetariamente. Como es natural, se ironizó sobre el caso y recibió siempre, en cada conversación, una rotunda negativa, ya que las matemáticas demostraban que esos viajes no eran factibles.

No obstante tan autorizadas opiniones, quince años después fue lanzado el primer satélite ruso, el *Sputnik*, que vino a abrir las rutas del espacio. Varios años después fueron vistos los primeros *platillos voladores*. Con justicia es lícito pensar que aquellos primeros mensajes fueron telepáticos o de alguna otra índole todavía desconocida para nosotros, pero que fueron empleados para comunicarse con los terrícolas y de esta manera comenzar a anunciar su ya próxima visita en forma física. ¿No es esto inquietante?

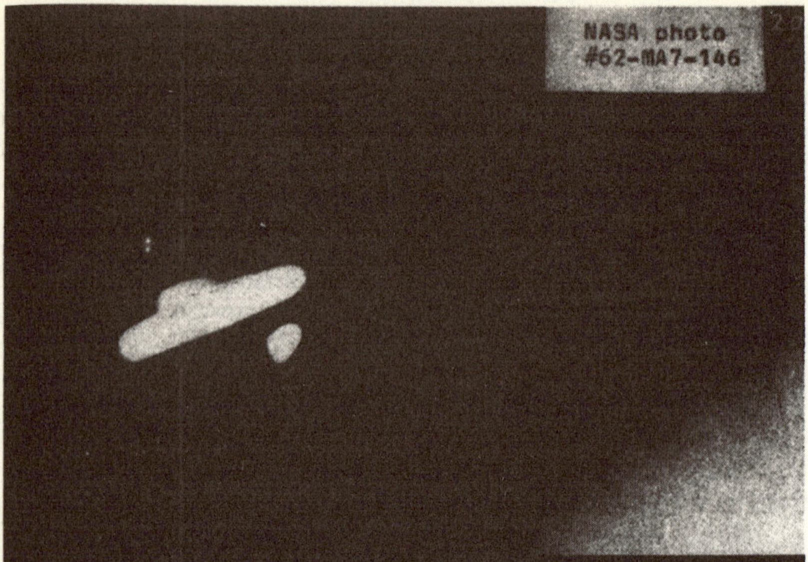

Fotografía de la NASA *de unos Objetos Voladores No Identificados* (OVNI), *tomadas por el astronauta M. Scott Carpenter, a bordo de la cápsula espacial* Aurora-7.

Es una realidad que las hermandades secretas han recibido desde muy antiguo esta clase de mensajes y visitas invisibles. De todos modos siempre se han diferenciado, según se trate de espíritus terrícolas desencarnados, a los que por lo general siempre se les ha llamado *maestros*, o de viajeros del espacio, a los que siempre se les ha llamado simplemente *ellos*.

Actualmente, hasta en el recinto más modesto en que se presente este fenómeno mediúmnico, los asistentes distinguen fácilmente cuándo se trata de un espíritu terrícola desencarnado o encarnado, y cuándo es un efecto producido, quizá telepáticamente, por un viajero extraterrestre, cuya base de operación *ellos* mismos suelen mencionar. Negar esta realidad demuestra simplemente que no se ha estudiado el asunto con una mente libre de tabúes. La risa, que en estos casos es muy frecuente, se usa para ocultar las cadenas mentales.

A juzgar por los sucesos modernos mencionados —y otros de los que no se habla, pero que son muy conocidos—, se llega a la conclusión de que los terrícolas, desde siempre, sabiéndolo o no, negándolo o aceptándolo, hemos estado en contacto con *ellos*. A los mediums especializados en el caso, se les viene llamando en la actualidad *contactos*, y quienes suelen hablar de sí mismos en este sentido dicen: *ya estoy contactado*. Esto se va escuchando cada día con mayor frecuencia, aunque en muchos de los casos tales contactos no resistan ningún análisis por tratarse de personas que solamente andan buscando ventajas personales. Como regla general, quienes en verdad son *contactos*, nunca lo dicen, como siempre sucedió con los verdaderos *iniciados*.

Al hablar de seres extraterrestres se pueden hacer algunas consideraciones importantes, por ejemplo, que el número 9 es dominante en la construcción de los llamados OVNI. Efectivamente, varios autores han repetido que hace varios años cayó en Nuevo México (EE.UU.), un OVNI y, aunque no sepamos lo destruido que haya quedado, se sabe que toda la construcción de dicho aparato se basa en el número 9 como factor de medida: tenía de ancho 99'99 pies; la cabina de mando tenía o tiene un diámetro de 18 pies y una altura de

72 pulgadas, con un sobrealzado respecto de la estructura de 45 pulgadas.

Como fácilmente se puede apreciar, el número 9 es el eje y factor de medida de todo el OVNI, pero para el tema de este libro lo más importante es que dicho factor se basa precisamente en pulgadas modernas. Ahora bien, recuérdese que la pulgada inglesa moderna, con muy insignificante diferencia, es la misma que sirvió como unidad de medida en la construcción de la *Gran Pirámide,* y que es con esa misma pulgada como se han obtenido todos los valores astronómicos y en general cósmicos de que se habla en este libro y en el anterior del mismo autor. Por consiguiente, si la *Gran Pirámide* se basa en la pulgada y los OVNI también, obviamente tuvieron un mismo origen, una misma motivación.

Volviendo al misterio del número 9, resulta que en la cábala numérica este número es básico. En la hermandad de dicha cábala, y en otras hermandades menos herméticas y, por ello, más conocidas, se explica que al morir asesinado Hiram, el rey Salomón ordenó que *nueve* maestros lo buscaran. También fueron *nueve* los constructores, albañiles o masones que construyeron la bóveda secreta.

Otro ejemplo es el *Enoc* bíblico, que escondió el *nombre indecible* bajo *nueve* arcos grabados dentro de un triángulo.

Si se habla de *nueve maestros* y de *nueve* arcos, obviamente se trata de personas *iniciadas* en los grandes misterios dentro de escuelas herméticas, en este caso judías. Ahora, recuérdese que desde muy antiguo, los hebreos parecen haber estado en contacto directo con los extraterrestres, hasta el grado de que *Noé* parece descender de extraterrestres por parte de uno de sus progenitores.

En algunas de las sociedades secretas modernas, por tradición, todavía se ilumina el centro de la Gran Sala del Gran Consejo con 81 velas encendidas (8 + 1 = 9; 81 : 9 = 9). Además, generalmente en esos sitios se ponen adornos que de alguna manera expresan el número 9.

El número 9 ha sido tradicionalmente usado como Gran Símbolo dentro de las sociedades iniciáticas desde muy antiguo. Esto sugiere sin rebuscamientos que existe muy estrecha relación mística, esotérica, etc., entre los humanos terrícolas y los viajeros del espacio exterior. Obviamente, *ellos* no son tan extraños a nosotros como generalmente se les ha querido suponer.

El número 9 ha sido sagrado para el hombre desde muy antiguo y ese mismo número es el factor básico de los OVNI, además de que, por estar en pulgadas, se relaciona estrechamente con la *Gran Pirámide.* No cabe la menor duda de que dicho número y la unidad de medida de la *Gran Pirámide* fueron tomados de los viajeros del espacio por los terrícolas.

Por otra parte, si los OVNI tienen como unidad de medida el número 9, será seguramente porque existe alguna relación vibratoria con lo cósmico. Vibración o algún tipo de energía que dio afinidad a las sociedades secretas al relacionarlas con un algo de valor cósmico, que coincide con el libro de Thoth.

En el «Tarot» (libro de Thoth)

En el «libro» de *Thoth* (Hermes Trismegisto) el número 9 corresponde a uno de los 22 grandes arcanos o misterios. Significa: el maestro oculto que trabaja silencioso en busca de la verdad, la sabiduría y los secretos de lo no visible.

El símbolo de ropaje es el gris y el azul. El gris alude a la tierra, a lo material y tangible; el azul, al cielo, a lo espiritual y sublime. (Para mayores detalles al respecto, véase esto último en el libro *El Tarot profético.*)

Lo dicho se refiere naturalmente a escuelas herméticas iniciáticas que tal vez aparecieron en su principio en Egipto, puesto que *Thoth* es uno de los dioses más antiguos de Egipto. Por ello, se ha pensado que *Thoth* y sus escuelas herméticas son mucho más antiguas que todo lo que se sabe de Egipto.

Las sociedades secretas iniciáticas no fueron jamás ni lo son hoy privilegio de algún pueblo o raza en particular, pues las ha habido en todos los pueblos que alguna vez manifestaron un avance notable. En la India, fue un personaje llamado *Krishna* quien fundó ese mismo modelo de sociedad, dejando a su vez una filosofía que sigue vigente hasta nuestros días. Después, en los días del emperador *Ashoka*, existió la escuela hermética llamada «de los nueve desconocidos».

Todas esas escuelas herméticas antiguas han tenido tradicionalmente como común denominador el número 9. En algunas de ellas simboliza al ser humano, que para *llegar a ser*, o sea, nacer, tiene que pasar por nueve ciclos.

En la construcción de las antiguas catedrales europeas se usó mucho el número 9 como factor de medida tal vez más que nada por su tradición de *número sagrado*, pues se le consideraba como el último de los números sagrados superiores.

Amable lector: aquí termina este libro; pero no el tema...

BIBLIOGRAFIA

ABREU GOMEZ, Ermilo: *Popol Vuh,* Ediciones Oasis, México.

BARRERA VAZQUEZ, Alfredo: *Horóscopos mayas. Area maya,* Mérida, Yucatán.

BINGHAM, Hiram: *La ciudad perdida de los incas,* Zig-Zag.

BUDED DOVER: *The Egypthian book of Death,* U.S.A.

BRUTON, Paul: *El Egipto secreto,* Hachette, S.A.

CASO, Alfonso: *El pueblo del Sol,* Fondo de Cultura Económica, México.

CERAM, C. W.: *Dioses, tumbas y sabios,* Cecsa.

COMAS SOLA, José: *El Cielo y la Tierra* (cinco tomos), Seguí, Barcelona.

DE SAHAGUN, Bernardino: *Historia de las cosas de la Nueva España,* Porrúa, México.

DIAZ BOLIO, José: *El idioma de los códices,* Yucatán.

EARLY, George W.: *Encuentros con alienígenas,* Ediciones 29, Barcelona.

ENGELBRKTSON, Sune: *Stars, planets and galaxies,* Bantam Books Inc., New York.

FREEDOM LONG, Max: *Secret sience behind miracles,* Book Graphics, Inc. U.S.A.

Introduction to Huna, Huna Research Associates, Sedona, Arizona.

GARCIN PAYON, José: *Los enigmas del Tajín,* Colección Científica Instituto Nacional de Antropología e Historia, México.

GIRARD, Rafael: *Esoterismo en el Popol Vuh,* Editores Mexicanos Unidos, S.A., México.

Los mayas eternos, Antigua Librería Robredo.

GRIMAL, Pierre: *Mitologías,* Larousse, México.
KAJDAN, A.: *Historia de la antigüedad de oriente,* Grijalbo, México.
KEATING, Rex: *Nubian twilight,* Harcourt, Brace World, Inc., New York.
KELLER, W.: *Y la Biblia tenía razón,* Ediciones Omega, Barcelona.
LAMING EMPERAIRE, A.: *La arqueología prehistórica,* Barcelona.
LEWIS, John: *Antropología simplificada,* Ediciones Minerva, Compañia General de Ediciones, S.A., México.
LUDWIG, Emil: *El Nilo y Egipto,* Diana, México.
LUMHOLTZ M. A., Carl.: *El México desconocido,* Publicaciones Herrerías.
MARIN, Juan: *El Egipto de los faraones,* Zig-Zag.
MARTINEZ CASANOVA, Modesto: *El Popol Vuh,* Editores Mexicanos Unidos, S.A., México.
– *El Varón de Rabinal-Achi,* Editorial Esenios, México.
MARTINEZ HERNANDEZ, Juan: *Significación cronológica de los ciclos mayas,* Mérida, Yucatán.
– *La tabla maya de los eclipses,* Mérida, Yucatán.
MARTINEZ PAREDES, Domingo: *El Popol Vuh; El idioma maya hablado y escrito; Un continente y una cultura; Hunab Ku,* Orión, México.
MENDELSSOHN, Kurt: *The riddle of the pyramids,* Prager Publishers, New York.
MENESES HOYOS, Jorge: *Comparación de las culturas maya, nahoa e inca.*
MICHEL, John: *The view over Atlantis,* Abacus, London.
NEUBERT, O.: *El valle de los reyes,* Editorial Labor, México.
NORIEGA, Raúl: *Claves matemático astronómicas* (Relativas a la Piedra del Sol, azteca), México.
PAT FLANAGAN, G.: *Pyramid power,* DeVorss & Co. Calif. U.S.A.
– *Beyond pyramid power,* DeVorss & Co. Calif. U.S.A.

PAVON ABREU, Raúl: *Morales, una importante ciudad arqueológica en Tabasco* (México) Gobierno del Estado de Campeche.

PEREZ, Leónidas: *La Gran Pirámide de Gizeh*, Universo, Santiago de Chile.

PIRENNE, Jacques: *Historia de la civilización del antiguo Egipto*, (tres tomos).

PLATON: *Diálogos* (ed. de Francisco Larroyo), Porrúa, México.

POSTIGO, Luis: *Geografía universal* (tres tomos), Sopena, Barcelona.

RALSTON SKINER, J.: *The source of measures*, Wizards Booksshelf.

RECINOS, Adrián: *Popol Vuh*, Las antiguas historias del Quiché, Fondo de Cultura Económica, México.

RUZ LHUILLIER, Alberto: *La civilización de los antiguos mayas*, Ciencias Sociales, La Habana.

SEJORNE, Laurette: *Un palacio en la ciudad de los dioses* (Teotihuacan), Instituto Nacional de Antropología e Historia, México.

SENDY, Jean: *La era de Acuario*, Plaza Janés, S.A., Barcelona.

SOUZA NOVELO, Narciso: *Leyendas mayas*, Libros yucatecos, México.

THOMPSON, J. Eric S.: *Grandeza y decadencia de los mayas*, Fondo de Cultura Económica, México.

TOMPKINS, Peter: *Secrets of the great pyramid*, Harper & Row Publishers, New York.

TRAMONTE, Alfredo S.: *La experimentación Kirlian*, Cía. Impresora Cadesa, Buenos Aires.

VAILLANT, George: C.: *La civilización azteca*, Fondo de Cultura Económica, México.

VIGNATI, A.; A. Faber.: *Los grandes enigmas del Cielo y de la Tierra*, A.E.T., Barcelona.

VON HAGEN, Víctor W.: *Los mayas*, Editorial Diana, México.

WEBRE & LISS, Alfred L.: *The age of cataclysm*, Berkley Publishing Corporation, New York.

ZAVALA y MEDINA: *Vocabulario español maya*.

ZAVALA, M.: *Gramática maya*.